一流本科专业一流本科课程建设系列教材

偏微分方程

赵志红　刘　宇　王雯雯　编

机械工业出版社

本书主要介绍偏微分方程中三类典型方程——波动方程、热传导方程、位势方程的基本理论和基本方法，以及一阶偏微分方程的求解方法. 全书共 6 章，包括经典方程的导出与定解问题、二阶偏微分方程的分类和简化、波动方程、热传导方程、位势方程、一阶偏微分方程. 本书采用简洁、易于理解的叙述方式，每部分都配备一定的例题分析和丰富的习题，书末附有部分习题答案与提示.

本书可作为高等学校数学类专业本科生和研究生偏微分方程课程的教材，也可作为非数学类理工科本科生和研究生数学物理方程课程的教材或教学参考书.

图书在版编目（CIP）数据

偏微分方程 / 赵志红，刘宇，王雯雯编. -- 北京：机械工业出版社，2024.10. --（一流本科专业一流本科课程建设系列教材）. -- ISBN 978-7-111-76230-0

I.O175.2

中国国家版本馆 CIP 数据核字第 2024E4T429 号

机械工业出版社（北京市百万庄大街 22 号　邮政编码 100037）
策划编辑：韩效杰　　　　　　　　　　责任编辑：韩效杰　李　乐
责任校对：陈　越　张昕妍　　　　　　封面设计：王　旭
责任印制：郜　敏
北京富资园科技发展有限公司印刷
2025 年 1 月第 1 版第 1 次印刷
184mm×260mm・13.75 印张・298 千字
标准书号：ISBN 978-7-111-76230-0
定价：49.80 元

电话服务　　　　　　　　　　　　网络服务
客服电话：010-88361066　　　　　机　工　官　网：www.cmpbook.com
　　　　　010-88379833　　　　　机　工　官　博：weibo.com/cmp1952
　　　　　010-68326294　　　　　金　书　网：www.golden-book.com
封底无防伪标均为盗版　　　　　　机工教育服务网：www.cmpedu.com

前言

偏微分方程源于物理学和几何学，又与很多数学分支 (如生物数学、金融数学、图像处理等)、其他自然学科 (力学、化学等) 以及许多现实问题存在着联系.

偏微分方程是数学类专业本科生和研究生的必修课，也可以是理工科专业本科生和研究生的选修课. 本书精选偏微分方程理论中最主要、最基本的内容，力求用尽可能简单的方式阐述偏微分方程的基本理论和方法.

本书主要介绍偏微分方程中三类典型方程——波动方程、热传导方程、位势方程的适定性，以及一阶偏微分方程的求解方法. 本书共分为六章. 第 1 章介绍偏微分方程的术语和经典方程的推导，以及定解问题及其适定性. 第 2 章对二阶偏微分方程的特征进行讨论，并根据特征对方程进行分类. 第 3 章介绍波动方程的基本理论，首先分别利用特征线法、球面平均法和降维法求解一维、三维和二维波动方程初值问题解的表达式，然后利用分离变量法求解出一维波动方程混合问题解的表达式，同时利用特征线 (锥) 推导波动方程的能量不等式，进而讨论初值问题以及混合问题解的唯一性及稳定性. 第 4 章介绍热传导方程的基本理论，首先介绍傅里叶变换及其基本性质，并利用傅里叶变换求解热传导方程初值问题解的表达式，然后利用分离变量法解出热传导方程混合问题解的表达式，最后给出热传导方程混合问题和初值问题的极值原理和最大模估计. 第 5 章介绍位势方程的基本理论，首先介绍调和函数及其性质，并利用基本解构造位势方程边值问题格林函数，然后给出几类特殊区域上的格林函数，进而得到位势方程边值问题解的表达式，最后给出位势方程的极值原理和最大模估计. 第 6 章介绍一阶线性齐次偏微分方程的求解方法和一阶拟线性偏微分方程的求解方法.

编者曾多次以本书内容作为讲义为本科生讲授偏微分方程课程. 在本书的编写过程中，我们参阅了大量国内外同类教材，这些教材对本书的编写帮助很大，在此，我们谨向有关作者表示诚挚的谢意. 同时，我们也得到了北京理工大学的葛渭高、中央民族大学的贺小明、华北电力大学的张学梅等教授的鼎力帮助. 在本书的编写过程中，北京科技大学给予了大力支持，在此向他们表示衷心的感谢.

由于编者的学识和教学经验有限，书中不妥甚至错误之处在所难免，恳请读者批评指正.

编 者

目录

前言
第 1 章　经典方程的导出与定解问题 ··· 1
　1.1　基本概念 ··· 1
　1.2　经典方程的导出 ·· 6
　　　1.2.1　弦振动方程 ·· 6
　　　1.2.2　热传导方程 ·· 10
　　　1.2.3　位势方程 ·· 12
　1.3　定解问题 ··· 12
　　　1.3.1　定解问题和定解条件 ··· 12
　　　1.3.2　定解问题的适定性 ·· 15
　1.4　叠加原理 ··· 16
　习题一 ··· 19
第 2 章　二阶偏微分方程的分类和简化 ··· 21
　2.1　二阶方程的特征 ·· 21
　2.2　二阶方程的分类与化简 ·· 24
　　　2.2.1　两个自变量的情形 ·· 24
　　　2.2.2　多个自变量的情形 ·· 32
　习题二 ··· 35
第 3 章　波动方程 ··· 36
　3.1　问题的简化 ·· 36
　　　3.1.1　初值问题的简化 ··· 36
　　　3.1.2　混合问题的简化 ··· 39
　3.2　一维波动方程的初值问题 ··· 42
　　　3.2.1　达朗贝尔公式 ··· 42
　　　3.2.2　达朗贝尔公式的物理意义 ··· 46
　　　3.2.3　依赖区间、决定区域和影响区域 ····································· 47
　　　3.2.4　一维半无界问题 ··· 49
　3.3　高维波动方程的初值问题 ··· 52
　　　3.3.1　三维波动方程的初值问题 ··· 52
　　　3.3.2　二维波动方程的初值问题 ··· 60
　　　3.3.3　特征锥 ··· 62

3.3.4　惠更斯原理、波的弥散 ··· 64
　3.4　混合问题 (初边值问题) ··· 66
　　　3.4.1　齐次波动方程的混合问题 ··································· 66
　　　3.4.2　非齐次波动方程的混合问题 ······························· 73
　　　3.4.3　* 施图姆–刘维尔特征值问题 ································ 78
　　　3.4.4　二维波动方程的混合问题 ··································· 81
　　　3.4.5　物理意义, 驻波法 ·· 83
　3.5　能量法与波动方程解的适定性 ····································· 85
　　　3.5.1　能量等式　混合问题解的唯一性 ······················· 86
　　　3.5.2　能量不等式　混合问题解的稳定性 ··················· 88
　　　3.5.3　初值问题解的唯一性和稳定性 ··························· 91
习题三 ··· 95

第 4 章　热传导方程 ··· 100
　4.1　傅里叶变换及其基本性质 ··· 100
　4.2　热传导方程的初值问题 ··· 110
　　　4.2.1　初值问题与基本解 ·· 110
　　　4.2.2　半无界问题 ··· 118
　4.3　热传导方程的混合问题 ··· 121
　4.4　极值原理与热传导方程的适定性 ································· 127
　　　4.4.1　极值原理 ··· 127
　　　4.4.2　第一边值问题解的适定性 ······································ 129
　　　4.4.3　第二、第三边值问题解的最大模估计 ················ 131
　　　4.4.4　初值问题解的最大模估计 ······································ 134
　　　4.4.5　混合问题解的能量不等式 ······································ 135
习题四 ··· 136

第 5 章　位势方程 ··· 140
　5.1　调和函数 ··· 140
　　　5.1.1　调和函数与基本解 ·· 140
　　　5.1.2　格林公式 ··· 142
　5.2　调和函数的基本积分公式及性质 ································· 142
　　　5.2.1　调和函数的基本积分公式 ······································ 142
　　　5.2.2　调和函数的基本性质 ·· 144
　5.3　格林函数 ··· 148
　　　5.3.1　格林函数的导出 ·· 148
　　　5.3.2　格林函数的性质 ·· 150

5.4 几种特殊区域上的格林函数和狄利克雷问题的解 ············· 153
   5.4.1 上半空间的格林函数 ············· 153
   5.4.2 球上的格林函数 ············· 155
   5.4.3 圆域上的格林函数 ············· 159
5.5 调和函数的进一步性质 ············· 162
5.6 极值原理与位势方程解的适定性 ············· 165
   5.6.1 极值原理 ············· 165
   5.6.2 最大模估计 ············· 169
习题五 ············· 172

第 6 章 一阶偏微分方程 ············· 176
6.1 基本概念 ············· 176
6.2 线性齐次偏微分方程 ············· 177
   6.2.1 通解 ············· 177
   6.2.2 初值问题 ············· 182
6.3 拟线性偏微分方程 ············· 185
   6.3.1 通解 ············· 185
   6.3.2 初值问题 ············· 189
习题六 ············· 194

部分习题答案与提示 ············· 195
参考文献 ············· 214

第 1 章
经典方程的导出与定解问题

微分方程在 17 世纪 80 年代随着微积分的建立出现. 微分方程首次出现在 1676 年莱布尼茨给牛顿的信中. 牛顿的《自然哲学的数学原理》中就包含了许多微分方程, 从那时起基本的自然规律和技术问题在严格的数学模型中普遍以微分方程的形式给出. 偏微分方程在数学、物理学、力学以及工程技术等学科中发挥了十分重要的作用, 这些学科中的许多实际问题常常可以归纳为求解一个或一组偏微分方程的定解问题. 本章将从几个简单的物理模型出发, 推导出本课程主要讨论的三种典型方程及其相应的典型定解问题.

1.1 基本概念

我们首先介绍一些术语. $\mathbb{R}^n$ 表示 n 维欧氏空间, $\mathbb{R}^1$ 简记为 $\mathbb{R}$. $\mathbb{R}^n$ 的上半空间记为 $\mathbb{R}^n_+ = \{\boldsymbol{x} = (x_1, x_2, \cdots, x_n) \in \mathbb{R}^n | x_n > 0\}$, $\mathbb{R}^1_+$ 简记为 $\mathbb{R}_+$. 设 Ω 是 $\mathbb{R}^n$ 中的一个开区域, $\overline{\Omega}$ 表示它的闭包, $\partial\Omega$ 表示它的边界.

设 $u = u(\boldsymbol{x}) : \Omega \to \mathbb{R}$ 是一个多元函数. $D^k u$ 表示 u 的所有 k 阶偏导数. 当 $k = 1$ 时, 称 n 维向量

$$Du = \left(\frac{\partial u}{\partial x_1}, \frac{\partial u}{\partial x_2}, \cdots, \frac{\partial u}{\partial x_n}\right)$$

为 u 的**梯度**, 也记为 ∇u; 当 $k = 2$ 时, 称 $n \times n$ 矩阵

$$D^2 u = \begin{pmatrix} \dfrac{\partial^2 u}{\partial x_1^2} & \dfrac{\partial^2 u}{\partial x_1 \partial x_2} & \cdots & \dfrac{\partial^2 u}{\partial x_1 \partial x_n} \\ \dfrac{\partial^2 u}{\partial x_2 \partial x_1} & \dfrac{\partial^2 u}{\partial x_2^2} & \cdots & \dfrac{\partial^2 u}{\partial x_2 \partial x_n} \\ \vdots & \vdots & & \vdots \\ \dfrac{\partial^2 u}{\partial x_n \partial x_1} & \dfrac{\partial^2 u}{\partial x_n \partial x_2} & \cdots & \dfrac{\partial^2 u}{\partial x_n^2} \end{pmatrix}$$

为 u 的**黑塞 (Hesse) 矩阵**. 称微分算子

$$\Delta u = \mathrm{tr}\left(\mathrm{D}^2 u\right) = \nabla \cdot \nabla u = \frac{\partial^2 u}{\partial x_1^2} + \frac{\partial^2 u}{\partial x_2^2} + \cdots + \frac{\partial^2 u}{\partial x_n^2}$$

为拉普拉斯 (**Laplace**) **算子**, 即 u 的黑塞矩阵中对角线元素之和. 设 $\boldsymbol{F} = (F_1, F_2, \cdots, F_n) : \Omega \to \mathbb{R}^n$ 是一个向量函数, 记 $\boldsymbol{F}$ 的**散度**为

$$\mathrm{div}\boldsymbol{F} = \frac{\partial F_1}{\partial x_1} + \frac{\partial F_2}{\partial x_2} + \cdots + \frac{\partial F_n}{\partial x_n},$$

于是拉普拉斯算子又可表示为

$$\Delta u = \mathrm{div}\left(\nabla u\right),$$

这个算子在坐标的平移和旋转变换之下保持不变. 我们通常也用如下记号:

$$u_{x_i} = \frac{\partial u}{\partial x_i}, \quad u_{x_i x_j} = \frac{\partial^2 u}{\partial x_i \partial x_j}.$$

关于多元函数 $u(\boldsymbol{x})$ 的**偏微分方程** (partial differential equation) 是一个含有 u 及其偏导数的方程

$$F(\boldsymbol{x}, u, \mathrm{D}u, \mathrm{D}^2 u, \cdots, \mathrm{D}^k u, \cdots) = 0, \quad \boldsymbol{x} \in \Omega,$$

其中 F 是关于 $\boldsymbol{x}, u$ 及 u 的有限多个偏导数的已知函数. F 可以不显含 u 及 $\boldsymbol{x}$, 但是必须含有 u 的偏导数. 含有多个未知函数及其偏导数的方程组构成**偏微分方程组** (system of partial differential equations). 除非另有说明, 我们设函数 u 及其各阶偏导数连续.

如果给定一个函数 (在方程组的情形是一组函数) 在自变量的某个变化范围内连续, 并且具有方程 (组) 中出现的一切连续偏导数, 将它及它的各阶偏导数代入方程 (组) 后使其成为恒等式, 则称该函数是偏微分方程 (组) 的**解**或**古典解**. 我们知道, 一个线性常微分方程如果有解则必有无穷多个, 其表现形式是依赖于一个或多个任意常数的通解, 自然会想到偏微分方程也应有通解.

【例 1.1.1】 求偏微分方程

$$\frac{\partial^2 u}{\partial x \partial y} = 0$$

的通解.

解 方程可改写为
$$\frac{\partial}{\partial y}\left(\frac{\partial u}{\partial x}\right) = 0,$$
可以看出 $\frac{\partial u}{\partial x}$ 不依赖变量 y, 于是有
$$\frac{\partial u}{\partial x} = f(x),$$
其中 f 是 x 的任意连续可微函数. 再对 x 积分, 得到
$$u(x,y) = \int f(x)\mathrm{d}x + G(y).$$
若令 $F(x) = \int f(x)\mathrm{d}x$, 则可得方程的通解为
$$u(x,y) = F(x) + G(y),$$
其中 F 和 G 都是任意连续可微函数.

偏微分方程的通解中含有任意函数. 除了一些特别简单的例子外, 通解是很难求的.

定义 1.1.1 **阶**是指偏微分方程 (组) 中的未知函数的偏导数的最高阶数.

m(正整数) 阶偏微分方程可写为
$$F(\boldsymbol{x}, u, \mathrm{D}u, \mathrm{D}^2u, \cdots, \mathrm{D}^m u) = 0, \quad \boldsymbol{x} \in \Omega. \tag{1.1}$$

定义 1.1.2 若 F 关于 u 及其各阶偏导数都是线性的, 则称方程(1.1)为**线性偏微分方程**; 否则, 称为**非线性偏微分方程**. 在线性方程中, 不含 u 及其偏导数的非零项称为**非齐次项**. 不含非齐次项的线性偏微分方程称为**齐次线性偏微分方程**.

一阶和二阶线性偏微分方程的一般形式分别为
$$\sum_{i=1}^n b_i(\boldsymbol{x})\frac{\partial u}{\partial x_i} + c(\boldsymbol{x})u = f(\boldsymbol{x}),$$
$$\sum_{i,j=1}^n a_{ij}(\boldsymbol{x})\frac{\partial^2 u}{\partial x_i \partial x_j} + \sum_{i=1}^n b_i(\boldsymbol{x})\frac{\partial u}{\partial x_i} + c(\boldsymbol{x})u = f(\boldsymbol{x}),$$
其中 $a_{ij}(\boldsymbol{x})$, $b_i(\boldsymbol{x})$, $c(\boldsymbol{x})$, $f(\boldsymbol{x})$ 都是 Ω 上的已知函数, $a_{ij}(\boldsymbol{x}) = a_{ji}(\boldsymbol{x}), i,j = 1,2,\cdots,n$, 且至少有一个 $a_{ij}(\boldsymbol{x}) \neq 0$. $f(\boldsymbol{x})$ 为非齐次项.

定义 1.1.3 在非线性偏微分方程中, 若 F 关于 u 的最高阶偏导数 $\mathrm{D}^m u$ 是线性的, 即系数依赖于自变量及 u 的阶数低于 m 的偏导数, 则称方程(1.1)为**拟线性偏微分方程**. 既不是线性也不是拟线性的偏微分方程称为**完全非线性偏微分方程**.

一阶和二阶拟线性偏微分方程的一般形式分别为

$$\sum_{i=1}^n b_i(\boldsymbol{x}, u)\frac{\partial u}{\partial x_i} = f(\boldsymbol{x}, u),$$

$$\sum_{i,j=1}^n a_{ij}(\boldsymbol{x}, u, \mathrm{D}u)\frac{\partial^2 u}{\partial x_i \partial x_j} = f(\boldsymbol{x}, u, \mathrm{D}u),$$

其中 a_{ij}, b_i, f 是已知函数.

定义 1.1.4 在拟线性偏微分方程中, 若 F 关于 u 的最高阶偏导数 $\mathrm{D}^m u$ 中每一项的系数仅是自变量的函数, 则称方程(1.1)为**半线性偏微分方程**.

下面举几个常见的例子.

【例 1.1.2】 1747 年, 法国数学家达朗贝尔在《张紧的弦振动时形成的曲线研究》中首次明确导出弦振动方程, 并给出了其通解表达式. 函数 $u = u(\boldsymbol{x}, t)$ 的 n 维**波动方程**可表示为

$$u_{tt} - a^2 \Delta u = f(\boldsymbol{x}, t), \tag{1.2}$$

其中 $u(\boldsymbol{x}, t)$ 表示振幅, $a > 0$ 是常数, $f(\boldsymbol{x}, t)$ 为外力函数.

当 $n = 1$ 时, 方程(1.2)又称为**弦振动方程**, 描述弦的振动或声波在管中的传播. 欧拉和丹尼尔·伯努利给出了二维、三维波动方程, 二维波动方程可描述浅水面或薄膜的振动, 而三维波动方程可描述声波或光波.

【例 1.1.3】 1785 年, 法国数学家拉普拉斯在论文《球状物体的引力理论与行星形状》中推导出了拉普拉斯方程. 函数 $u(\boldsymbol{x})$ 的 n 维**拉普拉斯方程**可表示为

$$\Delta u = 0, \tag{1.3}$$

它的解称为**调和函数**. 1813 年, 法国数学家泊松在论文《关于引力理论方程的注记》中给出了**泊松 (Poisson) 方程**

$$\Delta u = f(\boldsymbol{x}). \tag{1.4}$$

方程(1.3) 和方程(1.4)又称为 **位势方程**, 具有广泛的应用背景.

以势函数的形式描写电场、引力场和流场等物理对象 (一般称为"保守场"或"有势场"), 以及平衡状态下的波动现象和扩散过程时都会遇到位势方程.

【例 1.1.4】 1822 年, 法国数学家傅里叶在《热的解析理论》中给出了热传导方程. 当导热体的密度和比热容都是常数时, 其温度分布 $u(\boldsymbol{x},t)$ 满足**热传导方程**

$$u_t - a^2 \Delta u = f(\boldsymbol{x},t), \tag{1.5}$$

其中 $a > 0$ 为常数, $f(\boldsymbol{x},t)$ 是内部热源强度函数.

在研究粒子的扩散过程时, 如气体的扩散、液体的渗透以及半导体材料中杂质的扩散等, 也可用类似方程来描述. 因此, 热传导方程又称为**反应扩散方程**.

方程(1.2) ~ 方程(1.5)都是二阶线性常系数方程, 它们是我们的主要研究对象. 接下来再介绍一些著名的偏微分方程.

细杆的微小横振动方程

$$u_{tt} + a^4 u_{xxxx} = f(x,t),$$

其中 $a > 0$ 为常数, $f(x,t)$ 是作用于杆上的总力.

股票期权定价的布莱克-舒尔斯 (Black-Scholes) 模型满足二阶变系数线性方程

$$u_t + \frac{1}{2}A^2 x^2 u_{xx} + Bx u_x - Cu = 0,$$

这里 A, B 和 C 为常系数. 布莱克-舒尔斯方程通过相当复杂的变量代换可转换成热传导方程.

极小曲面是通过给定周线且具有最小表面积的曲面, 它满足二阶拟线性方程

$$(1+u_y^2)u_{xx} - 2u_x u_y u_{xy} + (1+u_x^2)u_{yy} = 0.$$

水波研究中的 Korteweg-de Vries 方程 (简称 KdV 方程)

$$u_t + cuu_x + u_{xxx} = 0,$$

可用来描述浅水波中孤立子的传播. 这是一个三阶拟线性方程.

在势能为 $V(x,y,z)$ 的场中, 运动的质量为 m 的单个质点所满足的薛定谔 (Schrödinger) 方程是

$$i\hbar\psi_t = -\frac{\hbar^2}{2m}\Delta\psi + V\psi,$$

其中 $h = 2\pi\hbar$ 是普朗克 (Planck) 常量, 它是量子力学中的基本方程.

二阶半线性反应扩散方程组

$$\boldsymbol{u}_t - \Delta\boldsymbol{u} = \boldsymbol{f}(\boldsymbol{u});$$

一阶拟线性能量守恒律方程组

$$\boldsymbol{u}_t + \mathrm{div}\boldsymbol{\mathcal{F}}(\boldsymbol{u}) = 0,$$

其中 $\boldsymbol{u} = (u_1, \cdots, u_m)$, $\boldsymbol{f}: \mathbb{R}^m \to \mathbb{R}^m$, $\boldsymbol{\mathcal{F}}: \mathbb{R}^m \to \mathbb{R}^{mn}$.

不可压缩无黏性流的欧拉 (Euler) 方程组

$$\begin{cases} \boldsymbol{u}_t + \boldsymbol{u}\cdot\mathrm{D}\boldsymbol{u} + \mathrm{D}p = 0, \\ \mathrm{div}\boldsymbol{u} = 0. \end{cases}$$

其中 $\boldsymbol{u} = (u_1, u_2, u_3)$ 为流体的速度, p 表示压力.

不可压缩黏性流的纳维–斯托克斯 (Navier-Stokes) 方程组

$$\begin{cases} \boldsymbol{u}_t + \boldsymbol{u}\cdot\mathrm{D}\boldsymbol{u} + \dfrac{1}{\rho}\mathrm{D}p = \mu\Delta\boldsymbol{u}, \\ \mathrm{div}\boldsymbol{u} = 0. \end{cases}$$

其中 ρ 是密度常数, μ 是运动的黏性系数, $\boldsymbol{u} = (u_1, u_2, u_3)$ 为流体的速度, p 表示压力.

1.2 经典方程的导出

数学物理中许多问题可由偏微分方程来描述, 本节将介绍几个从物理学和力学中提出的经典偏微分方程. 用到的数学方法是微元分析法和富比尼 (Fubini) 交换积分次序定理.

微课视频: 方程推导的预备知识

1.2.1 弦振动方程

振动现象是日常生活中一种极为普遍的现象. 例如, 弦的振动、鼓面的振动、水波、声波、电磁波、地震波、引力波等, 这些

振动都属于波动方程问题. 波动方程在数学物理和理论物理的很多领域中有非常广泛的应用. 波动方程问题中弹性弦的振动问题是一个很有意义而且十分重要的古典问题, 下面我们建立它的数学模型.

模型　一根长为 l 的均匀细弦, 拉紧后在垂直于弦线的外力作用下做微小横振动, 研究弦的振动规律.

模型假设

1)"弦"是充分柔软的, 它只抗伸长, 不抗弯曲, 也就是它变形时, 没有抗弯曲的张力, 张力沿切线方向.

2)"均匀"是指弦的线密度(单位长度的质量)ρ 为常数.

3)"细"是指弦的横截面的直径与弦的长度相比可以忽略, 即弦可以看成无粗细的线.

4)"横振动"指弦的运动发生在同一平面内, 且弦上各点的位移方向与弦的平衡位置垂直.

5)"微小"指弦上各点的振幅与弦长相比很小, 因此弦在偏离平衡位置时, 弦上各点的斜率远小于 1.

模型构建　首先建立坐标系, 取弦的平衡位置为 x 轴. 在弦振动的平面上取与 x 轴垂直且通过弦线一个端点的直线为 u 轴. $u(x,t)$ 表示弦上坐标为 x 的点在时刻 t 的位移(见图 1.1). 弦往返运动的主要原因是外力和张力的影响. 不妨设 $F(x,t)$ 为作用在弦上点 x 处时刻 t 的垂直于平衡位置的外力密度, $T(x,t)$ 表示弦上点 x 处时刻 t 的张力. 弦在运动过程中, 各点的位移、加速度、张力等都在不断变化, 但它们遵循动量守恒定律.

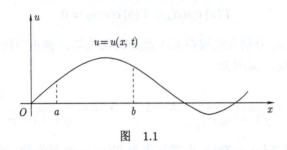

图 1.1

动量守恒定律　物体在某一时段内的动量的增量等于作用在该物体上所有外力在这一时段内产生的冲量. 即

$$\boxed{t=t_2 \text{ 时的动量}} - \boxed{t=t_1 \text{ 时的动量}} = \boxed{\begin{array}{c}[t_1,t_2]\\ \text{内外力产生的冲量}\end{array}}.$$

我们将利用动量守恒定律来导出 u 的变化规律. 设 ρ 为弦的线密度. 在弦上任取一段 $[a,b]$, 考虑它在任意时段 $[t_1,t_2]$ 内动量的变化.

在 t 时刻, 弦段 $[a,b]$ 的动量为

$$\int_a^b \rho u_t(x,t)\mathrm{d}x,$$

那么在 $[t_1,t_2]$ 时段内动量的改变量为

$$Q_1 = \rho \int_a^b [u_t(x,t_2) - u_t(x,t_1)]\,\mathrm{d}x.$$

另一方面, 弦段 $[a,b]$ 在运动过程中所受的力有外力 $F(x,t)$ 和端点 a,b 的张力 $T(a,t), T(b,t)$. 外力 $F(x,t)$ 在 $[t_1,t_2]$ 内所产生的冲量为

$$Q_2 = \int_{t_1}^{t_2} \mathrm{d}t \int_a^b F(x,t)\mathrm{d}x.$$

弦段 $[a,b]$ 的弧长为 $s = \int_a^b \sqrt{1+u_x^2}\mathrm{d}x$, 由模型假设 5 知 $|u_x| \ll 1$(表示 $|u_x|$ 远远小于 1), 从而 $s \approx b-a$, 即弦在振动过程中并未伸长. 由胡克 (Hooke) 定律知, $T(x,t_2) - T(x,t_1) = k \times$ 弦长在 $[t_1,t_2]$ 时间内的伸长量 ≈ 0, 弦上每点的张力 T 与时间无关, 即 $T(x,t) = T(x)$.

由模型假设 4 可知, 弦只在 x 轴的垂直方向做横振动, 所以在 x 轴方向弦线受力平衡, 即

$$T(a)\cos\alpha_a + T(b)\cos\alpha_b = 0.$$

这里 α_a, α_b 分别为弦线在 a,b 点处的切线与 x 轴正向的夹角, 如图 1.2 所示. 又因为

$$\cos\alpha_a = -\left.\frac{1}{\sqrt{1+(u_x)^2}}\right|_{x=a} \approx -1, \quad \cos\alpha_b = \left.\frac{1}{\sqrt{1+(u_x)^2}}\right|_{x=b} \approx 1,$$

所以 $T(a) = T(b)$, 也就是张力 $T(x) = T$ 是常数. 因此, a,b 处张力 T 在 u 方向的合力为

$$T\sin\alpha_b + T\sin\alpha_a \approx T\tan\alpha_b - T\tan\alpha_a = Tu_x|_{x=b} - Tu_x|_{x=a}.$$

所以, 张力 T 在 $[t_1,t_2]$ 内产生的冲量为

$$Q_3 = T\int_{t_1}^{t_2} [u_x(b,t) - u_x(a,t)]\,\mathrm{d}t.$$

由动量守恒定律,有 $Q_1 = Q_2 + Q_3$,即

$$\rho \int_a^b [u_t(x,t_2) - u_t(x,t_1)] \mathrm{d}x$$
$$= \int_{t_1}^{t_2} \mathrm{d}t \int_a^b F(x,t) \mathrm{d}x + T \int_{t_1}^{t_2} [u_x(b,t) - u_x(a,t)] \mathrm{d}t. \tag{1.6}$$

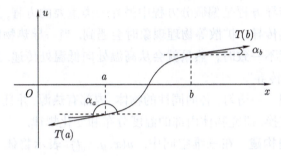

图 1.2

如果 u 有连续的二阶偏导数,由牛顿–莱布尼茨公式 (Newton-Leibniz) 公式,式(1.6)可改写为

$$\int_{t_1}^{t_2} \int_a^b \rho u_{tt} \mathrm{d}x \mathrm{d}t = \int_{t_1}^{t_2} \int_a^b F \mathrm{d}x \mathrm{d}t + \int_{t_1}^{t_2} \int_a^b T u_{xx} \mathrm{d}x \mathrm{d}t.$$

由 a, b, t_1, t_2 的任意性以及被积函数的连续性可知

$$u_{tt} - a^2 u_{xx} = f(x,t), \quad 0 < x < l, \, t > 0. \tag{1.7}$$

其中 $a^2 = T/\rho$,$f(x,t) = F(x,t)/\rho$.方程(1.7)称为**弦振动方程**.不论弦的初始状态和弦在两个端点的位置如何,弦的振动规律都满足方程(1.7).

弦振动方程(1.7)只含一个空间变量 x,因此又称为**一维波动方程**.我们研究薄膜的微小横振动和电磁波、声波的传播,可分别导出二维和三维**波动方程**,它们仍具有与方程(1.7)相似的形式

$$u_{tt} - a^2(u_{xx} + u_{yy}) = f(x,y,t), \quad (x,y) \in \Omega \subset \mathbb{R}^2,$$

$$u_{tt} - a^2(u_{xx} + u_{yy} + u_{zz}) = f(x,y,z,t), \quad (x,y,z) \in \Omega \subset \mathbb{R}^3.$$

类似地,n 维薄膜的横振动方程是

$$u_{tt} - a^2 \Delta u = f(\boldsymbol{x}, t), \quad \boldsymbol{x} \in \Omega \subset \mathbb{R}^n.$$

注 1.2.1 通常说的弦和膜都有一个共同特点, 就是它们充分柔软, 只抗伸长不抗弯曲. 当它们发生形变时, 抗弯曲所产生的力矩可以忽略不计. 不然, 力学上把它们称为梁和板, 梁和板的振动方程与弦和膜的不同. 一般来说, 这些方程会出现未知函数的四阶微商.

1.2.2 热传导方程

热传导方程是偏微分方程中另外一类重要的方程, 这类方程在研究热传导、扩散等物理现象时会遇到. 当一导热物体内部各处的温度不一致时, 热量就会从高温处向低温处传递, 这种现象叫作 "热传导".

模型 一均匀、各向同性的物体, 内部有热源, 并且与周围介质有热交换, 研究物体内部的温度分布和变化规律.

模型构建 在三维空间中, $u(x,y,z,t)$ 表示物体 Ω 在点 (x,y,z) 及时刻 t 的温度, $F(x,y,z,t)$ 表示点 (x,y,z) 处时刻 t 的热源强度. 物体内部温度变化的主要原因是热传导和内部热源的影响, 它们遵循能量守恒定律. 此外, 我们还需要傅里叶热传导定律一起来建立热传导方程.

能量守恒定律 物体内部热量的增加等于通过物体的边界流入的热量及由物体内部的热源所产生的热量的总和.

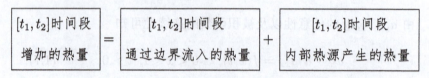

傅里叶热传导定律 热流速度与温度梯度成正比, 即

$$q = -k\nabla u.$$

这里 u 表示温度, q 表示热流速度 (又称热流密度或热通量, 表示单位时间内通过单位面积的热量), k 表示物体的导热系数, 负号表示热量由高温到低温流动.

物体 Ω 内任取一块区域 D (见图 1.3), 其边界记为 ∂D, ρ 表示密度, c 表示比热容 (单位质量的物体温度改变 1°C 吸收或放出的热量), 在 $[t_1, t_2]$ 时间段区域 D 因温度变化吸收的热量为

$$Q = \iiint_D c\rho[u(x,y,z,t_2) - u(x,y,z,t_1)]\mathrm{d}x\mathrm{d}y\mathrm{d}z.$$

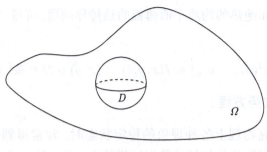

图 1.3

通过边界 ∂D 流入 D 中的热量, 可用傅里叶热传导定律计算

$$Q_1 = \int_{t_1}^{t_2} dt \iint_{\partial D} k\nabla u \cdot \boldsymbol{n} dS = \int_{t_1}^{t_2} dt \iint_{\partial D} k\frac{\partial u}{\partial \boldsymbol{n}} dS,$$

其中 $\boldsymbol{n}$ 是边界 ∂D 上的单位外法向量. 内部热源产生的热量为

$$Q_2 = \int_{t_1}^{t_2} dt \iiint_D \rho F(x,y,z,t) dxdydz.$$

由能量守恒定律, 有 $Q = Q_1 + Q_2$, 即

$$\iiint_D c\rho[u(x,y,z,t_2) - u(x,y,z,t_1)] dxdydz$$
$$= \int_{t_1}^{t_2} dt \iint_{\partial D} k\frac{\partial u}{\partial \boldsymbol{n}} dS + \int_{t_1}^{t_2} dt \iiint_D \rho F(x,y,z,t) dxdydz.$$

设 $u(x,y,z,t)$ 关于变量 x,y,z 具有二阶连续偏导数, 关于 t 具有一阶连续偏导数, 利用高斯 (Gauss) 公式和牛顿–莱布尼茨公式, 得到

$$\int_{t_1}^{t_2} dt \iiint_D c\rho u_t dxdydz = \int_{t_1}^{t_2} dt \iiint_D [\text{div}(k\nabla u) + \rho F] dxdydz.$$

由被积函数的连续性, D, t_1, t_2 的任意性, 以及物体是均匀和各向同性的, 则 c, ρ, k 都是常数, 因此有

$$u_t - a^2 \Delta u = f, \quad (x,y,z) \in \Omega, \; t > 0. \tag{1.8}$$

其中 $a^2 = k/(c\rho)$, $f = F/c$. 方程(1.8)称为**三维热传导方程**. 当 $f \geqslant 0$ 时表示热源, 当 $f \leqslant 0$ 时表示热汇.

当物体可看作一根细杆时, 它的侧表面绝热, 它与周围介质的热交换只在杆的两端 ($x=0$ 和 $x=l$) 进行. 因而温度 u 只与一个空间变量 x 和时间 t 有关. 这时 u 满足一维热传导方程

$$u_t - a^2 u_{xx} = f(x,t), \quad 0 < x < l, \; t > 0.$$

同样由侧面绝热的均质平面薄板的热传导问题, 可得二维热传导方程

$$u_t - a^2(u_{xx} + u_{yy}) = f(x,y,t), \quad (x,y) \in \Omega \subset \mathbb{R}^2, t > 0.$$

1.2.3 位势方程

当研究物理上各种现象的稳定状态时, 常常得到位势方程. 这类方程可以从热传导的稳定过程导出. 热传导是稳定的, 是指热流是定长的, 即温度 u 和热源强度 F 都与时间 t 无关. 此时, 温度 $u(x,y,z)$ 满足的方程为

$$u_{xx} + u_{yy} + u_{zz} = f(x,y,z),$$

称为**泊松方程**. 若 $f(x,y,z) = 0$, 则有

$$u_{xx} + u_{yy} + u_{zz} = 0,$$

称为**拉普拉斯方程**, 也称为**调和方程**. 分布在三维空间区域 Ω 上的静电场的电位函数 $\phi(x,y,z)$ 满足泊松方程

$$\phi_{xx} + \phi_{yy} + \phi_{zz} = -4\pi\rho(x,y,z),$$

其中 $\rho(x,y,z)$ 为电荷密度. 如果没有体积电荷, 即 $\rho(x,y,z) = 0$, 则电位函数满足拉普拉斯方程. 泊松方程和拉普拉斯方程统称为**位势方程**.

1.3 定解问题

1.3.1 定解问题和定解条件

一个偏微分方程通常有很多解. 为了从一个偏微分方程的许多解中找到某一特定的解, 就必须引进适当的定解条件. 从 1.2 节中可以看出, 不同的物理现象可归结为不同形式的偏微分方程, 而一个具体的物理过程, 除了方程之外还必须考虑该物理过程的初始状态和边界状态, 这些都是**定解条件**. 一般来说, 描述初始时刻物理状态的定解条件称为**初值条件**或**初始条件**; 描述边界上物理状态的定解条件称为**边值条件**或**边界条件**. 一个偏微分方程匹配上它的定解条件构成一个**定解问题**. 若定解条件为初始条件, 则该定解问题称为**初值问题**或柯西 (**Cauchy**) **问题**; 若定解条件为边界条件, 则该定解问题称为**边值问题**; 若定解条件中既有初始条件又有边界条件, 则该定解问题称为**初边值问题**或**混合问题**.

1. 弦振动方程

初始条件　给出弦上各点的初始位移和初始速度

$$u(x,0) = \varphi(x), \quad u_t(x,0) = \psi(x), \quad 0 \leqslant x \leqslant l.$$

这里 $\varphi(x), \psi(x)$ 为已知函数.

边界条件　一般说来有三种边界条件.

(1) 第一边界条件 [狄利克雷 (Dirichlet) 边界条件]: 已知弦的两端点的运动规律, 即

$$u(0,t) = \mu(t), \quad u(l,t) = \nu(t), \quad t \geqslant 0.$$

特别地, 如果两端点处弦是固定的, 则有

$$u(0,t) = 0, \quad u(l,t) = 0, \quad t \geqslant 0.$$

(2) 第二边界条件 [诺伊曼 (Neumann) 边界条件]: 已知端点受垂直于弦线外力的作用, 即

$$-Tu_x(0,t) = \mu(t), \quad Tu_x(l,t) = \nu(t), \quad t \geqslant 0. \quad (1.9)$$

以左端点为例导出边界条件. 设在 $x=0$ 处所受外力为 $\mu(t)$, 取弦段 $(0,\Delta x)$, 弧长 $\Delta s \approx \Delta x$, 由牛顿第二定律, 有

$$\mu(t) + Tu_x(0,t) = \rho u_{tt}\Delta x,$$

令 $\Delta x \to 0$, 得式(1.9)中第一表达式.

特别地, 当 $\mu(t) = \nu(t) = 0$ 时, 端点既不固定又不受外力作用称为自由端点条件.

(3) 第三边界条件 [罗宾 (Robin) 边界条件]: 已知端点位移与所受外力作用的一个线性组合, 即

$$-Tu_x(0,t) + k_0 u(0,t) = \mu(t), \quad Tu_x(l,t) + k_l u(l,t) = \nu(t), \quad t \geqslant 0. \quad (1.10)$$

第三边界条件是 "弹性支承条件". 弦的两端固定在与 x 轴垂直的弹性支承上, k_0, k_l 为弹性系数. 下面以左端为例说明条件的由来, 弦的端点固定在某一可以上下移动的弹性支承上, 弹性支承的移动规律由 $\overline{\mu}(t)$ 给出. 弦的张力对支承的垂直方向分量为 $Tu_x(0,t)$, 支承的伸长为 $u(0,t) - \overline{\mu}(t)$, 由胡克定律知

$$Tu_x(0,t) = k_0\left[u(0,t) - \overline{\mu}(t)\right],$$

令 $\mu(t) = k_0 \overline{\mu}(t)$, 即得式(1.10)中第一表达式.

高维波动方程在有界区域上的初始条件的提法不变, 边界条件的提法与下面的热传导方程相同.

2. 热传导方程

以三维热传导方程为例.

初始条件　给出初始时刻的温度

$$u(x,y,z,0) = \varphi(x,y,z), \quad (x,y,z) \in \overline{\Omega}.$$

边界条件　给出边界上温度受周围介质的影响情况, 可分为三种:

(1) 第一边界条件 (狄利克雷边界条件): 已知边界 $\partial\Omega$ 上的温度分布, 即

$$u|_{\partial\Omega} = g(x,y,z,t), \quad t \geqslant 0.$$

当 $g \equiv$ 常数时, 物体边界 (表面) 保持恒温.

(2) 第二类边界条件 (诺伊曼边界条件): 已知通过 $\partial\Omega$ 流入的热量, 即

$$k\frac{\partial u}{\partial \boldsymbol{n}}\bigg|_{\partial\Omega} = g(x,y,z,t), \quad t \geqslant 0,$$

这里 $\boldsymbol{n}$ 表示 $\partial\Omega$ 上的单位外法向量. $g \geqslant 0$ 表示流入热量, $g \leqslant 0$ 表示流出热量, $g \equiv 0$ 表示物体表面绝热.

(3) 第三类边界条件 (罗宾边界条件): 已知通过边界 $\partial\Omega$ 与周围介质有热交换. 根据牛顿热交换定律, 当热量从一介质流入另一介质时, 通过界面的热流速度与两介质的温差成正比, 即

$$-k\frac{\partial u}{\partial \boldsymbol{n}}\bigg|_{\partial\Omega} = \alpha_0(u - g_0), \quad t \geqslant 0,$$

通常写成

$$\left(\frac{\partial u}{\partial \boldsymbol{n}} + \alpha u\right)\bigg|_{\partial\Omega} = \alpha g_0, \quad t \geqslant 0,$$

这里 g_0 表示周围介质温度, α_0 表示热交换系数, $\alpha = \alpha_0/k > 0$.

把热传导方程的定解条件和波动方程的相应条件加以比较, 就会发现两者的边界条件在数学上完全相同, 但物理意义根本不同; 至于初始条件, 即使从数学上看也有差别, 热传导方程只有一个初始条件, 而波动方程却有两个.

3. 位势方程

位势方程的定解条件只有边界条件, 一般说来也有三种:

(1) 第一边界条件 (狄利克雷边界条件): $u|_{\partial\Omega} = g(x,y,z)$.

(2) 第二边界条件 (诺伊曼边界条件): $\left.\dfrac{\partial u}{\partial \boldsymbol{n}}\right|_{\partial\Omega}=g(x,y,z)$, 这里 $\boldsymbol{n}$ 是 $\partial\Omega$ 上的单位外法向量.

(3) 第三边界条件 (罗宾边界条件): $\left.\left(\dfrac{\partial u}{\partial \boldsymbol{n}}+\alpha u\right)\right|_{\partial\Omega}=g(x,y,z)$.

在实际问题中, 还会遇到位势方程边值问题的另外一种提法. 函数 $u(\boldsymbol{x})$ 在 n 维空间中的有界域 Ω 外满足位势方程, 而在 $\partial\Omega$ 上满足定边界条件, 且 $\lim\limits_{|\boldsymbol{x}|\to+\infty}u(x)=0$, 我们称这种问题为外边值问题, 而前面提到的问题称为内边值问题.

1.3.2 定解问题的适定性

从上面的例子我们看到, 对于不同的物理问题, 一般来说其定解条件也是不同的. 从数学上看, 一个定解问题的提出是否合理, 即是否能够完全描述一个给定的物理状态, 一般来说有以下三个标准:

(1) **解的存在性** 所给的定解问题有解;

(2) **解的唯一性** 所给的定解问题只有一个解;

(3) **解的稳定性** 当定解条件 (初始条件、边界条件) 以及方程中的系数有微小变动时, 相应的解也只有微小变动. 解的稳定性也称为解关于定解条件、系数的连续依赖性.

解的存在性、唯一性和稳定性, 三者合起来称为**解的适定性**. 一般来说, 从一个具体的物理问题构建微分方程并给出定解条件时需要忽略一些被我们认为次要的因素, 因此需要研究经过理想化处理的定解问题解的存在性. 根据实际构建的定解问题, 必定反映的是唯一确定的状态, 也就是解的存在唯一性. 定解条件都是通过测量和统计得到的, 在测量和统计的过程中误差总是难免的, 如果解的稳定性不成立, 那所建立的定解问题就失去了实际意义. 如果一个定解问题的适定性不成立, 就要对定解问题做进一步的修改, 直到它具有适定性.

【例 1.3.1】 证明函数

$$u(x,y)=\dfrac{1}{n^2}\sinh ny\sin nx \quad (n\text{是正常数})$$

是上半平面上拉普拉斯方程边值问题

$$\begin{cases} u_{xx}+u_{yy}=0, & x\in\mathbb{R}, y>0,\\ u|_{y=0}=0, u_y|_{y=0}=\dfrac{\sin nx}{n}, & x\in\mathbb{R} \end{cases}$$

的解, 并证明该问题是不适定的.

证明 容易验证对任意固定的 n,

$$u_n(x,y) = \frac{1}{n^2} \sinh ny \sin nx = \frac{e^{ny} - e^{-ny}}{2n^2} \sin nx$$

是给定定解问题的解. 当 $n \to \infty$ 时, $u(x,y)$ 是振荡的. 另一方面, 当 $n \to \infty$ 时, 定解问题变为如下问题:

$$\begin{cases} u_{xx} + u_{yy} = 0, & x \in \mathbb{R}, y > 0, \\ u|_{y=0} = 0, u_y|_{y=0} = 0, & x \in \mathbb{R}, \end{cases}$$

该问题只有平凡解 $u \equiv 0$, 所以上述定解问题不连续依赖于初始条件, 从而是不适定的. ∎

在本书后面的章节中, 我们总是先假设定解问题的解具有非常好的性质, 求出定解问题解的表达式, 这样的解我们称为定解问题的**形式解**. 然后我们再严格证明在定解条件满足一定的要求时, 所得到的形式解的确是定解问题的古典解, 从而获得解的存在性. 在研究定解问题解的唯一性和稳定性时, 我们先导出一些关于解的**先验估计**, 然后利用这些估计推导出定解问题的解的唯一性和稳定性.

1.4 叠加原理

在物理学、力学的研究中经常出现这样的现象: 几种不同因素同时作用所产生的效果等于各个不同因素单独作用产生的效果的叠加. 例如, 几个外力共同作用在一物体上所产生的加速度可以用各个外力单独作用在该物体上所产生的加速度相加而得到, 这个原理称为**叠加原理**. 这种具有叠加效应的现象在线性偏微分方程的定解问题中有着重要的应用.

定义 1.4.1 **线性算子**是作用在一个函数空间上的映射 $\mathcal{L}$, 满足

$$\mathcal{L}(u+v) = \mathcal{L}u + \mathcal{L}v, \quad \mathcal{L}(cu) = c\mathcal{L}u,$$

对任意的函数 u, v 及常数 c 都成立.

一阶线性偏微分算子可表示为

$$\mathcal{L} = \sum_{i=1}^{n} b_i(\boldsymbol{x}) \frac{\partial}{\partial x_i} + c(\boldsymbol{x}),$$

相应的非齐次线性偏微分方程可表示为

$$\mathcal{L}u = \sum_{i=1}^{n} b_i(\boldsymbol{x})\frac{\partial u}{\partial x_i} + c(\boldsymbol{x})u = f(\boldsymbol{x}).$$

二阶非齐次线性偏微分方程可表示为

$$\mathcal{L}u = \sum_{i,j=1}^{n} a_{ij}(\boldsymbol{x})\frac{\partial^2 u}{\partial x_i \partial x_j} + \sum_{i=1}^{n} b_i(\boldsymbol{x})\frac{\partial u}{\partial x_i} + c(\boldsymbol{x})u = f(\boldsymbol{x}).$$

下面我们以二阶非齐次线性偏微分方程为例, 来叙述方程型叠加原理.

定理 1.4.1 (方程型叠加原理) 若 u_i 满足线性问题

$$\mathcal{L}u_i = f_i, \quad i = 1, 2, \cdots,$$

级数 $\sum_{i=1}^{\infty} C_i u_i$ 一致收敛且可逐项微分两次, 级数 $\sum_{i=1}^{\infty} C_i f_i$ 收敛, 则 $u = \sum_{i=1}^{\infty} C_i u_i$ 是问题

$$\mathcal{L}u = \sum_{i=1}^{\infty} C_i f_i$$

的解.

【例 1.4.1】 求方程

$$u_{xy} = 3x^2 + 4xy + 3y^2$$

的通解.

解 第一步: 先求出方程的一个特解 $w(x,y)$, 使之满足

$$w_{xy} = 3x^2 + 4xy + 3y^2.$$

由于方程右端是一个二元二次齐次多项式, 方程两边对 y 积分, 得

$$w_x = 3x^2 y + 2xy^2 + y^3,$$

再对 x 积分, 得 $w(x,y)$ 具有形式

$$w(x,y) = x^3 y + x^2 y^2 + xy^3.$$

第二步: 求函数 $v(x,y)$, 使之满足 $v_{xy} = 0$. 由例 1.1.1, 有
$$v(x,y) = F(x) + G(y),$$
其中 F, G 是任意的二次连续可微函数.

第三步: 根据叠加原理, 原方程的通解为
$$u(x,y) = v(x,y) + w(x,y) = F(x) + G(y) + x^3 y + x^2 y^2 + xy^3.$$

下面以波动方程为例, 叙述定解问题型叠加原理.

定理 1.4.2 (定解问题型叠加原理 I) 设 $u = u(\boldsymbol{x}, t)$ 是定解问题

$$\begin{cases} \mathcal{L}u = u_{tt} - a^2 \Delta u = f(\boldsymbol{x}, t), & \boldsymbol{x} \in \mathbb{R}^n, t > 0, \\ u(\boldsymbol{x}, 0) = \varphi(\boldsymbol{x}), \ u_t(\boldsymbol{x}, 0) = \psi(\boldsymbol{x}), & \boldsymbol{x} \in \mathbb{R}^n \end{cases} \quad (1.11)$$

的解, $u_i = u_i(\boldsymbol{x}, t), i = 1, 2, 3$ 分别为以下定解问题:

(I) $\begin{cases} \mathcal{L}u_1 = 0, & \boldsymbol{x} \in \mathbb{R}^n, t > 0, \\ u_1(\boldsymbol{x}, 0) = \varphi(\boldsymbol{x}), \ u_{1t}(\boldsymbol{x}, 0) = 0, & \boldsymbol{x} \in \mathbb{R}^n, \end{cases}$

(II) $\begin{cases} \mathcal{L}u_2 = 0, & \boldsymbol{x} \in \mathbb{R}^n, t > 0, \\ u_2(\boldsymbol{x}, 0) = 0, \ u_{2t}(\boldsymbol{x}, 0) = \psi(\boldsymbol{x}), & \boldsymbol{x} \in \mathbb{R}^n \end{cases}$

和

(III) $\begin{cases} \mathcal{L}u_3 = f(\boldsymbol{x}, t), & \boldsymbol{x} \in \mathbb{R}^n, t > 0, \\ u_3(\boldsymbol{x}, 0) = 0, \ u_{3t}(\boldsymbol{x}, 0) = 0, & \boldsymbol{x} \in \mathbb{R}^n \end{cases}$

的解, 则
$$u = u_1 + u_2 + u_3.$$

由此可见, 为求式(1.11)的解, 只需求解问题 (I)~ 问题 (III) 的解. 类似地, 有

定理 1.4.3 (定解问题型叠加原理 II) 设 $v = v(x, t)$ 是定解问题

$$\begin{cases} \mathcal{L}v = v_{tt} - a^2 v_{xx} = f(x, t), & 0 < x < l, t > 0, \\ v(0, t) = 0, \ v(l, t) = 0, & t \geqslant 0, \\ v(x, 0) = \varphi(x), \ v_t(x, 0) = \psi(x), & 0 \leqslant x \leqslant l \end{cases}$$

的解，$v_i = v_i(x,t), i = 1, 2$ 分别为以下定解问题：

(I) $\begin{cases} \mathcal{L}v_1 = 0, & 0 < x < l, t > 0, \\ v_1(0,t) = 0,\ v_1(l,t) = 0, & t \geqslant 0, \\ v_1(x,0) = \varphi(x),\ v_{1t}(x,0) = \psi(x), & 0 \leqslant x \leqslant l, \end{cases}$

(II) $\begin{cases} \mathcal{L}v_2 = f(x,t), & 0 < x < l, t > 0, \\ v_2(0,t) = 0,\ v_2(l,t) = 0, & t \geqslant 0, \\ v_2(x,0) = 0,\ v_{2t}(x,0) = 0, & 0 \leqslant x \leqslant l \end{cases}$

的解，则 $v(x,t) = v_1(x,t) + v_2(x,t)$.

利用叠加原理可以把一个复杂问题的求解化成几个较简单问题的求解. 在求解一个复杂方程定解问题时，一般都先处理简单定解问题的求解，然后灵活运用各种原理，得到一般定解问题的求解方法.

习题一

1. 在下列方程中，指明哪些是线性的、半线性的、拟线性的及完全非线性的，并说明它的阶.

   (1) $u_x + e^y u_y = 0$.

   (2) $u_t - u_{xx} + xu = 0$.

   (3) $\operatorname{div}\left(|Du|^{p-2}Du\right) = 0$.

   (4) $u_t - \Delta\left(u^2\right) = 0$.

   (5) $u_t + u_{xxxx} + \sqrt{1+u} = 0$.

   (6) $-u_t(u_{xx}u_{yy} - (u_{xy})^2) = f(x,y,t)$.

2. 求下列偏微分方程的通解.

   (1) $u_{xy} = u_x$.

   (2) $yu_{xy} + u_x = 2x$.

   (3) $u_{yy} + u = 0$.

3. 设 f 是任意的一次连续可微的函数，验证函数 $u = f(xy)$ 满足方程

$$xu_x - yu_y = 0.$$

4. 设 $f(x)$ 和 $g(y)$ 是任意的二次连续可微函数，验证函数 $u = f(x)g(y)$ 满足方程

$$uu_{xy} - u_x u_y = 0.$$

5. 设 $F(\xi), G(\xi)$ 是任意的二次连续可微函数，λ_1, λ_2 为常数，且 $\lambda_1 \neq \lambda_2$，证明 $u = F(x+\lambda_1 y) + G(x+\lambda_2 y)$ 满足方程

$$\lambda_1\lambda_2 u_{xx} - (\lambda_1 + \lambda_2)u_{xy} + u_{yy} = 0.$$

6. 求方程

$$4u_{xx} + 5u_{xy} + u_{yy} = 0$$

具有形式 $u(x,y) = f(\lambda x + y)$ 的特解.

7. 证明 $u(x,t) = \dfrac{1}{\sqrt{t}} e^{-\frac{x^2}{4a^2 t}} (t > 0)$ 满足方程

$$u_t = a^2 u_{xx},$$

而且有 $\lim\limits_{t \to 0} u(x,t) = 0,\ x \neq 0$.

8. 求热传导方程 $u_t = a^2 u_{xx}$ 所有形如

$$u(x,t) = \frac{1}{\sqrt{t}} f\left(\frac{x}{2a\sqrt{t}}\right)$$

的解，其中 a 为正常数.

9. 验证函数 $u(x,t) = e^{-a^2 \lambda t} \sin\sqrt{\lambda} x$ 和 $u(x,t) = e^{-a^2 \lambda t} \cos\sqrt{\lambda} x (\lambda > 0)$ 都满足方程

$$u_t = a^2 u_{xx}.$$

10. 验证函数 $u(x,y) = \frac{1}{6}x^3y^2 + x^2 + \sin x + \cos y - \frac{1}{3}y^2 + 4$ 满足方程

$$u_{xy} = x^2 y.$$

11. 验证函数 $u(x,y) = e^x \sin y$ 和 $u(x,y) = \cos x \cosh y$ 都满足方程

$$u_{xx} + u_{yy} = 0.$$

12. 验证函数

$$u(x,y,t) = \frac{1}{\sqrt{a^2 t^2 - x^2 - y^2}}$$

在区域 $\Omega = \{(x,y,t) \mid x^2 + y^2 < a^2 t^2\}$ 内满足方程

$$u_{tt} = a^2 (u_{xx} + u_{yy}),$$

其中 a 为正常数。

13. 演奏琵琶是把弦某一点向旁拨开一个小距离，然后放手任其自由振动。设弦长为 l，被拨开的点在弦长为 $\dfrac{l}{n_0}$ (n_0 为正整数) 处，拨开距离为 h，求解弦振动满足的定解问题。

14. 有一长度为 l 且两端固定的均匀柔软的细弦做微小横振动，在振动过程中不计重力但计阻力，阻力的大小与速度成正比，比例常数为 R，试导出此弦的微小横振动所满足的偏微分方程。

15. 一根长为 l 的均匀细弦的左端固定，右端自由滑动。在右端点把弦垂直提起高度 h，等弦静止后放手任其自由振动。试推导弦振动满足的定解问题。

16. 长为 l 的均匀细杆，侧表面绝热，$x=0$ 端有恒定的热流密度 q_1 进入，$x=l$ 端有恒定的热流密度 q_2 进入，杆的初始温度分布是 $x(l-x)/2$，写出这个热传导方程的定解问题。

17. 一杯 100℃ 的开水放在木质的书桌上，让它自然冷却，室温为 37℃。试列出水的温度场 $u(x,y,z,t)$ 所满足的定解问题。

18. 有一长为 l 且侧面绝热的均匀细杆，内部热源是 $f_0(x,t)$，初始温度为 $\varphi(x)$，两端满足如下条件之一。

(1) 一端绝热，另一端保持常温 u_0。

(2) 一端温度为 $\mu(t)$，另一端与温度为 $\theta(t)$ 的介质有热交换。

分别写出上述两种热传导过程的定解问题。

19. 证明函数

$$u(x,y) = \frac{1}{n} e^{n^2 t} \sin nx \quad (n \text{ 是正常数})$$

是定解问题

$$\begin{cases} u_t + u_{xx} = 0, & x \in \mathbb{R}, t > 0, \\ u|_{t=0} = \dfrac{\sin nx}{n}, & x \in \mathbb{R} \end{cases}$$

的解，并证明该问题是不适定的。

第 2 章
二阶偏微分方程的分类和简化

不同类型的方程或方程组所表达的物理现象有着本质的不同,所以各类方程或方程组就有各自特有的性质和理论,在研究方法上也有不同的特点. 特征 (特征曲线、特征曲面) 的概念是偏微分方程理论中最基本最重要的概念之一, 它对于偏微分方程定解问题的提法、解的性质以及求解方法起着重要作用, 同时它也决定了方程的分类. 按照特征, 可以将二阶线性偏微分方程分为双曲型方程、抛物型方程和椭圆型方程, 而弦振动方程、热传导方程和位势方程是不同类型的二阶线性偏微分方程的典型代表. 所以, 我们有必要先对二阶线性偏微分方程进行分类和化简.

2.1 二阶方程的特征

以含两个自变量的情形为例加以说明. 一般的含有两个自变量的二阶拟线性偏微分方程可写为

$$Au_{xx} + 2Bu_{xy} + Cu_{yy} = F, \qquad (2.1)$$

其中 A, B, C 和 F 都是 x, y, u, u_x, u_y 的已知函数. 设 Γ 是 xOy 平面上的一条曲线, 它的参数形式为

$$\Gamma: \quad x = \varphi(t), \quad y = \psi(t),$$

在 Γ 上给定初始数据

$$u|_\Gamma = u^0(t), \quad u_x|_\Gamma = p^0(t), \quad u_y|_\Gamma = q^0(t), \qquad (2.2)$$

此时方程(2.1)和方程(2.2)构成一个定解问题. 我们首先考虑两个问题: 式(2.2)中的三个数据是否是必须的? 能否利用式(2.2)中的值和方程(2.1)来唯一确定函数 u 的各二阶偏导数在 Γ 上的值?

函数 $u(\varphi(t), \psi(t))$ 沿着曲线 Γ 对 t 微分, 得到

$$\frac{\mathrm{d}u}{\mathrm{d}t} = u_x \varphi'(t) + u_y \psi'(t),$$

对任意函数 $u(x,y)$ 都成立. 这样我们可以得到初始数据之间的一个恒等式

$$(u^0(t))' = p^0(t)\varphi'(t) + q^0(t)\psi'(t).$$

由此可以看出函数 $u^0(t), p^0(t), q^0(t)$ 中能任意给定的不超过两个.

进一步, u_x, u_y 沿着曲线 Γ 对 t 微分, 可得

$$\frac{\mathrm{d}u_x}{\mathrm{d}t} = u_{xx}\varphi'(t) + u_{xy}\psi'(t),$$

$$\frac{\mathrm{d}u_y}{\mathrm{d}t} = u_{yx}\varphi'(t) + u_{yy}\psi'(t).$$

如果 $u(x,y)$ 是式(2.1)和式(2.2)联立的初值问题的解, 则沿着曲线 Γ 可得到关于 u_{xx}, u_{xy}, u_{yy} 的线性方程组

$$\begin{cases} Au_{xx} + 2Bu_{xy} + Cu_{yy} = F, \\ \varphi' u_{xx} + \psi' u_{xy} = (p^0(t))', \\ \varphi' u_{xy} + \psi' u_{yy} = (q^0(t))'. \end{cases}$$

若上述方程组的系数行列式

$$\begin{vmatrix} A & 2B & C \\ \varphi' & \psi' & 0 \\ 0 & \varphi' & \psi' \end{vmatrix} = A\psi'^2 - 2B\varphi'\psi' + C\varphi'^2 \neq 0,$$

则 u_{xx}, u_{xy}, u_{yy} 被唯一确定, 这时称曲线 Γ 为方程(2.1)的**非特征曲线**; 若沿着曲线 Γ 有

$$A\psi'^2 - 2B\varphi'\psi' + C\varphi'^2 = 0, \qquad (2.3)$$

则称曲线 Γ 为方程(2.1)的**特征曲线**. 因此, 沿着特征曲线 Γ 不能唯一确定 u_{xx}, u_{xy}, u_{yy} 的值. 换句话说, 当初始数据给在特征曲线上时, 一般来说定解问题无解, 若有解, 一定不唯一.

方程(2.3)称为方程(2.1)的**特征方程**. 当特征曲线 Γ 以显式形式 $y = y(x)$ 给出时, 方程(2.3)也可以表示为

$$A\left(\frac{\mathrm{d}y}{\mathrm{d}x}\right)^2 - 2B\left(\frac{\mathrm{d}y}{\mathrm{d}x}\right) + C = 0. \qquad (2.4)$$

若 $A \neq 0$, 则特征方程(2.4)就可写成

$$\frac{\mathrm{d}y}{\mathrm{d}x} = \frac{B \pm \sqrt{\Delta}}{A}, \quad \Delta = B^2 - AC. \qquad (2.5)$$

当特征曲线 Γ 以隐函数形式 $\phi(x,y) = c$ 给出时, 沿着 Γ 有 $\phi_x \mathrm{d}x + \phi_y \mathrm{d}y = 0$. 若 $\phi_y \neq 0$, 则特征方程(2.4)就可写成

$$A\phi_x^2 + 2B\phi_x\phi_y + C\phi_y^2 = 0.$$

反之, 如果 $\phi(x,y)$ 是上述特征方程的解, 则 $\phi(x,y) = c$ 是特征方程(2.4)的一族解 (也称为积分曲线), 即方程(2.1)的一族**特征曲线**.

【例 2.1.1】 求含两个自变量的常系数二阶偏微分方程

$$au_{xx} + 2bu_{xy} + cu_{yy} + du_x + eu_y + gu = f(x,y) \quad (2.6)$$

的特征曲线, 其中 a, b, c, d, e, g 都是常数, 且 a, b, c 不同时为零.

解 由特征方程(2.5)可知, 当 $\Delta = b^2 - ac > 0$ 时, 可求出方程(2.6)的两族实特征曲线

$$y - \frac{b+\sqrt{\Delta}}{a}x = c_1, \quad y - \frac{b-\sqrt{\Delta}}{a}x = c_2.$$

当 $\Delta = 0$ 时, 只能求出方程(2.6)的一族实特征曲线

$$y - \frac{b}{a}x = C.$$

当 $\Delta < 0$ 时, 可求出方程(2.6)的两族复特征曲线

$$y - \frac{b+\mathrm{i}\sqrt{-\Delta}}{a}x = c_1, \quad y - \frac{b-\mathrm{i}\sqrt{-\Delta}}{a}x = c_2.$$

【例 2.1.2】 求二阶线性偏微分方程

$$yu_{xx} + 3yu_{xy} + 3u_x = 0, \quad y \neq 0 \quad (2.7)$$

的特征曲线.

解 由特征方程(2.5)可知, 方程(2.7)的特征方程为

$$\frac{\mathrm{d}y}{\mathrm{d}x} = \frac{3y \pm 3y}{2y} = 3 \text{ 或 } 0,$$

可求出方程(2.7)的两族实特征曲线

$$y = c_1, \quad y - 3x = c_2.$$

如果偏微分方程(2.1)是线性的或半线性的, 即函数 $A = A(x,y)$, $B = B(x,y)$, $C = C(x,y)$, 则方程(2.4)是一个常微分方程. 特征

曲线由方程的最高阶导数项决定. 对于拟线性方程, 由方程(2.4)可以看出, 一条曲线 Γ 能否成为特征曲线, 不仅与 Γ 的形状有关, 而且与 Γ 上给出的初始数据有关, 即与方程的解有关. 由此可以看出, 关于非线性偏微分方程的研究要比线性偏微分方程困难得多.

2.2 二阶方程的分类与化简

在研究二阶偏微分方程的求解问题时, 先通过自变量变换或函数变换将方程的形式尽量简化, 使其具有标准形式. 根据方程的标准形式, 可以对方程进行分类并求解. 这种通过变换使方程得到化简的方法是研究偏微分方程常用的手段.

2.2.1 两个自变量的情形

考虑两个自变量的二阶半线性偏微分方程

$$Au_{xx} + 2Bu_{xy} + Cu_{yy} + f(x, y, u, u_x, u_y) = 0, \quad (2.8)$$

其中系数 A, B, C 是定义在区域 $\Omega \subset \mathbb{R}^2$ 上的连续函数, 且在 Ω 内的每一点处, A, B, C 不同时为零. 不妨设在 $(x_0, y_0) \in \Omega$ 处有 $A(x_0, y_0) \neq 0$, 则在 (x_0, y_0) 附近, 方程(2.8)的特征方程可化为两个常微分方程

$$\frac{\mathrm{d}y}{\mathrm{d}x} = \frac{B \pm \sqrt{\Delta}}{A}, \quad \Delta = B^2 - AC, \quad (2.9)$$

称 Δ 为方程(2.8)的**判别式**. 在 (x_0, y_0) 附近作自变量变换

$$\xi = \xi(x, y), \quad \eta = \eta(x, y), \quad (2.10)$$

使其雅可比 (Jacobi) 行列式

$$J = \frac{\mathrm{D}(\xi, \eta)}{\mathrm{D}(x, y)} = \begin{vmatrix} \xi_x & \xi_y \\ \eta_x & \eta_y \end{vmatrix}_{(x_0, y_0)} \neq 0.$$

由隐函数定理知, 变换(2.10)在 $(\xi_0, \eta_0) = (\xi(x_0, y_0), \eta(x_0, y_0))$ 附近是可逆的, 即存在逆变换 $x = x(\xi, \eta), y = y(\xi, \eta)$. 由复合函数微分法, 有

$$u_x = u_\xi \xi_x + u_\eta \eta_x,$$

$$u_y = u_\xi \xi_y + u_\eta \eta_y,$$

$$u_{xx} = u_{\xi\xi}\xi_x^2 + 2u_{\xi\eta}\xi_x\eta_x + u_{\eta\eta}\eta_x^2 + u_\xi\xi_{xx} + u_\eta\eta_{xx},$$

$$u_{xy} = u_{\xi\xi}\xi_x\xi_y + u_{\xi\eta}(\xi_x\eta_y + \xi_y\eta_x) + u_{\eta\eta}\eta_x\eta_y + u_\xi\xi_{xy} + u_\eta\eta_{xy},$$

$$u_{yy} = u_{\xi\xi}\xi_y^2 + 2u_{\xi\eta}\xi_y\eta_y + u_{\eta\eta}\eta_y^2 + u_\xi\xi_{yy} + u_\eta\eta_{yy},$$

将它们代入方程(2.8)得

$$A^* u_{\xi\xi} + 2B^* u_{\xi\eta} + C^* u_{\eta\eta} + F(\xi, \eta, u, u_\xi, u_\eta) = 0, \qquad (2.11)$$

其中

$$A^* = A\xi_x^2 + 2B\xi_x\xi_y + C\xi_y^2,$$

$$B^* = A\xi_x\eta_x + B(\xi_x\eta_y + \xi_y\eta_x) + C\xi_y\eta_y,$$

$$C^* = A\eta_x^2 + 2B\eta_x\eta_y + C\eta_y^2.$$

显然, ξ, η 应满足二阶连续可微. 变换 (2.10) 有如下性质:

性质 2.2.1 在 (ξ_0, η_0) 附近,

$$\begin{vmatrix} \xi_x^2 & 2\xi_x\xi_y & \xi_y^2 \\ \xi_x\eta_x & \xi_x\eta_y + \xi_y\eta_x & \xi_y\eta_y \\ \eta_x^2 & 2\eta_x\eta_y & \eta_y^2 \end{vmatrix} = J^3.$$

当变换(2.10)可逆时, A^*, B^*, C^* 不同时为零, 即方程(2.11)仍为二阶半线性偏微分方程.

性质 2.2.2 方程(2.8)的判别式 $\Delta = B^2 - AC$ 与方程(2.11)的判别式 $\Delta^* = B^{*2} - A^*C^*$ 满足

$$\Delta^* = J^2 \Delta.$$

当变换(2.10)可逆时, 方程 (2.11) 的判别式的符号保持不变.

利用性质 2.2.2, 可以对方程(2.8)进行分类.

定义 2.2.1 设 $\Omega \subset \mathbb{R}^2$ 是一个区域, $(x_0, y_0) \in \Omega$.

(1) 若 $\Delta(x_0, y_0) > 0$, 则称方程(2.8)在点 (x_0, y_0) 处为**双曲型**的.

(2) 若 $\Delta(x_0, y_0) = 0$, 则称方程(2.8)在点 (x_0, y_0) 处为**抛物型**的.

(3) 若 $\Delta(x_0, y_0) < 0$, 则称方程(2.8)在点 (x_0, y_0) 处为**椭圆型**的.

若方程(2.8)在 Ω 内的每一点都是双曲 (抛物、椭圆) 型的, 则称方程(2.8)在 Ω 内为双曲 (抛物、椭圆) 型偏微分方程.

根据连续性, Δ 在一点大于零或小于零可推出 Δ 在该点的某邻域中也是如此, 所以方程为双曲型或椭圆型的性质总是在一个区域中成立. 若 Δ 在一点等于零并不能确定在该点的某个邻域中的符号. 因此, 有:

定义 2.2.2 若方程(2.8)在 Ω 的一个子区域上是双曲型的, 在 Ω 的其余点上是椭圆型的, 则称方程(2.8)在 Ω 中是**混合型方程**; 若方程(2.8)在 Ω 的一个子区域上是双曲型的, 在 Ω 的其余点上是抛物型的, 则称方程(2.8)在 Ω 中是**退化双曲型方程**; 若方程(2.8)在 Ω 的一个子区域上是椭圆型的, 在 Ω 的其余点上是抛物型的, 则称方程 (2.8)在 Ω 中为**退化椭圆型方程**.

【例 2.2.1】 由上述定义有:

弦振动方程 $u_{tt} - a^2 u_{xx} = f(x,t)$ 满足 $\Delta = 0^2 - 1 \cdot (-a^2) = a^2 > 0$, 是双曲型方程.

热传导方程 $u_t - a^2 u_{xx} = f(x,t)$ 满足 $\Delta = 0^2 - 0 \cdot (-a^2) = 0$, 是抛物型方程.

位势方程 $u_{xx} + u_{yy} = f(x,y)$ 满足 $\Delta = 0^2 - 1 \cdot 1 = -1 < 0$, 是椭圆型方程.

【例 2.2.2】 判断特里科米 (Tricomi) 方程 $u_{yy} - y u_{xx} = 0$ 的类型.

解 方程的系数 $A = -y, B = 0, C = 1$, 从而判别式
$$\Delta = 0^2 - 1(-y) = y.$$

在上半平面 $y > 0$ 中方程是双曲型的; 在直线 $y = 0$ 上方程是抛物型的; 而在下半平面 $y < 0$ 中方程是椭圆型的.

由性质 2.2.2 可知, 在可逆自变量变换(2.10) 下, 方程的类型保持不变. 下面, 我们寻求一个可逆的自变量变换, 使得方程(2.11)中的二阶偏导数的系数 A^*, B^*, C^* 尽可能多地为零. 由性质 2.2.1 可知 A^*, B^*, C^* 不同时为零, 又由 A^*, C^* 的表达式可以看出, 若 ξ 和 η 都满足方程

$$A\phi_x^2 + 2B\phi_x\phi_y + C\phi_y^2 = 0, \tag{2.12}$$

则方程(2.11)中 $A^* = C^* = 0, B^* \neq 0$. 此时方程(2.8)通过变换(2.10)可化为双曲型. 由上一节的分析, 我们有下述引理.

引理 2.2.1 设 $\phi_x^2 + \phi_y^2 \neq 0$, 则函数 $\phi(x,y)$ 是方程(2.12)的解的充分必要条件是函数 $\phi(x,y) = c$ 是特征方程(2.9)的一族积分曲线, 其中 c 为任意常数.

因此, 只要将自变量的变换(2.10)取为方程(2.8)的特征曲线, 就可以将方程进行化简. 下面我们分别给出双曲型、抛物型和椭圆型偏微分方程的标准形.

(1) 在 Ω 内 $\Delta > 0$ 此时方程(2.8)是双曲型的. 特征方程(2.9)有两族函数无关的实积分曲线

$$\phi_1(x,y) = c_1, \quad \phi_2(x,y) = c_2.$$

微课视频: 三类方程标准型的推导

作变换

$$\xi = \phi_1(x,y), \quad \eta = \phi_2(x,y),$$

直接计算知, 方程(2.11)中的 $A^* = C^* = 0, B^* \neq 0$. 此时, 方程(2.8)化简为双曲型方程的**第一标准形**

$$u_{\xi\eta} + F(\xi, \eta, u, u_\xi, u_\eta) = 0.$$

若再令

$$s = \xi + \eta, t = \xi - \eta,$$

上述方程又可以化简成

$$u_{ss} - u_{tt} + F(s, t, u, u_s, u_t) = 0,$$

这一形式称为双曲型方程的**第二标准形**.

(2) 在 Ω 内 $\Delta = 0$ 此时方程(2.8)是抛物型的. 若 $B \neq 0$, 则 $A \neq 0, C \neq 0$, 此时特征方程(2.9)为

$$\frac{dy}{dx} = \frac{B}{A},$$

故方程(2.8)只有一族实积分曲线 $\phi(x,y) = c$. 作变换 $\xi = \phi(x,y)$, 取适当的 $\eta = \varphi(x,y)$, 使 ϕ, φ 函数无关. 例如可取 $\eta = x$, 这时,

$$J = \frac{D(\xi,\eta)}{D(x,y)} = \begin{vmatrix} \xi_x & \xi_y \\ 1 & 0 \end{vmatrix} = -\xi_y \neq 0.$$

事实上, 若 $\xi_y = 0$, 由方程 (2.12) 有 $A\xi_x^2 = 0$, 又因 $A \neq 0$, 则有 $\xi_x = 0$, 于是 $\xi = $ 常数, 矛盾. 于是, 在这个变换下,

$$A^* = A\xi_x^2 + 2B\xi_x\xi_y + C\xi_y^2 = \left(\sqrt{|A|}\xi_x \pm \sqrt{|C|}\xi_y\right)^2 = 0.$$

由于 $B = \pm\sqrt{AC}$, 则

$$B^* = A\xi_x\eta_x + B(\xi_x\eta_y + \xi_y\eta_x) + C\xi_y\eta_y$$
$$= (\sqrt{|A|}\xi_x \pm \sqrt{|C|}\xi_y)(\sqrt{|A|}\eta_x \pm \sqrt{|C|}\eta_y) = 0.$$

此时, 方程(2.8)化简为抛物型方程的**标准形**

$$u_{\eta\eta} + G(\xi, \eta, u, u_\xi, u_\eta) = 0.$$

若 $B = 0$, 则 $A \neq 0$, $C = 0$ 或 $A = 0$, $C \neq 0$, 此时特征方程(2.9)就是标准形.

(3) 在 Ω 内 $\Delta < 0$ 此时方程(2.8)是椭圆型的, A, C 全不为零. 特征方程(2.9)不存在实的积分曲线, 其隐式解为复函数

$$\phi(x, y) = \phi_1(x, y) + i\phi_2(x, y) = c,$$

其中 ϕ_1, ϕ_2 是实函数. 若 ϕ_x, ϕ_y 不同时为零, 可以证明 ϕ_1 和 ϕ_2 函数无关. 事实上, 由于 $\phi(x, y) = c$ 满足特征方程(2.9), 则

$$A\phi_x = -(B + i\sqrt{|\Delta|})\phi_y,$$

实部和虚部分别满足

$$A\phi_{1x} = -B\phi_{1y} + \sqrt{|\Delta|}\phi_{2y},$$
$$A\phi_{2x} = -B\phi_{2y} - \sqrt{|\Delta|}\phi_{1y}.$$

由于 $A \neq 0$, 则有

$$\begin{vmatrix} \phi_{1x} & \phi_{1y} \\ \phi_{2x} & \phi_{2y} \end{vmatrix} = \frac{\sqrt{|\Delta|}}{A} \begin{vmatrix} \phi_{2y} & \phi_{1y} \\ -\phi_{1y} & \phi_{2y} \end{vmatrix} = \frac{\sqrt{|\Delta|}}{A}(\phi_{1y}^2 + \phi_{2y}^2).$$

上式不等于零, 否则若 $\phi_{1y} = \phi_{2y} = 0$, 从而 $\phi_{1x} = \phi_{2x} = 0$, 因此有 $\phi_x = \phi_y = 0$, 矛盾.

作变换

$$\xi = \phi_1(x, y), \quad \eta = \phi_2(x, y),$$

由于 $\xi + i\eta$ 满足方程(2.12), 代入后实部和虚部分别满足

$$A\xi_x^2 + 2B\xi_x\xi_y + C\xi_y^2 = A\eta_x^2 + 2B\eta_x\eta_y + C\eta_y^2,$$

$$A\xi_x\eta_x + B(\xi_x\eta_y + \xi_y\eta_x) + C\xi_y\eta_y = 0,$$

即方程(2.11)中 $A^* = C^*, B^* = 0$. 于是方程(2.8)化为椭圆型方程的标准形

$$u_{\xi\xi} + u_{\eta\eta} + H(\xi, \eta, u, u_\xi, u_\eta) = 0.$$

【例 2.2.3】 将特里科米方程 $u_{yy} - yu_{xx} = 0$ 化为标准形.

解 特征方程为

$$(\mathrm{d}x)^2 - y(\mathrm{d}y)^2 = 0.$$

情形 1: 当 $y > 0$ 时, 特征方程可表示为

$$\frac{\mathrm{d}x}{\mathrm{d}y} = \pm\sqrt{y},$$

有两族函数无关特征曲线

$$3x - 2y^{\frac{3}{2}} = c_1, \quad 3x + 2y^{\frac{3}{2}} = c_2,$$

其中 c_1, c_2 是任意常数, 作变换

$$\xi = 3x - 2y^{\frac{3}{2}}, \quad \eta = 3x + 2y^{\frac{3}{2}},$$

经过计算, 得到特里科米方程在上半平面的双曲型第一标准形

$$u_{\xi\eta} - \frac{u_\xi - u_\eta}{6(\xi - \eta)} = 0.$$

情形 2: 当 $y < 0$ 时, 特征方程

$$\frac{\mathrm{d}x}{\mathrm{d}y} = \pm\sqrt{-y}\mathrm{i}$$

的复隐式解为

$$3x + 2\mathrm{i}(-y)^{\frac{3}{2}} = c,$$

其中 c 是任意常数, 作变换

$$\xi = x, \quad \eta = \frac{2}{3}(-y)^{\frac{3}{2}},$$

通过计算便得到特里科米方程在下半平面的椭圆型标准形为

$$u_{\xi\xi} + u_{\eta\eta} + \frac{u_\eta}{3\eta} = 0.$$

情形 3: 当 $y = 0$ 时, 方程为 $u_{yy} = 0$.

【例 2.2.4】 判断下面方程类型并把它化为标准形.

$$x^2 u_{xx} + 2xy u_{xy} + y^2 u_{yy} = 0, \ (x,y) \neq (0,0).$$

解 判别式 $\Delta = B^2 - AC = (xy)^2 - x^2 y^2 = 0$,方程处处是抛物型的,当 $x = 0, y \neq 0$ 时,方程成为 $u_{yy} = 0$;当 $y = 0, x \neq 0$ 时,方程成为 $u_{xx} = 0$;当 $x \neq 0, y \neq 0$ 时,对应的特征方程为

$$x^2 (\mathrm{d}y)^2 - 2xy \mathrm{d}x \mathrm{d}y + y^2 (\mathrm{d}x)^2 = 0.$$

由特征方程有

$$\frac{\mathrm{d}y}{\mathrm{d}x} = \frac{y}{x}.$$

特征曲线是一族直线 $y = cx$,因此作变换

$$\xi = \frac{y}{x}, \ \eta = y,$$

可将原方程化成标准形

$$u_{\eta\eta} = 0.$$

【例 2.2.5】 讨论方程

$$u_{xx} - 2\cos x u_{xy} - (3 + \sin^2 x) u_{yy} - y u_y = 0$$

的类型并把它化为标准形.

解 因为判别式 $\Delta = \cos^2 x + 3 + \sin^2 x = 4 > 0$,故方程是双曲型的,对应的特征方程为

$$(\mathrm{d}y)^2 + 2\cos x \mathrm{d}x \mathrm{d}y - (3 + \sin^2 x)(\mathrm{d}x)^2 = 0,$$

可分解为

$$\frac{\mathrm{d}y}{\mathrm{d}x} = -\cos x - 2, \quad \frac{\mathrm{d}y}{\mathrm{d}x} = -\cos x + 2.$$

解得两族函数无关的特征曲线为

$$y + \sin x + 2x = c_1, \quad y + \sin x - 2x = c_2,$$

其中 c_1, c_2 为任意常数. 作变换

$$\xi = y + \sin x + 2x, \quad \eta = y + \sin x - 2x,$$

可将方程化成双曲型第一标准形

$$u_{\xi\eta} + \frac{\xi + \eta}{32}(u_\xi + u_\eta) = 0.$$

若再作变换
$$t = \xi + \eta, \quad s = \xi - \eta,$$
方程可化成双曲型第二标准形
$$u_{tt} - u_{ss} + \frac{t}{16} u_t = 0.$$

【例 2.2.6】 讨论方程
$$y u_{xx} + (x+y) u_{xy} + x u_{yy} = 0$$
的类型, 并求当 $x \neq y$ 时的通解.

解 因为判别式
$$\Delta = \frac{(x+y)^2}{4} - xy = \frac{(x-y)^2}{4} \geqslant 0,$$
所以, 当 $x = y$ 时, 方程是抛物型; 当 $x \neq y$ 时, 方程是双曲型. 当 $x \neq y$ 时的特征方程为
$$\frac{dy}{dx} = 1, \quad \frac{dy}{dx} = \frac{x}{y}.$$
解得两族函数无关的特征曲线
$$y - x = c_1, \quad y^2 - x^2 = c_2,$$
其中 c_1, c_2 是任意常数, 它们分别是直线族和等轴双曲线族. 作变换
$$\xi = y - x, \quad \eta = y^2 - x^2,$$
可得方程的双曲型第一标准形为
$$u_{\xi\eta} + \frac{1}{\xi} u_\eta = 0.$$
为了求方程的通解, 改写上式为
$$(\xi u_\eta)_\xi = 0,$$
积分得
$$\xi u_\eta = f(\eta),$$
其中 f 是任意可积函数. 因此
$$u = \frac{1}{\xi} \int f(\eta) d\eta + g(\xi)$$

$$= g(y-x) + \frac{1}{y-x}h(y^2 - x^2),$$

其中 g 和 h 是任意二次连续可微函数. 这就是当 $x \neq y$ 时方程的通解.

注 2.2.1 在将一般形式的偏微分方程化成标准形的过程中, 如果采用的变换不同, 得到的标准形也会不同, 但主阶项 (高阶项) 的形式不会改变.

2.2.2 多个自变量的情形

设区域 $\Omega \subset \mathbb{R}^n (n \geqslant 2)$, 考虑多个自变量的二阶拟线性偏微分方程

$$\sum_{i,j=1}^n a_{ij}(\boldsymbol{x})u_{x_ix_j} + F(\boldsymbol{x}, u, \mathrm{D}u) = 0, \tag{2.13}$$

其中 $\boldsymbol{x} = (x_1, x_2, \cdots, x_n) \in \Omega$, $a_{ij}(\boldsymbol{x}) = a_{ji}(\boldsymbol{x})$. 方程(2.13)在点 $\boldsymbol{x}_0 \in \Omega$ 的线性主部是

$$\sum_{i,j=1}^n a_{ij}(\boldsymbol{x}_0)u_{x_ix_j},$$

它对应的二次型为

$$Q(\boldsymbol{\xi}) = \sum_{i,j=1}^n a_{ij}(\boldsymbol{x}_0)\xi_i\xi_j, \tag{2.14}$$

其中 $\boldsymbol{\xi} = (\xi_1, \xi_2, \cdots, \xi_n) \in \mathbb{R}^n$. 二次型(2.14)称为方程(2.13)的 **特征二次型**. 根据二次型理论, 可通过一个可逆线性变换

$$\begin{pmatrix} \xi_1 \\ \xi_2 \\ \vdots \\ \xi_n \end{pmatrix} = \boldsymbol{B} \begin{pmatrix} \beta_1 \\ \beta_2 \\ \vdots \\ \beta_n \end{pmatrix},$$

将二次型(2.14)化为标准形

$$D = \sum_{i=1}^n \lambda_i(\boldsymbol{x}_0)\beta_i^2,$$

其中 $\lambda_i(\boldsymbol{x}_0)$ 取值 $0, -1$ 或 1, 即存在可逆矩阵 $\boldsymbol{B}$, 使得 $\boldsymbol{B}^\mathrm{T}\boldsymbol{A}\boldsymbol{B} = \boldsymbol{\Lambda}$, 其中 $\boldsymbol{\Lambda} = \mathrm{diag}(\lambda_1(\boldsymbol{x}_0), \lambda_2(\boldsymbol{x}_0), \cdots, \lambda_n(\boldsymbol{x}_0))$, 且 $\boldsymbol{A} = (a_{ij}(\boldsymbol{x}_0))_{n \times n}$, $\boldsymbol{B} = (b_{ij}(\boldsymbol{x}_0))_{n \times n}$. 作自变量变换

$$\begin{pmatrix} y_1 \\ y_2 \\ \vdots \\ y_n \end{pmatrix} = \boldsymbol{B}^{\mathrm{T}} \begin{pmatrix} x_1 \\ x_2 \\ \vdots \\ x_n \end{pmatrix},$$

则在 $\boldsymbol{x}_0$ 点方程(2.13)可化为

$$\sum_{i=1}^n \lambda_i(\boldsymbol{x}_0) u_{y_i y_i} + \tilde{F}(\boldsymbol{y}, u, u_{y_1}, \cdots, u_{y_n}) = 0, \qquad (2.15)$$

其中 $\boldsymbol{y} = (y_1, y_2, \cdots, y_n)$. 形如式(2.15)的方程叫作方程(2.13)在点 $\boldsymbol{x}_0$ 的 **标准形**.

> **定义 2.2.3** 如果式(2.15)中的 n 个 $\lambda_i(\boldsymbol{x}_0)(i = 1, 2, \cdots, n)$ 全是 1 或者全是 -1, 则称方程(2.13)在点 $\boldsymbol{x}_0$ 是**椭圆型**的; 如果 $\lambda_i(\boldsymbol{x}_0)$ 有一个为 1, $n-1$ 个为 -1, 或者一个为 -1, $n-1$ 个为 1, 则称方程(2.13)在点 $\boldsymbol{x}_0$ 是**双曲型**的; 如果 $\lambda_i(\boldsymbol{x}_0)$ 全不为零, 但取 1 和 -1 的个数都超过 1, 则称方程(2.13)在点 $\boldsymbol{x}_0$ 是**超双曲型**的; 如果 $\lambda_i(\boldsymbol{x}_0)$ 中有一个为零, 其余全为 1 或全为 -1, 则称方程(2.13)在点 $\boldsymbol{x}_0$ 是**抛物型**的.

上面列出的分类只包含了一部分情形, 还有很多情形未包含在内. 如果方程(2.13)在 Ω 内每一点都是椭圆型的、双曲型的或抛物型的, 则称该方程在 Ω 内是椭圆型的、双曲型的或抛物型的. 若方程(2.13)在 Ω 内不同部分具有不同的类型, 则称它在 Ω 内是**混合型**的.

注 2.2.2 当自变量的个数多于两个时, 即便在区域 Ω 上方程类型不变, 有很多例子表明不存在自变量的同一个变换把方程(2.13)在整个区域 Ω 上化为同一个标准形. 仅在一些特殊情形下 (如常系数的方程等) 可以将方程的主部化为方程的标准形.

【例 2.2.7】 将方程

$$u_{xx} - 4u_{xy} + 2u_{xz} + 4u_{yy} + u_{zz} = 0$$

化成标准形.

解 此方程对应的特征二次型为

$$Q(\boldsymbol{\xi}) = \xi_1^2 - 4\xi_1\xi_2 + 2\xi_1\xi_3 + 4\xi_2^2 + \xi_3^2,$$

现将此二次型化成标准形. 因为

$$\xi_1^2 - 4\xi_1\xi_2 + 2\xi_1\xi_3 + 4\xi_2^2 + \xi_3^2$$
$$= (\xi_1 - 2\xi_2 + \xi_3)^2 + 4\xi_2\xi_3$$
$$= (\xi_1 - 2\xi_2 + \xi_3)^2 + (\xi_2 + \xi_3)^2 - (\xi_2 - \xi_3)^2,$$

若令

$$\begin{cases} \beta_1 = \xi_1 - 2\xi_2 + \xi_3, \\ \beta_2 = \xi_2 + \xi_3, \\ \beta_3 = \xi_2 - \xi_3, \end{cases}$$

即作线性变换

$$\begin{cases} \xi_1 = \beta_1 + \dfrac{1}{2}\beta_2 + \dfrac{3}{2}\beta_3, \\ \xi_2 = \dfrac{1}{2}(\beta_2 + \beta_3), \\ \xi_3 = \dfrac{1}{2}(\beta_2 - \beta_3), \end{cases}$$

就可以将上述二次型化为如下标准形:

$$D = \beta_1^2 + \beta_2^2 - \beta_3^2.$$

因此, 所给方程是一个双曲型的偏微分方程. 进一步, 由于线性变换的系数为

$$\boldsymbol{B} = \begin{pmatrix} 1 & \dfrac{1}{2} & \dfrac{3}{2} \\ 0 & \dfrac{1}{2} & \dfrac{1}{2} \\ 0 & \dfrac{1}{2} & -\dfrac{1}{2} \end{pmatrix},$$

作自变量变换

$$\begin{pmatrix} y_1 \\ y_2 \\ y_3 \end{pmatrix} = \boldsymbol{B}^{\mathrm{T}} \begin{pmatrix} x \\ y \\ z \end{pmatrix},$$

即

$$\begin{cases} y_1 = x, \\ y_2 = \dfrac{1}{2}(x + y + z), \\ y_3 = \dfrac{3}{2}x + \dfrac{1}{2}y - \dfrac{1}{2}z, \end{cases}$$

可将所给的偏微分方程化为标准形

$$u_{y_1y_1} + u_{y_2y_2} - u_{y_3y_3} = 0.$$

习题二

1. 求下列方程的特征曲线.
(1) $u_{xy} = f(x, y)$.
(2) $y^2 u_{xx} - x^2 u_{yy} = f(x, y)$.
(3) $x^2 u_{xx} - y^2 u_{yy} = f(x, y)$.
(4) $x^2 u_{xx} + 4xy u_{xy} + 4y^2 u_{yy} = f(x, y)$.

2. 判断下列方程的类型.
(1) $y^2 u_{xx} + x^3 u_{yy} = 0$.
(2) $u_{xx} + (x+y) u_{yy} = 0$.
(3) $u_{xx} + (x^2 + y) u_{yy} = 0$.
(4) $x u_{xx} + u_{yy} = f(x, y)$.

3. 化简下列方程为标准形.
(1) $u_{xx} + 2u_{xy} + 3u_{yy} + 5u_x + 2u_y + u = 0$.
(2) $u_{xx} - 4u_{xy} + 4u_{yy} = \sin y$.
(3) $4u_{xx} + 5u_{xy} + u_{yy} + u_x + u_y = 0$.
(4) $y^2 u_{xx} - e^{2x} u_{yy} + u_x = 0,\ x > 0$.
(5) $x^2 u_{xx} + 2xy u_{xy} - 3y^2 u_{yy} - 2x u_y + 4y u_y + 16x^4 u = 0$.
(6) $\tan^2 x u_{xx} - 2y \tan x u_{xy} + y^2 u_{yy} + \tan^3 x u_x = 0$.

4. 判断下列方程的类型, 并化成标准形.
(1) $2u_{xx} + 2u_{xy} + 2u_{yy} + 2u_{yz} + 2u_{zz} = 0$.
(2) $u_{xx} + 2u_{xy} + 2u_{yy} + 4u_{yz} + 5u_{zz} + 3u_x + u_y = 0$.
(3) $5u_{xx} + 5u_{yy} + 3u_{zz} - 2u_{xy} - 6u_{yz} + 6u_{xz} = 0$.
(4) $4u_{xx} - 4u_{xy} - 2u_{yz} + u_y + u_z = 0$.
(5) $u_{xy} - u_{xz} + u_x + u_y - u_z = 0$.
(6) $\sum_{k=1}^{n} u_{x_k x_k} + \sum_{1 \leq k < i \leq n} u_{x_k x_i} = 0$.

5. 确定下列方程的通解.
(1) $u_{xx} + 3u_{xy} + 2u_{yy} = 0$.

(2) $u_{xx} - 3u_{xy} + 2u_{yy} = 0$.
(3) $4u_{xx} + 5u_{xy} + u_{yy} + u_x + u_y = 2$.
(4) $3u_{xx} + 10u_{xy} + 3u_{yy} = 0$.
(5) $u_{xx} - u_{xy} = 0$.
(6) $x^2 u_{xx} - 2xy u_{xy} + y^2 u_{yy} + 2x u_x = 0$.

6. 设 λ 是参数, 试求出方程

$$(\lambda + x) u_{xx} + 2xy u_{xy} - y^2 u_{yy} = 0$$

的双曲型、抛物型与椭圆型的区域, 并且研究它们对 λ 的依赖性.

7. 证明两个自变量的二阶常系数双曲型或椭圆型方程一定可以经过自变量的变换 $\xi = \xi(x,y),\ \eta = \eta(x,y),\ \frac{\partial(\xi,\eta)}{\partial(x,y)} \neq 0$ 及函数变换 $u = e^{\lambda\xi + \mu\eta} v$, 将它化简成 $v_{\xi\xi} \pm v_{\eta\eta} + hv = f$ 的形式.

8. 证明方程

$$(1-x)^4 u_{tt} = [(1-x)^4 u_x]_x + 2(1-x)^2 u,\ x \neq 1$$

的通解可以表示成

$$u(x, t) = \frac{F(x-t) + G(x+t)}{(1-x)^2},$$

其中 F, G 为任意二次连续可微函数.

9. 求解定解问题

$$\begin{cases} x u_{xx} - x^3 u_{yy} - u_x = 0, & x \neq 0, \\ u(x, y) = f(y), & (x, y) \in \Gamma_1 : y + \dfrac{x^2}{2} = 4, \\ u(x, y) = g(y), & (x, y) \in \Gamma_2 : y - \dfrac{x^2}{2} = 0, \end{cases}$$

其中 $f(2) = g(2)$.

第 3 章 波动方程

振动现象是日常生活中一种极为普遍的现象. 例如: 弹琴、鼓面的振动、水波、声波、电磁波、地震波、引力波等, 这些振动都属于波动方程问题. 波动方程是二阶双曲型方程的典型代表.

本章主要研究波动方程初值问题和混合问题的适定性. 首先介绍齐次化原理, 将定解问题进行简化. 然后利用特征线法求解一维波动方程初值问题, 利用球面平均法和降维法求解三维波动方程和二维波动方程初值问题, 从而得到一维、二维和三维波动方程初值问题解的存在性. 接着, 我们利用分离变量法求解一维波动方程混合问题解的表达式. 最后给出波动方程的先验估计 (能量积分估计), 从而得到相应定解问题解的唯一性和稳定性.

3.1 问题的简化

由叠加原理可知, 一个一般定解问题的求解可以转化为几个特殊形式定解问题的求解问题. 这一节我们介绍杜阿梅尔 (Duhamel) **原理**. 杜阿梅尔原理又称为齐次化原理, 它能将非齐次方程定解问题的求解转化为齐次方程定解问题的求解, 不仅适用于双曲型方程, 也适用于抛物型方程. 齐次化原理是常微分方程中的常数变易法在线性偏微分方程中的推广.

3.1.1 初值问题的简化

考虑 n 维波动方程初值问题

$$\begin{cases} \mathcal{L}u = u_{tt} - a^2 \Delta u = f(\boldsymbol{x},t), & \boldsymbol{x} \in \mathbb{R}^n, t > 0, \\ u(\boldsymbol{x},0) = \varphi(\boldsymbol{x}),\ u_t(\boldsymbol{x},0) = \psi(\boldsymbol{x}), & \boldsymbol{x} \in \mathbb{R}^n. \end{cases} \tag{3.1}$$

由叠加原理可知, 初值问题(3.1)的解 u 可表示为

$$u = u_1 + u_2 + u_3,$$

其中 $u_i = u_i(\boldsymbol{x},t)$ $(i=1,2,3)$ 分别满足以下初值问题:

(I) $\begin{cases} \mathcal{L}u_1 = 0, & \boldsymbol{x} \in \mathbb{R}^n, t > 0, \\ u_1(\boldsymbol{x},0) = \varphi(\boldsymbol{x}),\ u_{1t}(\boldsymbol{x},0) = 0, & \boldsymbol{x} \in \mathbb{R}^n; \end{cases}$

(II) $\begin{cases} \mathcal{L}u_2 = 0, & \boldsymbol{x} \in \mathbb{R}^n, t > 0, \\ u_2(\boldsymbol{x},0) = 0,\ u_{2t}(\boldsymbol{x},0) = \psi(\boldsymbol{x}), & \boldsymbol{x} \in \mathbb{R}^n; \end{cases}$

(III) $\begin{cases} \mathcal{L}u_3 = f(\boldsymbol{x},t), & \boldsymbol{x} \in \mathbb{R}^n, t > 0, \\ u_3(\boldsymbol{x},0) = 0,\ u_{3t}(\boldsymbol{x},0) = 0, & \boldsymbol{x} \in \mathbb{R}^n. \end{cases}$

定理 3.1.1 (齐次化原理) 设 $\tau > 0$, $w(\boldsymbol{x},t;\tau)$ 是初值问题

$$\begin{cases} \mathcal{L}w = 0, & \boldsymbol{x} \in \mathbb{R}^n, t > \tau, \\ w|_{t=\tau} = 0,\ w_t|_{t=\tau} = f(\boldsymbol{x},\tau), & \boldsymbol{x} \in \mathbb{R}^n \end{cases} \quad (3.2)$$

的两次连续可微解, 则

$$u(\boldsymbol{x},t) = \int_0^t w(\boldsymbol{x},t;\tau)\mathrm{d}\tau \quad (3.3)$$

是初值问题

$$\begin{cases} \mathcal{L}u = f(\boldsymbol{x},t), & \boldsymbol{x} \in \mathbb{R}^n, t > 0, \\ u|_{t=0} = 0,\ u_t|_{t=0} = 0, & \boldsymbol{x} \in \mathbb{R}^n \end{cases} \quad (3.4)$$

的解.

微课视频: 齐次化原理的讲解

证明 由式(3.3)知 $u(\boldsymbol{x},0) = 0$. 根据含参变量积分的微商法则和式(3.2)中的初始条件, 有

$$u_t(\boldsymbol{x},t) = w(\boldsymbol{x},t;\tau)|_{\tau=t} + \int_0^t w_t(\boldsymbol{x},t;\tau)\mathrm{d}\tau = \int_0^t w_t(\boldsymbol{x},t;\tau)\mathrm{d}\tau.$$

所以 $u_t(\boldsymbol{x},0) = 0$, 且

$$u_{tt}(\boldsymbol{x},t) = \int_0^t w_{tt}(\boldsymbol{x},t;\tau)\mathrm{d}\tau + w_t(\boldsymbol{x},t;\tau)|_{\tau=t}$$

$$= a^2 \int_0^t \Delta w(\boldsymbol{x},t;\tau)\mathrm{d}\tau + f(\boldsymbol{x},t)$$

$$= a^2 \Delta \left(\int_0^t w(\boldsymbol{x},t;\tau)\mathrm{d}\tau \right) + f(\boldsymbol{x},t)$$

$$= a^2 \Delta u + f(\boldsymbol{x}, t).$$

于是, 由式(3.3)定义的函数 $u(x,t)$ 是初值问题(3.4)的解. ∎

定理 3.1.2 设 $u_2 = M_\psi(\boldsymbol{x}, t)$ 是初值问题 (II) 的解 ($M_\psi(\boldsymbol{x}, t)$ 表示以 ψ 为初始速度的初值问题 (II) 的解), 则初值问题 (I) 和 (III) 的解 u_1, u_3 可分别表示为

$$u_1 = \frac{\partial}{\partial t} M_\varphi(\boldsymbol{x}, t), \tag{3.5}$$

$$u_3 = \int_0^t M_{f(\boldsymbol{x}, \tau)}(\boldsymbol{x}, t - \tau) \mathrm{d}\tau. \tag{3.6}$$

这里 $M_\varphi(\boldsymbol{x}, t), M_{f(\boldsymbol{x}, \tau)}(\boldsymbol{x}, t - \tau)$ 分别在区域 $\mathbb{R}^n \times [0, +\infty)$ 和 $\mathbb{R}^n \times [\tau, +\infty)$ 对 $\boldsymbol{x}, t, \tau$ 充分光滑.

证明 先证明式(3.5). 根据 $M_\varphi(\boldsymbol{x}, t)$ 的定义, 有

$$\begin{cases} \mathcal{L} M_\varphi = 0, & \boldsymbol{x} \in \mathbb{R}^n, t > 0, \\ M_\varphi(\boldsymbol{x}, 0) = 0, \ \frac{\partial}{\partial t} M_\varphi(\boldsymbol{x}, 0) = \varphi(\boldsymbol{x}), & \boldsymbol{x} \in \mathbb{R}^n. \end{cases}$$

因此

$$\mathcal{L} u_1 = \mathcal{L} \frac{\partial}{\partial t} M_\varphi = \frac{\partial}{\partial t} \mathcal{L} M_\varphi = 0,$$

显然

$$u_1(\boldsymbol{x}, 0) = \frac{\partial}{\partial t} M_\varphi(\boldsymbol{x}, 0) = \varphi(\boldsymbol{x}),$$

$$\frac{\partial}{\partial t} u_1(\boldsymbol{x}, 0) = \frac{\partial^2}{\partial t^2} M_\varphi(\boldsymbol{x}, 0) = a^2 \Delta M_\varphi(\boldsymbol{x}, 0) = 0.$$

从而 u_1 是初值问题 (I) 的解.

接着证明式(3.6). 令 $t' = t - \tau$, 根据 $M_{f(\boldsymbol{x}, \tau)}(\boldsymbol{x}, t')$ 的定义, 有

$$\begin{cases} \mathcal{L} M_{f(\boldsymbol{x}, \tau)} = 0, & \boldsymbol{x} \in \mathbb{R}^n, t' > 0, \\ M_{f(\boldsymbol{x}, \tau)}(\boldsymbol{x}, 0) = 0, \ \frac{\partial}{\partial t'} M_{f(\boldsymbol{x}, \tau)}(\boldsymbol{x}, 0) = f(\boldsymbol{x}, \tau), & \boldsymbol{x} \in \mathbb{R}^n. \end{cases}$$

由算子 $\mathcal{L}$ 的平移不变性可知, $w(\boldsymbol{x}, t; \tau) = M_{f(\boldsymbol{x}, \tau)}(\boldsymbol{x}, t - \tau)$ 满足初值问题(3.2), 由定理 3.1.1 可知, u_3 是初值问题 (III) 的解. ∎

3.1.2 混合问题的简化

考虑具有齐次边界条件的一维波动方程混合问题

$$\begin{cases} \mathcal{L}u = u_{tt} - a^2 u_{xx} = f(x,t), & 0 < x < l, t > 0, \\ u(0,t) = 0, \ u(l,t) = 0, & t \geqslant 0, \\ u(x,0) = \varphi(x), \ u_t(x,0) = \psi(x), & 0 \leqslant x \leqslant l. \end{cases} \quad (3.7)$$

按照叠加原理, 定解问题(3.7)的解 u 可表示为

$$u(x,t) = u_1(x,t) + u_2(x,t),$$

其中 u_1, u_2 分别满足下面两个定解问题:

(I) $\begin{cases} \mathcal{L}u_1 = 0, & 0 < x < l, t > 0, \\ u_1(0,t) = 0, \ u_1(l,t) = 0, & t \geqslant 0, \\ u_1(x,0) = \varphi(x), \ u_{1t}(x,0) = \psi(x), & 0 \leqslant x \leqslant l, \end{cases}$

(II) $\begin{cases} \mathcal{L}u_2 = f(x,t), & 0 < x < l, t > 0, \\ u_2(0,t) = 0, \ u_2(l,t) = 0, & t \geqslant 0, \\ u_2(x,0) = 0, \ u_{2t}(x,0) = 0, & 0 \leqslant x \leqslant l. \end{cases}$

类似于初值问题的齐次化原理, 有:

定理 3.1.3 (齐次化原理) 设 $\tau > 0, w(x,t;\tau)$ 是混合问题

$$\begin{cases} \mathcal{L}w = 0, & 0 < x < l, t > \tau, \\ w|_{x=0} = 0, \ w|_{x=l} = 0, & t \geqslant \tau, \\ w|_{t=\tau} = 0, \ w_t|_{t=\tau} = f(x,\tau), & 0 \leqslant x \leqslant l \end{cases}$$

的两次连续可微解, 则函数

$$u(x,t) = \int_0^t w(x,t;\tau)\mathrm{d}\tau$$

是混合问题 (II) 的解.

证明 与定理 3.1.1 的证明类似, 从略. ∎

考虑具有非零狄利克雷边界条件的非齐次混合问题

$$\begin{cases} \mathcal{L}u = f(x,t), & 0 < x < l, t > 0, \\ u(0,t) = \mu_1(t), \ u(l,t) = \mu_2(t), & t \geqslant 0, \\ u(x,0) = \varphi(x), \ u_t(x,0) = \psi(x), & 0 \leqslant x \leqslant l. \end{cases} \quad (3.8)$$

可将边界条件齐次化,也就是将式(3.8)中的 $\mu_1(t)$ 和 $\mu_2(t)$ 化为零. 一个最简单的想法就是构造一个辅助函数

$$\omega(x,t) = \mu_1(t) + \frac{x}{l}(\mu_2(t) - \mu_1(t)),$$

显然 $\omega(0,t) = \mu_1(t)$, $\omega(l,t) = \mu_2(t)$. 设 $v(x,t) = u(x,t) - \omega(x,t)$, 则函数 $v(x,t)$ 满足如下齐次边值问题:

$$\begin{cases} \mathcal{L}v = \overline{f}(x,t), & 0 < x < l, t > 0, \\ v(0,t) = 0, \ v(l,t) = 0, & t \geqslant 0, \\ v(x,0) = \overline{\varphi}(x), \ v_t(x,0) = \overline{\psi}(x), & 0 \leqslant x \leqslant l, \end{cases}$$

其中

$$\overline{f}(x,t) = f(x,t) - \mu_1''(t) - \frac{x}{l}(\mu_2''(t) - \mu_1''(t)),$$

$$\overline{\varphi}(x) = \varphi(x) - \mu_1(0) - \frac{x}{l}(\mu_2(0) - \mu_1(0)),$$

$$\overline{\psi}(x) = \psi(x) - \mu_1'(0) - \frac{x}{l}(\mu_2'(0) - \mu_1'(0)).$$

上面对狄利克雷边值问题的处理方法同样适用于诺伊曼、罗宾边值问题以及其他类型的边值问题. 对于诺伊曼边值问题

$$\begin{cases} \mathcal{L}u = f(x,t), & 0 < x < l, t > 0, \\ u_x(0,t) = \mu_1(t), \ u_x(l,t) = \mu_2(t), & t \geqslant 0, \\ u(x,0) = \varphi(x), \ u_t(x,0) = \psi(x), & 0 \leqslant x \leqslant l. \end{cases}$$

可以构造辅助函数

$$\omega(x,t) = x\mu_1(t) + \frac{x^2}{2l}(\mu_2(t) - \mu_1(t)),$$

然后作变换 $v(x,t) = u(x,t) - \omega(x,t)$, 则函数 $v(x,t)$ 满足如下齐次边值问题:

$$\begin{cases} \mathcal{L}v = \tilde{f}(x,t), & 0 < x < l, t > 0, \\ v_x(0,t) = 0, \ v_x(l,t) = 0, & t \geqslant 0, \\ v(x,0) = \tilde{\varphi}(x), \ v_t(x,0) = \tilde{\psi}(x), & 0 \leqslant x \leqslant l, \end{cases} \quad (3.9)$$

其中

$$\tilde{f}(x,t) = f(x,t) - x\mu_1''(t) - \frac{x^2}{2l}(\mu_2''(t) - \mu_1''(t)) + \frac{a^2}{l}(\mu_2(t) - \mu_1(t)),$$

$$\tilde{\varphi}(x) = \varphi(x) - x\mu_1(0) - \frac{x^2}{2l}(\mu_2(0) - \mu_1(0)),$$

$$\tilde{\psi}(x) = \psi(x) - x\mu_1'(0) - \frac{x^2}{2l}(\mu_2'(0) - \mu_1'(0)).$$

由叠加原理和齐次化原理,问题(3.9)的求解可归结为如下形式的混合问题的求解:

$$\begin{cases} \mathcal{L}u = 0, & 0 < x < l, t > 0, \\ u_x(0,t) = 0,\ u_x(l,t) = 0, & t \geqslant 0, \\ u(x,0) = \tilde{\varphi}(x),\ u_t(x,0) = \tilde{\psi}(x), & 0 \leqslant x \leqslant l. \end{cases}$$

类似地,可以将其他类型的非齐次边界条件齐次化. 如果边界条件是下述情形之一,则可分别取相应的辅助函数 $\omega(x,t)$.

(1) 边界条件为 $u(0,t) = \mu_1(t),\ u_x(l,t) = \mu_2(t)$ 时,可取

$$\omega(x,t) = \mu_1(t) + \mu_2(t)x;$$

(2) 边界条件为 $u_x(0,t) = \mu_1(t),\ u(l,t) = \mu_2(t)$ 时,可取

$$w(x,t) = \mu_1(t)(x-l) + \mu_2(t);$$

(3) 边界条件为 $u(0,t) = \mu_1(t),\ (u_x + \sigma u)(l,t) = \mu_2(t)$ 时,可取

$$\omega(x,t) = \mu_1(t) + \frac{\mu_2(t) - \sigma\mu_1(t)}{1 + \sigma l}x;$$

(4) 边界条件为 $u_x(0,t) = \mu_1(t),\ (u_x + \sigma u)(l,t) = \mu_2(t)$ 时,可取

$$\omega(x,t) = \mu_1(t)x + \frac{1}{\sigma}[\mu_2(t) - (1+\sigma l)\mu_1(t)];$$

(5) 边界条件为 $(u_x - \sigma u)(0,t) = \mu_1(t),\ u(l,t) = \mu_2(t)$ 时,可取

$$\omega(x,t) = \frac{\mu_1(t) + \sigma\mu_2(t)}{1 + \sigma l}x + \frac{\mu_2(t) - l\mu_1(t)}{1 + \sigma l};$$

(6) 边界条件为 $(u_x - \sigma u)(0,t) = \mu_1(t),\ u_x(l,t) = \mu_2(t)$ 时,可取

$$\omega(x,t) = \mu_2(t)x + \frac{\mu_2(t) - \mu_1(t)}{\sigma};$$

(7) 边界条件为 $(u_x - \sigma_1 u)(0,t) = \mu_1(t), (u_x + \sigma_2 u)(l,t) = \mu_2(t)$ 时, 可取

$$\omega(x,t) = \frac{\sigma_1\mu_2(t) + \sigma_2\mu_1(t)}{\sigma_1 + \sigma_2 + \sigma_1\sigma_2 l}x + \frac{\mu_2(t) - (1+\sigma_2 l)\mu_1(t)}{\sigma_1 + \sigma_2 + \sigma_1\sigma_2 l}.$$

3.2 一维波动方程的初值问题

考虑实际问题的理想模型, 即一根无端点的无限长的弦, 一张无限大无边界的薄膜, 一个充满整个空间的弹性体. 由于这些区域没有边界, 此时我们只需要对波动方程提初始条件. 在这一节中我们主要采用特征线法 (行波法) 求解一维波动方程的初值问题. 特征线法的基本思想: 在特征线作为新坐标轴的坐标变换下, 可以将方程化为能求通解的微分方程, 而后再利用初始条件从通解中定出所求解.

3.2.1 达朗贝尔公式

由初始扰动引起的无界弦的自由振动问题可归结为如下初值问题:

$$\begin{cases} u_{tt} - a^2 u_{xx} = 0, & x \in \mathbb{R},\ t > 0, \quad (3.10) \\ u(x,0) = \varphi(x),\ u_t(x,0) = \psi(x), & x \in \mathbb{R}, \quad (3.11) \end{cases}$$

其中 a 为一个正常数. 方程(3.10)的特征方程

$$(\mathrm{d}x)^2 - a^2(\mathrm{d}t)^2 = 0$$

有两条互异的特征线 $x - at = c_1$, $x + at = c_2$, 其中 c_1, c_2 为任意常数. 以特征线为新坐标轴, 作变换

$$\xi = x - at, \qquad \eta = x + at.$$

利用复合函数求导法则, 方程(3.10)在特征线坐标变换下化为

$$u_{\xi\eta} = 0,$$

由例 1.1.1, 可得其通解为 $u(\xi,\eta) = F(\xi) + G(\eta)$, 其中 F, G 是任意两个二次连续可微的函数. 于是波动方程(3.10)的通解为

$$u(x,t) = F(x - at) + G(x + at). \quad (3.12)$$

下面利用初始条件(3.11)来决定函数 F, G. 由式(3.11)有

$$u(x, 0) = F(x) + G(x) = \varphi(x),$$
$$u_t(x, 0) = a\left(-F'(x) + G'(x)\right) = \psi(x). \tag{3.13}$$

对式(3.13)中的第二个方程积分, 得到

$$F(x) - G(x) = -\frac{1}{a}\int_0^x \psi(z)\mathrm{d}z + c,$$

其中 c 为任意常数. 上式联立式(3.13)中第一个方程, 解得

$$F(x) = \frac{1}{2}\varphi(x) - \frac{1}{2a}\int_0^x \psi(z)\mathrm{d}z + \frac{c}{2},$$
$$G(x) = \frac{1}{2}\varphi(x) + \frac{1}{2a}\int_0^x \psi(z)\mathrm{d}z - \frac{c}{2}.$$

代入通解(3.12), 我们得到由式(3.10)和式(3.11)联立得到的初值问题的形式解的表达式

$$u(x, t) = \frac{1}{2}\left[\varphi(x - at) + \varphi(x + at)\right] + \frac{1}{2a}\int_{x-at}^{x+at} \psi(z)\mathrm{d}z. \tag{3.14}$$

上述表达式称为由式(3.10)和式(3.11)联立得到的初值问题的**达朗贝尔 (D'Alembert) 公式**. 为了使表达式(3.14)确实是由式(3.10)和式(3.11)联立得到的初值问题的古典解, 我们需要对初值 φ, ψ 提出适当的光滑性条件.

定理 3.2.1 若 $\varphi(x) \in C^2(\mathbb{R}), \psi(x) \in C^1(\mathbb{R})$, 则达朗贝尔公式(3.14)给出的函数 $u(x, t)$ 是由式(3.10)和式(3.11)联立得到的初值问题的解.

由求解过程知, 由式(3.10)和式(3.11)联立得到的初值问题的任意解都可由达朗贝尔公式(3.14)表示, 所以有解必唯一. 我们还可以根据达朗贝尔公式(3.14)讨论由式(3.10)和式(3.11)联立得到的初值问题解的稳定性 (也称为解对初值的连续依赖性).

定理 3.2.2 设对任意给定的 $\varepsilon > 0$, 总可以找到适当的 $\delta > 0$, 当初值满足不等式

$$\sup_{x \in \mathbb{R}} |\varphi(x) - \overline{\varphi}(x)| < \delta, \quad \sup_{x \in \mathbb{R}} |\psi(x) - \overline{\psi}(x)| < \delta$$

时, 则与之对应的初值问题的解 $u(x,t)$ 与 $\overline{u}(x,t)$, 满足

$$\sup_{x\in\mathbb{R},t\in[0,T]} |u(x,t)-\overline{u}(x,t)| < \varepsilon.$$

证明留作习题.

可以看出在最大模意义下, 若初值变化很小, 则相应的解的变化也很小, 即解是稳定的. 综上所述, 由式(3.10)和式(3.11)联立得到的初值问题的解是适定的.

由达朗贝尔公式(3.14)和初值问题的齐次化原理(定理3.2.1), 我们可以得到非齐次方程初值问题

$$\begin{cases} u_{tt} - a^2 u_{xx} = f(x,t), & x\in\mathbb{R},\ t>0, \\ u(x,0)=0,\ u_t(x,0)=0, & x\in\mathbb{R}, \end{cases} \quad (3.15)$$

的形式解为

$$u(x,t) = \frac{1}{2a}\int_0^t \int_{x-a(t-\tau)}^{x+a(t-\tau)} f(z,\tau)\mathrm{d}z\mathrm{d}\tau = \frac{1}{2a}\iint_G f(z,\tau)\mathrm{d}z\mathrm{d}\tau, \quad (3.16)$$

其中 G 是 $zO\tau$ 平面上过点 (x,t) 向下作两条特征线与 Oz 轴所夹的三角形区域, 如图 3.1 所示. 通过直接验证, 可以证明:

定理 3.2.3 若 $f(x,t)\in C^1(\mathbb{R}\times\mathbb{R}_+)$, 则表达式(3.16)给出的函数 $u(x,t)\in C^2(\mathbb{R}\times\mathbb{R}_+)$ 是初值问题(3.15)的解.

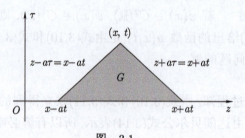

图 3.1

【例 3.2.1】 求解初值问题

$$\begin{cases} u_{tt} - u_{xx} = 2x, & x\in\mathbb{R},\ t>0, \\ u(x,0)=\sin x, u_t(x,0)=x, & x\in\mathbb{R}. \end{cases}$$

解 由叠加原理、达朗贝尔公式(3.14)以及非齐次波动方程求解公式(3.16)得其解为

$$u(x,t) = \frac{1}{2}(\sin(x-t) + \sin(x+t))$$
$$+ \frac{1}{2}\int_{x-t}^{x+t} z\mathrm{d}z + \frac{1}{2}\int_0^t \int_{x-(t-\tau)}^{x+(t-\tau)} 2z\mathrm{d}z\mathrm{d}\tau$$
$$= \sin x \cos t + xt + xt^2.$$

对波动方程求解的特征线法也适用于类似方程的初值问题.

【例 3.2.2】 求解初值问题

$$\begin{cases} u_{xx} + 2u_{xy} - 3u_{yy} = 0, & (x,y) \in \mathbb{R}_+^2, \\ u(x,0) = 3x^2, u_y(x,0) = 0, & x \in \mathbb{R}. \end{cases}$$

微课视频：特征线法求解变系数偏微分方程的例子

解 特征方程为

$$(\mathrm{d}y)^2 - 2\mathrm{d}x\mathrm{d}y - 3(\mathrm{d}x)^2 = 0,$$

即

$$(\mathrm{d}y - 3\mathrm{d}x)(\mathrm{d}y + \mathrm{d}x) = 0.$$

解得两族函数无关的特征曲线

$$3x - y = c_1, \quad x + y = c_2,$$

其中 c_1, c_2 为任意常数. 作变换 $\xi = 3x - y, \eta = x + y$, 原方程化为

$$u_{\xi\eta} = 0,$$

它的通解为 $u = F(\xi) + G(\eta)$, 代回原变量有

$$u(x,y) = F(3x - y) + G(x + y).$$

利用初始条件可得

$$F(3x) + G(x) = 3x^2, \quad -F'(3x) + G'(x) = 0. \qquad (3.17)$$

对方程(3.17)中的第二个方程积分, 得

$$-\frac{1}{3}F(3x) + G(x) = c.$$

与方程(3.17)中的第一式联立,可以解得

$$F(x) = \frac{1}{4}x^2 - c_1, \quad G(x) = \frac{3}{4}x^2 + c_1.$$

代回 u 的表达式,最后得到

$$u(x,y) = \frac{1}{4}(3x-y)^2 + \frac{3}{4}(x+y)^2 = 3x^2 + y^2.$$

【例 3.2.3】 证明初值问题

$$\begin{cases} u_{tt} - u_{xx} = 6(x+t), & x \in \mathbb{R},\ t > 0, \\ u|_{t=x} = 0, u_t|_{t=x} = \varphi(x), & x \in \mathbb{R} \end{cases} \tag{3.18}$$

有解的充分必要条件是 $\varphi(x) - 3x^2 \equiv$ 常数,如有解,解不唯一.

证明 作变换 $\xi = t - x, \eta = t + x$,则初值问题(3.18)中的方程变为 $u_{\xi\eta} = \frac{3}{2}\eta$. 由此解出

$$u(\xi,\eta) = \frac{3}{4}\eta^2\xi + f(\eta) + g(\xi),$$

其中 $f(\eta), g(\xi)$ 是任意可微函数. $u|_{t=x} = 0$ 等价于 $u|_{\xi=0} = 0$,于是 $f(\eta) = -g(0)$. 对 u 关于 t 求导数,得到

$$u_t(\xi,\eta) = \frac{3}{4}\eta^2 + \frac{3}{2}\eta\xi + g'(\xi).$$

利用 $u_t|_{t=x} = \varphi(x)$,可得

$$\varphi(x) = 3x^2 + g'(0) = 3x^2 + C. \tag{3.19}$$

因此如果初值问题(3.18)有解,则式(3.19)一定成立. 反之,如果式(3.19)成立,直接验证可知,对于任意的常数 C_1 和正数 $n \geqslant 2$,函数

$$u(x,t) = \frac{3}{4}(t+x)^2(t-x) + C_1(t-x) + C_2(t-x)^n$$

是初值问题(3.18)的解. 故解不唯一. ∎

3.2.2 达朗贝尔公式的物理意义

自由振动情况下的弦振动方程(3.10)的通解(3.12)表示弦上各点在振动过程中的位移 u 的变化规律. 我们先考虑

$$\tilde{u}(x,t) = F(x - at), \quad a > 0,$$

显然 $\tilde{u}(x,t)$ 是方程(3.10)的解. 当 $t=0$ 时, $\tilde{u}(x,0)=F(x)$, 表示弦在 $t=0$ 时的波形 (位移), 其图像如图 3.2 中的虚线所示. 初始时刻的状态经过时间 t 后, $\tilde{u}(x,t)=F(x-at)$, 表示初始时刻的波形向 x 轴的正向平移了 at 的距离, 其图像如图 3.2 中的实线所示, 即这种波的传播形式是保持波形 (函数 $F(x)$) 不变, 以速度 a 向右进行传播, 故 $F(x-at)$ 所描述的振动规律称为**右行波** (或**正波**); 同理, $G(x+at)$ 表示波形不变, 以速度 a 向左传播, 称为**左行波** (或**负波**). 故弦振动方程的通解是左右行波的叠加, 即弦上任意初始扰动, 其后的影响总是以行波的形式沿着相反的两个方向同时传播出去, 传播速度恰好是弦振动方程中的常数 a.

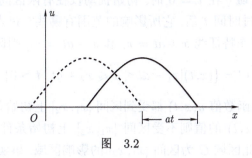

图 3.2

达朗贝尔公式(3.14)中,
$$\frac{1}{2}\left[\varphi(x-at)+\varphi(x+at)\right]$$

表示初始位移 $\varphi(x)$ 引起的左右行波的叠加, $t=0$ 时刻的波形 $\varphi(x)$ 分成两部分以独立的波速 a 向左、向右传播. 而达朗贝尔公式(3.14)中的
$$\frac{1}{2a}\int_{x-at}^{x+at}\psi(z)\mathrm{d}z=\frac{1}{2a}\left(\int_{0}^{x+at}\psi(z)\mathrm{d}z-\int_{0}^{x-at}\psi(z)\mathrm{d}z\right)$$

表示初始速度引起的波动. 由初始速度激发的行波 $\int_{0}^{x}\psi(z)\mathrm{d}z$, 在 t 时刻左右对称地扩展到 $[x-at,x+at]$.

3.2.3 依赖区间、决定区域和影响区域

依赖区间 由达朗贝尔公式(3.14)可以看出, u 在点 (x_0,t_0) 的值被 φ 在点 $x_0\pm at_0$ 的值和 ψ 在 $[x_0-at_0,x_0+at_0]$ 上的值所确定, 与 φ,ψ 其他点上的值无关. 因此, 我们称 x 轴上的区间 $[x_0-at_0,x_0+at_0]$ 为解在 (x_0,t_0) 的**依赖区间**, 它是过 (x_0,t_0) 的两条特征曲线 $x-x_0=\pm a(t-t_0)$ 在 x 轴所交截得的区间, 如图 3.3 所示.

决定区域 对于 x 轴上的任一区间 $[x_1, x_2]$ 上给定初始数据,它能决定平面 xOt 上哪些点的位移? 考虑过点 $(x_1, 0)$ 的特征曲线 $x - at = x_1$, 过点 $(x_2, 0)$ 的特征曲线 $x + at = x_2$ 和区间 $[x_1, x_2]$ 一起围成的一个三角形区域, 即

$$D = \{(x, t) | x_1 + at \leqslant x \leqslant x_2 - at, \ t > 0\}.$$

容易看出,三角形区域 D 中任意一点 (x_0, t_0) 的依赖区间都落在区间 $[x_1, x_2]$ 中,因此解 $u(x, t)$ 在区域 D 中每一点的值完全由初始条件 φ 和 ψ 在 $[x_1, x_2]$ 上的值来确定,而与区间外的值无关 (见图 3.4). 这个区域 D 就称为区间 $[x_1, x_2]$ 的**决定区域**.

影响区域 在 $t = 0$ 时,初始扰动仅在有限区间 $[x_1, x_2]$ 上存在,则经过时间 t 后,它所影响的范围有哪些? 过点 $(x_1, 0)$ 和 $(x_2, 0)$ 分别作特征线 $x + at = x_1$ 和 $x - at = x_2$, 则区域

$$G = \{(x, t) | x_1 - at \leqslant x \leqslant x_2 + at, \ t > 0\}$$

中任一点的函数值 $u(x, t)$ 都受到区间 $[x_1, x_2]$ 上初始条件的影响,而 G 外 $u(x, t)$ 的值则不受区间 $[x_1, x_2]$ 上初始条件的影响 (见图 3.5). 因此区域 G 为区间 $[x_1, x_2]$ 的**影响区域**. 事实上, 对于任一 $(x_0, t_0) \in G$, 其依赖区间必有一部分含于区间 $[x_1, x_2]$ 内,因此 $u(x_0, t_0)$ 的值一定受到初始条件 φ 和 ψ 在 $[x_1, x_2]$ 上值的影响.

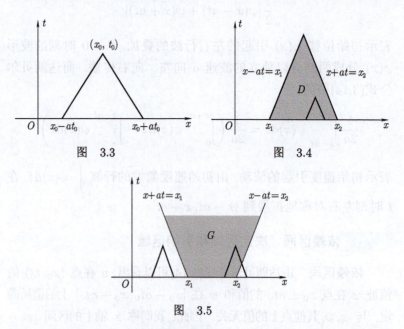

图 3.3

图 3.4

图 3.5

由上面的讨论,我们可以看到在 (x, t) 平面上波动方程的特征线 $x \pm at = c$ 在波动方程的研究中起着重要的作用. 从达朗贝

尔公式可以看出：波动实际上是沿着特征线传播的，初始扰动的影响只在过扰动点的两根特征线范围内 (影响区域内) 发生且扰动以有限波速 a 传播.

【例 3.2.4】 求初值问题

$$\begin{cases} u_{tt} - 9u_{xx} = 0, & x \in \mathbb{R}, t > 0, \\ u(x,0) = \varphi(x), u_t(x,0) = \psi(x), & x \in \mathbb{R} \end{cases}$$

的解在 xOt 平面上的点 $(3,1)$ 的依赖区间，在 x 轴上的区间 $[1,2]$ 的决定区域和影响区域.

解 按照依赖区间、决定区域和影响区域的定义可直接计算. 过点 $(3,1)$ 的两条特征线为 $x - 3t = 0, x + 3t = 6$，这两条特征线与 x 轴的交点为 $(0,0), (6,0)$，于是点 $(3,1)$ 的依赖区间为两条特征线与 x 轴所交截得的区间为 $[0,6]$.

过 x 轴的点 $(1,0)$ 作斜率为 $\dfrac{1}{3}$ 的特征线 $x - 3t = 1$，过点 $(2,0)$ 作斜率为 $-\dfrac{1}{3}$ 的特征线 $x + 3t = 2$，这两条特征线与区间 $[1,2]$ 一起围成的三角形区域 $\{(x,t): 1 + 3t \leqslant x \leqslant 2 - 3t, t > 0\}$ 为区间 $[1,2]$ 的决定区域.

过点 $(1,0)$ 作斜率为 $-\dfrac{1}{3}$ 的特征线 $x + 3t = 1$，过点 $(2,0)$ 作斜率为 $\dfrac{1}{3}$ 的特征线 $x - 3t = 2$，则区域 $\{(x,t): 1 - 3t \leqslant x \leqslant 2 + 3t, t > 0\}$ 为区间 $[1,2]$ 的影响区域.

3.2.4 一维半无界问题

这一小节求解半无界弦的振动问题，首先讨论一端固定的半无界弦的自由振动问题

$$\begin{cases} u_{tt} - a^2 u_{xx} = 0, & x > 0, t > 0, \\ u(x,0) = \varphi(x), u_t(x,0) = \psi(x), & x \geqslant 0, \\ u(0,t) = 0, & t \geqslant 0. \end{cases} \quad (3.20)$$

求解此问题的基本思想是利用波的**反射原理**对初始函数 φ, ψ 进行延拓，把半无界问题转化为在整个上半平面的初值问题，同时使其解 u 在 $x = 0$ 处满足齐次边界条件 $u(0,t) = 0$. 将这样的解限制在区域 $\mathbb{R}_+ \times \mathbb{R}_+$ 上就得到半无界问题(3.20)的解.

注 3.2.1 如果函数 $w(x) \in C(\mathbb{R})$ 是奇函数, 即 $w(-x) = -w(x)$, 则必有 $w(0) = 0$; 如果函数 $w \in C^1(\mathbb{R})$ 是偶函数, 即 $w(-x) = w(x)$, 则必有 $w'(0) = 0$.

我们将初值 $\varphi(x), \psi(x)$ 向整个数轴上作延拓, 分别用 $\Phi(x)$ 和 $\Psi(x)$ 表示延拓后的函数. 由达朗贝尔公式(3.14), 得到以 $\Phi(x)$ 和 $\Psi(x)$ 为初值的初值问题的解为

$$\overline{u}(x,t) = \frac{1}{2}[\Phi(x-at) + \Phi(x+at)] + \frac{1}{2a}\int_{x-at}^{x+at} \Psi(z)\mathrm{d}z.$$

要使 $\overline{u}(0,t) = 0$, 则需要

$$\frac{1}{2}[\Phi(-at) + \Phi(at)] + \frac{1}{2a}\int_{-at}^{at} \Psi(z)\mathrm{d}z = 0,$$

为此只要将 $\varphi(x)$ 和 $\psi(x)$ 对 x 作奇延拓即可. 令

$$\Phi(x) = \begin{cases} \varphi(x), & x \geqslant 0, \\ -\varphi(-x), & x < 0, \end{cases}$$

$$\Psi(x) = \begin{cases} \psi(x), & x \geqslant 0, \\ -\psi(-x), & x < 0, \end{cases}$$

就可达到要求. 于是有:

定理 3.2.4 若 $\varphi(x) \in C^2(\overline{\mathbb{R}_+}), \psi(x) \in C^1(\overline{\mathbb{R}_+})$ 且满足相容性条件

$$\varphi(0) = 0, \quad \varphi''(0) = 0, \quad \psi(0) = 0,$$

那么半无界问题(3.20)的解可表示为

$$u(x,t) = \begin{cases} \dfrac{1}{2}[\varphi(x+at) + \varphi(x-at)] + \dfrac{1}{2a}\int_{x-at}^{x+at} \psi(z)\mathrm{d}z, & x \geqslant at, \\ \dfrac{1}{2}[\varphi(x+at) - \varphi(at-x)] + \dfrac{1}{2a}\int_{at-x}^{x+at} \psi(z)\mathrm{d}z, & x < at. \end{cases}$$

注 3.2.2 定理中的相容性条件是必要的. 由初始条件和边界条件有

$$\varphi(0) = u(0,0) = u(0,t)|_{t=0} = 0,$$

$$\psi(0) = u_t(0,0) = u_t(0,t)|_{t=0} = 0.$$

由方程还有

$$\varphi''(0) = u_{xx}(0,0) = \frac{1}{a^2}u_{tt}(0,t)|_{t=0} = 0.$$

因此, 半无界问题(3.20)在 $(0,0)$ 处满足的相容性条件为 $\varphi(0) = \varphi''(0) = \psi(0) = 0$.

现在考虑端点是自由的半无界弦振动问题, 即

$$\begin{cases} u_{tt} - a^2 u_{xx} = 0, & x > 0,\ t > 0, \\ u(x,0) = \varphi(x),\ u_t(x,0) = \psi(x), & x \geqslant 0, \\ u_x(0,t) = 0, & t \geqslant 0. \end{cases} \quad (3.21)$$

显然, 在 $(0,0)$ 处的相容性条件为 $\varphi'(0) = \psi'(0) = 0$. 与上面的情形类似, 我们将函数 $\varphi(x)$ 和 $\psi(x)$ 在整个数轴上作偶延拓. 设

$$\Phi(x) = \begin{cases} \varphi(x), & x \geqslant 0, \\ \varphi(-x), & x < 0, \end{cases}$$

$$\Psi(x) = \begin{cases} \psi(x), & x \geqslant 0, \\ \psi(-x), & x < 0, \end{cases}$$

则以 $\Phi(x)$ 和 $\Psi(x)$ 为初值的初值问题的解是

$$u(x,t) = \frac{1}{2}[\Phi(x-at) + \Phi(x+at)] + \frac{1}{2a}\int_{x-at}^{x+at} \Psi(y)\mathrm{d}y.$$

这个 $u(x,t)$ 限制在 $x \geqslant 0$ 上就是问题(3.21)的解. 进一步, $u(x,t)$ 可写成如下形式:

当 $x \geqslant at$ 时, 有 $x - at \geqslant 0$, $x + at \geqslant 0$, 所以

$$u(x,t) = \frac{1}{2}[\varphi(x-at) + \varphi(x+at)] + \frac{1}{2a}\int_{x-at}^{x+at} \psi(y)\mathrm{d}y;$$

当 $0 \leqslant x < at$ 时, $x - at < 0, x + at > 0$, 所以

$$u(x,t) = \frac{1}{2}[\varphi(at-x) + \varphi(x+at)] + \frac{1}{2a}\left(\int_{x-at}^{0} \psi(-y)\mathrm{d}y + \int_{0}^{x+at} \psi(y)\mathrm{d}y\right)$$

$$= \frac{1}{2}[\varphi(at-x) + \varphi(x+at)] + \frac{1}{2a}\left(\int_{0}^{at-x} \psi(y)\mathrm{d}y + \int_{0}^{x+at} \psi(y)\mathrm{d}y\right).$$

【例 3.2.5】 求解半无界问题

$$\begin{cases} u_{tt} - a^2 u_{xx} = 0, & x > 0, t > 0, \\ u(x,0) = \sin x, u_t(x,0) = 1 - \cos x, & x \geqslant 0, \\ u(0,t) = 0, & t \geqslant 0. \end{cases}$$

解 根据定理 3.2.4,计算可知,当 $x \geqslant at$ 时,

$$u(x,t) = \frac{1}{2}[\sin(x+at) + \sin(x-at)] + \frac{1}{2a}\int_{x-at}^{x+at}(1-\cos y)\mathrm{d}y$$

$$= \sin x \cos at + t - \frac{1}{a}\cos x \sin at.$$

当 $0 \leqslant x < at$ 时,

$$u(x,t) = \frac{1}{2}[\sin(x+at) - \sin(at-x)] + \frac{1}{2a}\int_{at-x}^{x+at}(1-\cos y)\mathrm{d}y$$

$$= \left(1 - \frac{1}{a}\right)\sin x \cos at + \frac{x}{a}.$$

3.3 高维波动方程的初值问题

三维波动方程可描述声波、电磁波和光波等在空间中的传播,通常称这类波为球面波;二维波动方程可描述平面上薄膜的振动和浅水面上波的传播等现象,称它们为柱面波. 本节我们用球面平均法建立三维波动方程初值问题的求解公式,利用降维法推导二维波动方程初值问题解的表达式,并进一步讨论高维波动方程解所反映的波的传播与衰减性质,从中可以看出不同维数的波动方程解的性质有很大区别.

3.3.1 三维波动方程的初值问题

考虑三维齐次波动方程初值问题

$$\begin{cases} u_{tt} - a^2 \Delta u = 0, & \boldsymbol{x} \in \mathbb{R}^3, t > 0, \quad (3.22) \\ u(\boldsymbol{x},0) = \varphi(\boldsymbol{x}), u_t(\boldsymbol{x},0) = \psi(\boldsymbol{x}), & \boldsymbol{x} \in \mathbb{R}^3. \quad (3.23) \end{cases}$$

若初始条件(3.23)中初始函数是**径向函数**,即 $\varphi(\boldsymbol{x}) = \varphi(r), \psi(\boldsymbol{x}) = \psi(r)$,其中 $r = |\boldsymbol{x}| = \sqrt{x_1^2 + x_2^2 + x_3^2}$,则可以求形如 $u = u(r,t)$

的关于空间变量的**径向解** (也称为球对称解, 是指在同一球面上各点的值都相等的解). 此时方程(3.22)可化为

$$u_{tt} = a^2 \left(u_{rr} + \frac{2}{r} u_r \right).$$

令 $w(r,t) = ru(r,t)$, 则 $w(r,t)$ 满足半无界问题

$$\begin{cases} w_{tt} - a^2 w_{rr} = 0, & r > 0, t > 0, \\ w(r,0) = r\varphi(r), \ w_t(r,0) = r\psi(r), & r \geqslant 0, \\ w(0,t) = 0, & t \geqslant 0. \end{cases}$$

由定理 3.2.4, 得

$$u(r,t) = \begin{cases} \dfrac{(r+at)\varphi(r+at) + (r-at)\varphi(r-at)}{2r} + \dfrac{1}{2ar} \displaystyle\int_{r-at}^{r+at} z\psi(z) \mathrm{d}z, \\ \hfill r \geqslant at, \\ \dfrac{(r+at)\varphi(r+at) + (r-at)\varphi(at-r)}{2r} + \dfrac{1}{2ar} \displaystyle\int_{at-r}^{r+at} z\psi(z) \mathrm{d}z, \\ \hfill 0 < r < at. \end{cases}$$

【例 3.3.1】 求解定解问题

$$\begin{cases} u_{tt} - \Delta u = 0, & \boldsymbol{x} \in \mathbb{R}^3, t > 0, \\ u(\boldsymbol{x},0) = 0, \ u_t(\boldsymbol{x},0) = |\boldsymbol{x}|^3, & \boldsymbol{x} \in \mathbb{R}^3. \end{cases}$$

解 令 $r = |\boldsymbol{x}|$, 直接计算, 当 $r \geqslant t$ 时,

$$u(r,t) = \frac{1}{2r} \int_{r-t}^{r+t} z^4 \mathrm{d}z = \frac{1}{10r} \left[(r+t)^5 - (r-t)^5 \right];$$

当 $0 < r < t$ 时,

$$u(r,t) = \frac{1}{2r} \int_{t-r}^{r+t} z^4 \mathrm{d}z = \frac{1}{10r} \left[(r+t)^5 - (t-r)^5 \right];$$

而

$$u(0,t) = \lim_{r \to 0} \frac{1}{10r} \left[(r+t)^5 - (t-r)^5 \right] = t^4.$$

对于初值函数不是径向函数的情形. 从物理上看, 无论是三维波动问题还是一维波动问题, 它们都描述的是波的传播现象和规律, 因此它们的求解方法也具有一定的共性.

根据定理 3.1.2, 可将一维波动方程的达朗贝尔公式改写为

$$u(x,t) = \frac{1}{2a}\frac{\partial}{\partial t}\left(\int_{x-at}^{x+at}\varphi(z)\mathrm{d}z\right) + \frac{1}{2a}\int_{x-at}^{x+at}\psi(z)\mathrm{d}z$$
$$= \frac{\partial}{\partial t}\left(\frac{t}{2at}\int_{x-at}^{x+at}\varphi(z)\mathrm{d}z\right) + \frac{t}{2at}\int_{x-at}^{x+at}\psi(z)\mathrm{d}z.$$

令

$$\overline{w}(x,t) = \frac{1}{2at}\int_{x-at}^{x+at}w(z)\mathrm{d}z$$

表示函数 $w(x)$ 在区间 $[x-at, x+at]$(以 x 为中心, at 为半径) 上的平均值, 可以看出这个平均值是变量 x, t 和函数 w 的函数. 于是达朗贝尔公式就可表示为

$$u(x,t) = \frac{\partial}{\partial t}[t\overline{\varphi}(x,t)] + t\overline{\psi}(x,t).$$

根据这一思想, 我们利用**球面平均法**将三维波动方程的初值问题归结为一维弦振动方程的初值问题, 从而利用达朗贝尔公式得到三维初值问题的求解公式.

对任意固定的 $\boldsymbol{x} \in \mathbb{R}^3, r > 0, B_r(\boldsymbol{x}) = \{\boldsymbol{\xi} \in \mathbb{R}^3 \mid |\boldsymbol{\xi} - \boldsymbol{x}| < r\}$ 表示以 $\boldsymbol{x}$ 为球心, r 为半径的开球. 如果 $\boldsymbol{\xi} = (\xi_1, \xi_2, \xi_3)$ 是球面 $\partial B_r(\boldsymbol{x})$ 上一点, 在球坐标下有 $\boldsymbol{\xi} = \boldsymbol{x} + r\boldsymbol{\eta}$, 即

$$\xi_i = x_i + r\eta_i, \quad i = 1, 2, 3,$$

其中 η_i 是向量 $\boldsymbol{\xi} - \boldsymbol{x}$ 的方向余弦, 可表示为

$$\eta_1 = \sin\theta\cos\phi, \quad \eta_2 = \sin\theta\sin\phi, \quad \eta_3 = \cos\theta,$$

其中 $0 \leqslant \theta \leqslant \pi, 0 \leqslant \phi \leqslant 2\pi$. 半径为 1 的球面上的面积微元记为 $\mathrm{d}_1 S$, 半径为 r 的球面上的面积微元记为 $\mathrm{d}_r S$, 于是

$$\mathrm{d}_1 S = \sin\theta\mathrm{d}\theta\mathrm{d}\phi, \qquad \mathrm{d}_r S = r^2 \sin\theta\mathrm{d}\theta\mathrm{d}\phi.$$

函数 $w \in C(\mathbb{R}^3)$ 在球面 $\partial B_r(\boldsymbol{x})$ 的**球面平均函数**为

$$\overline{w}(\boldsymbol{x}, r) = \frac{1}{4\pi r^2}\int_{\partial B_r(\boldsymbol{x})} w(\boldsymbol{\xi})\mathrm{d}_r S$$
$$= \frac{1}{4\pi r^2}\int_0^{2\pi}\int_0^{\pi} w(x_1 + r\eta_1, x_2 + r\eta_2, x_3 + r\eta_3)\mathrm{d}_r S. \quad (3.24)$$

易见

$$\overline{w}(\boldsymbol{x},r) = \frac{1}{4\pi}\int_0^{2\pi}\int_0^{\pi} w(x_1+r\eta_1, x_2+r\eta_2, x_3+r\eta_3)\mathrm{d}_1 S, \quad (3.25)$$

且下面的引理成立.

引理 3.3.1 若函数 $w(\boldsymbol{x}) \in C^2(\mathbb{R}^3)$, 则式(3.24)或式(3.25)确定的函数 $\overline{w}$ 满足方程

$$\frac{\partial^2}{\partial r^2}(r\overline{w}) = \Delta(r\overline{w}), \quad (\boldsymbol{x},r) \in \mathbb{R}^4, \quad (3.26)$$

以及初始条件

$$\overline{w}(\boldsymbol{x},0) = w(\boldsymbol{x}), \qquad \frac{\partial}{\partial r}\overline{w}(\boldsymbol{x},0) = 0.$$

证明 由式(3.25)有

$$\Delta(r\overline{w}) = \frac{r}{4\pi}\int_{\partial B_1(\boldsymbol{0})} \Delta w(\boldsymbol{x}+r\boldsymbol{\eta})\mathrm{d}_1 S = \frac{1}{4\pi r}\int_{\partial B_r(\boldsymbol{x})} \Delta w \mathrm{d}_r S. \tag{3.27}$$

由复合函数求导法则, 得

$$\frac{\partial \overline{w}}{\partial r} = \frac{1}{4\pi}\int_{\partial B_1(\boldsymbol{0})} \sum_{k=1}^{3}\frac{\partial w}{\partial x_k}\eta_k \mathrm{d}_1 S = \frac{1}{4\pi r^2}\int_{\partial B_r(\boldsymbol{x})} \sum_{k=1}^{3}\frac{\partial w}{\partial x_k}\eta_k \mathrm{d}_r S.$$

根据高斯公式得

$$\frac{\partial \overline{w}}{\partial r} = \frac{1}{4\pi r^2}\int_{B_r(\boldsymbol{x})} \Delta w \mathrm{d}\Omega, \tag{3.28}$$

其中 $\mathrm{d}\Omega$ 为球内体积微元. 由于

$$\int_{B_r(\boldsymbol{x})} \Delta w \mathrm{d}\Omega = \int_0^r\int_0^{2\pi}\int_0^{\pi} \Delta w \rho^2 \sin\theta \mathrm{d}\theta \mathrm{d}\phi \mathrm{d}\rho,$$

所以

$$\frac{\partial}{\partial r}\int_{B_r(\boldsymbol{x})} \Delta w \mathrm{d}\Omega = \int_0^{2\pi}\int_0^{\pi} \Delta w r^2 \sin\theta \mathrm{d}\theta \mathrm{d}\phi = \int_{\partial B_r(\boldsymbol{x})} \Delta w \mathrm{d}_r S,$$

从而由式(3.28)以及上式有

$$\frac{\partial^2 \overline{w}}{\partial r^2} = -\frac{1}{2\pi r^3}\int_{B_r(\boldsymbol{x})} \Delta w \mathrm{d}\Omega + \frac{1}{4\pi r^2}\int_{\partial B_r(\boldsymbol{x})} \Delta w \mathrm{d}_r S. \tag{3.29}$$

由式(3.27) ~ 式(3.29)有

$$\frac{\partial^2}{\partial r^2}(r\overline{w}) = 2\frac{\partial \overline{w}}{\partial r} + r\frac{\partial^2 \overline{w}}{\partial r^2} = \frac{1}{4\pi r}\int_{\partial B_r(\boldsymbol{x})}\Delta w \mathrm{d}_r S = \Delta(r\overline{w}),$$

因此函数 $r\overline{w}$ 满足方程(3.26). 由式(3.25)，不难发现

$$\overline{w}(\boldsymbol{x},0) = \frac{1}{4\pi}\int_{\partial B_1(0)} w(\boldsymbol{x})\mathrm{d}_1 S = w(\boldsymbol{x}).$$

又由式(3.28)，利用积分中值定理，可知

$$\frac{\partial \overline{w}}{\partial r} = \frac{1}{4\pi r^2}\Delta w(\overline{\boldsymbol{\xi}})\frac{4}{3}\pi r^3 = \frac{r}{3}\Delta w(\overline{\boldsymbol{\xi}}),$$

其中 $\overline{\boldsymbol{\xi}}$ 是 $B_r(\boldsymbol{x})$ 内一点. 当 $r \to 0$ 时，点 $\overline{\boldsymbol{\xi}}$ 趋于球心 $\boldsymbol{x}$. 所以

$$\frac{\partial \overline{w}}{\partial r} \to 0, \quad r \to 0. \qquad \blacksquare$$

现在考虑由式(3.22)和式(3.23)联立得到的三维波动方程的初值问题.

引理 3.3.2 记函数 ψ 在球面 $\partial B_{at}(\boldsymbol{x})$ 的球面平均函数为 $\overline{\psi}(\boldsymbol{x},at)$，则

$$u(\boldsymbol{x},t) = t\overline{\psi}(\boldsymbol{x},at) \tag{3.30}$$

是定解问题

$$\begin{cases} u_{tt} - a^2 \Delta u = 0, & \boldsymbol{x} \in \mathbb{R}^3,\ t > 0, \\ u(\boldsymbol{x},0) = 0,\ u_t(\boldsymbol{x},0) = \psi(\boldsymbol{x}), & \boldsymbol{x} \in \mathbb{R}^3 \end{cases} \tag{3.31}$$

的解.

证明 令 $r = at$，则 $u(\boldsymbol{x},t) = \dfrac{r}{a}\overline{\psi}(\boldsymbol{x},r)$. 根据引理 3.3.1，直接计算，得

$$u_t = \overline{\psi}(\boldsymbol{x},r) + r\frac{\partial \overline{\psi}(\boldsymbol{x},r)}{\partial r} = au_r,$$

$$u_{tt} = a^2 u_{rr} = a^2 \frac{\partial^2}{\partial r^2}\left(\frac{r}{a}\overline{\psi}(\boldsymbol{x},r)\right) = a\frac{\partial^2}{\partial r^2}(r\overline{\psi}(\boldsymbol{x},r)) = a\Delta(r\overline{\psi}(\boldsymbol{x},r))$$
$$= a^2 \Delta\left(\frac{r}{a}\overline{\psi}(\boldsymbol{x},r)\right) = a^2 \Delta u.$$

显然，由式(3.30)，有 $u(\boldsymbol{x},0) = 0,\ u_t(\boldsymbol{x},0) = \overline{\psi}(\boldsymbol{x},0) = \psi(\boldsymbol{x})$. $\blacksquare$

由此, 我们可以得到定解问题(3.31)的解为

$$u(\boldsymbol{x},t) = \frac{1}{4\pi a^2 t}\int_{\partial B_{at}(\boldsymbol{x})}\psi(\boldsymbol{\xi})\mathrm{d}S$$

$$= \frac{t}{4\pi}\int_0^{2\pi}\int_0^{\pi}\psi(\boldsymbol{x}+at\boldsymbol{\eta})\sin\theta\mathrm{d}\theta\mathrm{d}\phi.$$

其中 $\mathrm{d}S$ 为球面 $\partial B_{at}(\boldsymbol{x})$ 的面积微元. 类似于 3.1.1 小节中的定理 3.1.2, 我们有:

引理 3.3.3 若函数 $u(\boldsymbol{x},t)$ 是定解问题(3.31)的解, 则函数 $U(\boldsymbol{x},t) = u_t(\boldsymbol{x},t)$ 是定解问题

$$\begin{cases} U_{tt} - a^2\Delta U = 0, & \boldsymbol{x}\in\mathbb{R}^3,\ t>0, \\ U(\boldsymbol{x},0) = \psi(\boldsymbol{x}),\ u_t(\boldsymbol{x},0) = 0, & \boldsymbol{x}\in\mathbb{R}^3 \end{cases}$$

的解.

利用叠加原理就可求得初值问题表达式(3.22)~ 式(3.23)的解为

$$u(\boldsymbol{x},t) = \frac{1}{4\pi a^2}\left(\frac{\partial}{\partial t}\int_{\partial B_{at}(\boldsymbol{x})}\frac{\varphi(\boldsymbol{\xi})}{t}\mathrm{d}S + \int_{\partial B_{at}(\boldsymbol{x})}\frac{\psi(\boldsymbol{\xi})}{t}\mathrm{d}S\right). \tag{3.32}$$

式(3.32)通常称为三维波动方程的**泊松公式**, 有时也称为**基尔霍夫 (Kirchhoff) 公式**. 由泊松公式(3.32)的导出过程可知, 初值问题表达式(3.22)~ 式(3.23)在 $(\boldsymbol{x},t)\in\mathbb{R}^3\times\mathbb{R}_+$ 上 C^2 类的解可由式(3.32)表示, 因此有解必唯一. 另外, 由式(3.32)易知, 对任意给定的 $\varepsilon > 0$, 可以找到正数 δ, 使得只要

$$|\varphi - \overline{\varphi}| < \delta, \quad |\psi - \overline{\psi}| < \delta, \quad |\mathrm{D}\varphi - \mathrm{D}\overline{\varphi}| < \delta,$$

则在有限时间 $0 \leqslant t \leqslant T$ 内总有

$$|u(\boldsymbol{x},t) - \overline{u}(\boldsymbol{x},t)| < \varepsilon,$$

其中 $u, \overline{u}$ 是分别对应于初值为 φ, ψ 与 $\overline{\varphi}, \overline{\psi}$ 由式(3.22)和式(3.23)联立得到的初值问题的解. 于是, 有:

定理 3.3.1 若函数 $\varphi(\boldsymbol{x})\in C^3(\mathbb{R}^3), \psi(\boldsymbol{x})\in C^2(\mathbb{R}^3)$, 则由泊松公式(3.32)确定的函数 $u(\boldsymbol{x},t)$ 二次连续可微且是由式(3.22)和式(3.23)联立得到的初值问题的唯一古典解. 另外, 解在有限时间内对初值是一致稳定的.

三维齐次波动方程的解是沿球面的积分,所以三维波也称为**球面波**.

【例 3.3.2】 已知 $\varphi(\boldsymbol{x}) = x_1 + x_2 + x_3$, $\psi(\boldsymbol{x}) = 0$. 求由式(3.22)和式(3.23) 联立得到的初值问题的解, 其中 $\boldsymbol{x} = (x_1, x_2, x_3) \in \mathbb{R}^3$.

解 直接代入泊松公式(3.32)计算, 得

$$u(\boldsymbol{x}, t) = \frac{1}{4\pi} \frac{\partial}{\partial t} \int_0^{2\pi} \int_0^{\pi} t[x_1 + x_2 + x_3 +$$

$$at(\sin\theta\cos\phi + \sin\theta\sin\phi + \cos\theta)]\sin\theta \mathrm{d}\theta \mathrm{d}\phi$$

$$= x_1 + x_2 + x_3.$$

对于三维非齐次波动方程初值问题

$$\begin{cases} u_{tt} - a^2 \Delta u = f(\boldsymbol{x}, t), & \boldsymbol{x} \in \mathbb{R}^3,\ t > 0, \\ u(\boldsymbol{x}, 0) = 0,\ u_t(\boldsymbol{x}, 0) = 0, & \boldsymbol{x} \in \mathbb{R}^3, \end{cases}$$

利用齐次化原理知

$$u(\boldsymbol{x}, t) = \int_0^t w(\boldsymbol{x}, t; \tau) \mathrm{d}\tau,$$

其中 $w(\boldsymbol{x}, t; \tau)$ 是齐次方程初值问题

$$\begin{cases} w_{tt} - a^2 \Delta w = 0, & \boldsymbol{x} \in \mathbb{R}^3,\ t > \tau, \\ w|_{t=\tau} = 0,\ w_t|_{t=\tau} = f(\boldsymbol{x}, \tau), & \boldsymbol{x} \in \mathbb{R}^3 \end{cases}$$

的解. 由泊松公式(3.32), 得到

$$w(\boldsymbol{x}, t; \tau) = \frac{1}{4\pi a^2} \int_{\partial B_{a(t-\tau)}(\boldsymbol{x})} \frac{f(\boldsymbol{\xi}, \tau)}{t - \tau} \mathrm{d}S.$$

所以

$$u(\boldsymbol{x}, t) = \frac{1}{4\pi a^2} \int_0^t \left(\int_{\partial B_{a(t-\tau)}(\boldsymbol{x})} \frac{f(\boldsymbol{\xi}, \tau)}{t - \tau} \mathrm{d}S \right) \mathrm{d}\tau.$$

对上述公式作变量变换 $r = a(t - \tau)$, 得到

$$u(\boldsymbol{x}, t) = \frac{1}{4\pi a^2} \int_0^{at} \mathrm{d}r \int_{\partial B_r(\boldsymbol{x})} \frac{f(\boldsymbol{\xi}, t - \frac{r}{a})}{r} \mathrm{d}S$$

$$= \frac{1}{4\pi a^2} \int_{B_{at}(\boldsymbol{x})} \frac{f(\boldsymbol{\xi}, t - \frac{r}{a})}{r} \mathrm{d}\Omega.$$

由上式可以看出在 t 时刻位于点 $\boldsymbol{x}$ 处的函数 $u(\boldsymbol{x},t)$ 的数值, 可由函数 f 在时刻 $\tau = t - \dfrac{r}{a}$ 在此球的三重积分表示, 则 u 的时间比 f 推迟了 $\dfrac{r}{a}$, 所以我们称上式右端积分为 **推迟势**. 这个时间差正好是波以速度 a 从点 $\boldsymbol{\xi}$ 传播到点 $\boldsymbol{x}$ 所需要的时间.

利用叠加原理易证下面定理.

定理 3.3.2 若函数 $\varphi(\boldsymbol{x}) \in C^3(\mathbb{R}^3)$, $\psi(\boldsymbol{x}) \in C^2(\mathbb{R}^3)$, $f(\boldsymbol{x},t) \in C^2(\mathbb{R}^3 \times \mathbb{R}_+)$, 则三维波动方程的初值问题

$$\begin{cases} u_{tt} - a^2 \Delta u = f(\boldsymbol{x},t), & \boldsymbol{x} \in \mathbb{R}^3,\ t > 0, \\ u(\boldsymbol{x},0) = \varphi(\boldsymbol{x}),\ u_t(\boldsymbol{x},0) = \psi(\boldsymbol{x}), & \boldsymbol{x} \in \mathbb{R}^3 \end{cases} \tag{3.33}$$

存在唯一的古典解

$$u(\boldsymbol{x},t) = \frac{1}{4\pi a^2}\left(\frac{\partial}{\partial t}\int_{\partial B_{at}(\boldsymbol{x})} \frac{\varphi(\boldsymbol{\xi})}{t}\mathrm{d}S + \int_{\partial B_{at}(\boldsymbol{x})} \frac{\psi(\boldsymbol{\xi})}{t}\mathrm{d}S\right) + \frac{1}{4\pi a^2}\int_{B_{at}(\boldsymbol{x})} \frac{f(\boldsymbol{\xi}, t - \frac{r}{a})}{r}\mathrm{d}\Omega.$$

该公式在球面坐标系 (at, θ, ϕ) 中的表示为

$$u(\boldsymbol{x},t)$$
$$= \frac{1}{4\pi}\frac{\partial}{\partial t}\int_0^{2\pi}\int_0^\pi t\varphi(x_1 + at\sin\theta\cos\phi, x_2 + at\sin\theta\sin\phi, x_3 + at\cos\theta)\sin\theta \mathrm{d}\theta \mathrm{d}\phi +$$
$$\frac{1}{4\pi}\int_0^{2\pi}\int_0^\pi t\psi(x_1 + at\sin\theta\cos\phi, x_2 + at\sin\theta\sin\phi, x_3 + at\cos\theta)\sin\theta \mathrm{d}\theta \mathrm{d}\phi +$$
$$\frac{1}{4\pi a^2}\int_0^{at}\int_0^{2\pi}\int_0^\pi f(x_1 + r\sin\theta\cos\phi, x_2 + r\sin\theta\sin\phi, x_3 + r\cos\theta, t - \frac{r}{a}) \times r\sin\theta \mathrm{d}\theta \mathrm{d}\phi \mathrm{d}r.$$

【例 3.3.3】 已知 $\varphi(\boldsymbol{x}) = x_1^2 + x_2 x_3$, $\psi(\boldsymbol{x}) = 0$, $f(\boldsymbol{x},t) = 2(x_2 - t)$. 求初值问题 (3.33).

解 直接计算, 得

$$\frac{1}{4\pi a^2}\int_0^{at}\int_0^{2\pi}\int_0^\pi 2\left(x_2 + r\sin\theta\sin\phi - t + \frac{r}{a}\right)r\sin\theta \mathrm{d}\theta \mathrm{d}\phi \mathrm{d}r = x_2 t^2 - \frac{1}{3}t^3,$$

$$\frac{1}{4\pi}\frac{\partial}{\partial t}\int_0^{2\pi}\int_0^\pi t[(x_1 + at\sin\theta\cos\phi)^2 + (x_2 + at\sin\theta\sin\phi)(x_3 + at\cos\theta)]\sin\theta \mathrm{d}\theta \mathrm{d}\phi$$
$$= x_1^2 + x_2 x_3 + a^2 t^2.$$

上面两式相加，就得到

$$u(x,t) = x_1^2 + x_2 x_3 + a^2 t^2 + x_2 t^2 - \frac{1}{3}t^3.$$

3.3.2 二维波动方程的初值问题

对于二维波动方程的初值问题

$$\begin{cases} u_{tt} - a^2 \Delta u = 0, & \boldsymbol{x} \in \mathbb{R}^2, \ t > 0, \\ u(\boldsymbol{x},0) = \varphi(\boldsymbol{x}) \quad u_t(\boldsymbol{x},0) = \psi(\boldsymbol{x}), & \boldsymbol{x} \in \mathbb{R}^2. \end{cases} \quad (3.34)$$

如果把问题(3.34)中的未知函数 u 和初始函数看作空间变量为三维空间 $\mathbb{R}^3$ 上定义的函数，即

$$\tilde{u}(x_1,x_2,x_3,t) = u(x_1,x_2,t), \tilde{\varphi}(x_1,x_2,x_3)$$
$$= \varphi(x_1,x_2), \tilde{\psi}(x_1,x_2,x_3) = \psi(x_1,x_2),$$

则有

$$\begin{cases} \tilde{u}_{tt} - a^2 (\tilde{u}_{x_1 x_1} + \tilde{u}_{x_2 x_2} + \tilde{u}_{x_3 x_3}) = 0, \\ \tilde{u}|_{t=0} = \tilde{\varphi}(x_1,x_2,x_3), \quad \tilde{u}_t|_{t=0} = \tilde{\psi}(x_1,x_2,x_3). \end{cases} \quad (3.35)$$

显然，问题(3.34)的解一定是问题(3.35)的解。反之，如果问题(3.35)的解与 x_3 无关，那么 $u = \tilde{u}$ 也是问题(3.34)的解。这种利用高维问题的解得出低维问题的解的方法称为**降维法**。

利用泊松公式(3.32)，问题(3.34)的解可以写为

$$u(x_1,x_2,t) = \frac{1}{4\pi a^2} \left(\frac{\partial}{\partial t} \int_{\partial B_{at}(\boldsymbol{x})} \frac{\varphi(x_1 + at\eta_1, x_2 + at\eta_2)}{t} \mathrm{d}S + \int_{\partial B_{at}(\boldsymbol{x})} \frac{\psi(x_1 + at\eta_1, x_2 + at\eta_2)}{t} \mathrm{d}S \right),$$

式中的两个积分是在球面 $\partial B_{at}(\boldsymbol{x})$ 上的第一型曲面积分，由于被积函数 φ, ψ 均与 x_3 无关，因此在球面上的积分可以化为在平面 ($x_3 = 0$) 上投影的二重积分，即在

$$\Sigma_{at}^{\boldsymbol{x}}: \quad (\xi_1 - x_1)^2 + (\xi_2 - x_2)^2 \leqslant a^2 t^2$$

上的二重积分。如图 3.6 所示，球面上的面积微元 $\mathrm{d}S$ 和它在平面上投影的面积微元 $\mathrm{d}\sigma = \mathrm{d}\xi_1 \mathrm{d}\xi_2$ 满足

$$\mathrm{d}\sigma = |\cos\theta|\mathrm{d}S$$

$$= \frac{\sqrt{(at)^2 - (\xi_1 - x_1)^2 - (\xi_2 - x_2)^2}}{at} dS,$$

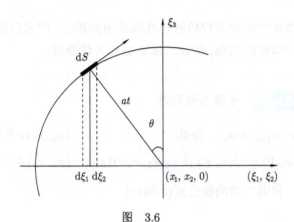

图 3.6

再将上下半球面的积分都化为同一个圆面上的积分,这样 $u(x_1, x_2, t)$ 可表示为

$$\begin{aligned}
u(x_1, x_2, t) =& \frac{\partial}{\partial t} \left(\frac{2}{4\pi a} \int_{\Sigma_{at}^{\infty}} \frac{\varphi(\xi_1, \xi_2)}{\sqrt{(at)^2 - (\xi_1 - x_1)^2 - (\xi_2 - x_2)^2}} d\sigma \right) + \\
& \frac{2}{4\pi a} \int_{\Sigma_{at}^{\infty}} \frac{\psi(\xi_1, \xi_2)}{\sqrt{(at)^2 - (\xi_1 - x_1)^2 - (\xi_2 - x_2)^2}} d\sigma \\
=& \frac{1}{2\pi a} \left(\frac{\partial}{\partial t} \int_0^{at} \int_0^{2\pi} \frac{\varphi(x_1 + \rho\cos\theta, x_2 + \rho\sin\theta)}{\sqrt{(at)^2 - \rho^2}} \rho d\theta d\rho \right) + \\
& \frac{1}{2\pi a} \int_0^{at} \int_0^{2\pi} \frac{\psi(x_1 + \rho\cos\theta, x_2 + \rho\sin\theta)}{\sqrt{(at)^2 - \rho^2}} \rho d\theta d\rho.
\end{aligned}$$
(3.36)

在上面的第二个等式中,我们利用了极坐标变换. 式(3.36)是一个和 x_3 无关的函数,因此式(3.36)就是问题(3.34)的解. 式(3.36)称为二维波动方程初值问题的**泊松公式**.

对一维波动方程的初值问题,同样可以运用降维法写出它的求解公式 (证明留作习题). 不难理解,由于降维法本身的特点,可以从三维问题的适定性 (定理 3.3.1) 直接得到二维问题的适定性. 降维法不仅适用于波动方程,也适用于其他类型的方程. 在许多情况下,此方法可以使我们从多个自变量方程的求解公式推导出自变量个数较少的同类方程的解.

定理 3.3.3 若 $\varphi(\boldsymbol{x}) \in C^3(\mathbb{R}^2)$, $\psi(\boldsymbol{x}) \in C^2(\mathbb{R}^2)$, 二维波动方程初值问题(3.34)存在唯一的古典解(3.36).

二维齐次波动方程的解是在圆域内的积分. 圆可以被看成三维空间中圆柱的截面, 所以二维波也称为**柱面波**.

【例 3.3.4】 求解初值问题

$$\begin{cases} u_{tt} - a^2(u_{x_1x_1} + u_{x_2x_2}) = 0, & (x_1, x_2) \in \mathbb{R}^2,\ t > 0, \\ u(x_1, x_2, 0) = x_1^2(x_1 + x_2), u_t(x_1, x_2, 0) = 0, & (x_1, x_2) \in \mathbb{R}^2. \end{cases}$$

解 利用二维泊松公式(3.36)得

$$\begin{aligned} u(x_1, x_2, t) &= \frac{1}{2\pi a} \frac{\partial}{\partial t} \int_0^{at} \int_0^{2\pi} \frac{(x_1 + \rho\cos\theta)^2(x_1 + \rho\cos\theta + x_2 + \rho\sin\theta)}{\sqrt{a^2t^2 - \rho^2}} \rho \,\mathrm{d}\theta\,\mathrm{d}\rho \\ &= \frac{1}{2\pi a} \frac{\partial}{\partial t} \int_0^{at} \frac{\rho\,\mathrm{d}\rho}{\sqrt{a^2t^2 - \rho^2}} \int_0^{2\pi} (x_1^2(x_1 + x_2) + (3x_1 + x_2)\rho^2\cos^2\theta)\,\mathrm{d}\theta \\ &= \frac{1}{2\pi a} \frac{\partial}{\partial t} \int_0^{at} \frac{2\pi x_1^2(x_1 + x_2) + \pi(3x_1 + x_2)\rho^2}{\sqrt{a^2t^2 - \rho^2}} \rho\,\mathrm{d}\rho \\ &= \frac{1}{a} \frac{\partial}{\partial t} \left(x_1^2(x_1 + x_2)at + \frac{1}{3}(at)^3(3x_1 + x_2) \right) \\ &= x_1^2(x_1 + x_2) + a^2t^2(3x_1 + x_2). \end{aligned}$$

最后给出二维非齐次初值问题

$$\begin{cases} u_{tt} - a^2\Delta u = f(\boldsymbol{x}, t), & \boldsymbol{x} \in \mathbb{R}^2,\ t > 0, \\ u(\boldsymbol{x}, 0) = u_t(\boldsymbol{x}, 0) = 0, & \boldsymbol{x} \in \mathbb{R}^2 \end{cases}$$

的求解公式, 利用齐次化原理可得解的表达式

$$\begin{aligned} u(x_1, x_2, t) &= \frac{1}{2\pi a^2} \int_0^{at} \int_{\partial B_r(\boldsymbol{x})} \frac{f(\xi_1, \xi_2, t - \frac{r}{a})}{\sqrt{r^2 - (\xi_1 - x_1)^2 - (\xi_2 - x_2)^2}} \,\mathrm{d}\xi\,\mathrm{d}r \\ &= \frac{1}{2\pi a^2} \int_0^{at} \int_0^{2\pi} \int_0^r \frac{f(x_1 + \rho\cos\theta, x_2 + \rho\sin\theta, t - \frac{r}{a})}{\sqrt{r^2 - \rho^2}} \rho\,\mathrm{d}\rho\,\mathrm{d}\theta\,\mathrm{d}r. \end{aligned}$$

3.3.3 特征锥

在 3.2.3 小节中, 利用达朗贝尔公式给出一维初值问题的依赖区间、决定区域、影响区域等概念. 对于高维情形, 也有类似的概念 (为了叙述明确, 我们以二维情形为例).

为书写方便，把 $\boldsymbol{x}=(x_1,x_2)$ 写成 $\boldsymbol{x}=(x,y)$. 根据泊松公式(3.36)，解 u 在任一点 $P_0(\boldsymbol{x}_0,t_0)$, $\boldsymbol{x}_0=(x_0,y_0)$ 的值依赖于初始条件 φ,ψ 在圆域

$$\Sigma_{at_0}^{\boldsymbol{x}_0}=\{(x,y)|\ (x-x_0)^2+(y-y_0)^2\leqslant(at_0)^2\}$$

的值，而不依赖于圆域外 φ 和 ψ 的值，因此称圆域 $\Sigma_{at_0}^{\boldsymbol{x}_0}$ 为点 P_0 的**依赖区域**. 它是三维实心锥，也称为二维波动方程的**特征锥**

$$K_{P_0}=\{(x,y,t)|\ (x-x_0)^2+(y-y_0)^2\leqslant a^2(t-t_0)^2,\ 0\leqslant t\leqslant t_0\}$$

与平面 $t=0$ 的截口，如图 3.7 所示.

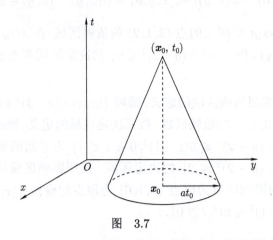

图 3.7

对于特征锥 K_{P_0} 中任一点 (x,y,t), 它的依赖区域都包含在圆域 $\Sigma_{at_0}^{\boldsymbol{x}_0}$ 内. 因此 $\Sigma_{at_0}^{\boldsymbol{x}_0}$ 内初始函数的值决定了特征锥 K_{P_0} 内每一点处的解. 因此这个锥 K_{P_0} 称为圆域 $\Sigma_{at_0}^{\boldsymbol{x}_0}$ 的**决定区域**.

在平面 $t=0$ 上任给一点 $(\boldsymbol{x}_0,0)$, 作锥体 (见图 3.8)

$$J_{\boldsymbol{x}_0}=\{(x,y,t)|(x-x_0)^2+(y-y_0)^2\leqslant a^2t^2,\quad t\geqslant 0\}.$$

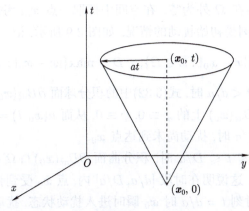

图 3.8

锥体 $J_{\boldsymbol{x}_0}$ 中任一点 (x,y,t) 的依赖区域都包括点 $(\boldsymbol{x}_0,0)$, 即解在 $J_{\boldsymbol{x}_0}$ 内任一点的值都受到初始条件 φ, ψ 在 $\boldsymbol{x}_0$ 处值的影响, 而解在 $J_{\boldsymbol{x}_0}$ 外的值与 φ, ψ 在 $\boldsymbol{x}_0$ 处值无关. 因此称锥体 $J_{\boldsymbol{x}_0}$ 是点 $\boldsymbol{x}_0$ 的影响区域.

【例 3.3.5】 求初值问题

$$\begin{cases} u_{tt} - 9(u_{xx} + u_{yy}) = 0, & (x,y) \in \mathbb{R}^2, t > 0, \\ u(x,y,0) = \varphi(x,y),\ u_t(x,y,0) = \psi(x,y), & (x,y) \in \mathbb{R}^2 \end{cases}$$

的解在 O-xyt 空间上的点 $(3,1,2)$ 的依赖区域, 在 xOy 平面上的圆域 $\{(x,y) : (x-5)^2 + (y-2)^2 \leqslant 9\}$ 的决定区域和点 $(3,1,0)$ 的影响区域.

解 按照依赖区域的定义, 圆域 $\{(x,y) : (x-3)^2 + (y-1)^2 \leqslant 36\}$ 为点 $(3,1,2)$ 的依赖区域. 按照决定区域的定义, 锥体 $\{(x,y) : (x-5)^2 + (y-2)^2 \leqslant 9(t-1)^2, 0 < t \leqslant 1\}$ 为平面圆域 $\{(x,y) : (x-5)^2 + (y-2)^2 \leqslant 9\}$ 的决定区域. 按照影响区域的定义, 点 $(3,1,0)$ 的影响区域为以点 $(3,1,0)$ 为顶点的锥体 $\{(x,y) : (x-3)^2 + (y-1)^2 \leqslant 9t^2, t \geqslant 0\}$.

3.3.4 惠更斯原理、波的弥散

三维与二维波动方程初值问题的泊松公式(3.32)和泊松公式(3.36)有着显著不同, 这反映了球面波和柱面波传播之间存在本质的区别, 我们分别讨论它们.

首先考虑球面波, 即三维泊松公式的物理意义. 假设初始扰动 φ, ψ 只在空间中的某一有界区域 Ω 上不为零 (不妨设 $\varphi > 0, \psi > 0$), 而在 Ω 外为零. 在空间中任取一点 $\boldsymbol{x}_0$, 考察在 $\boldsymbol{x}_0$ 处解在各个时刻受初始扰动的情况. 如图 3.9 所示, 记

$$d = \min\{|\boldsymbol{x} - \boldsymbol{x}_0| : \boldsymbol{x} \in \Omega\}, \quad D = \max\{|\boldsymbol{x} - \boldsymbol{x}_0| : \boldsymbol{x} \in \Omega\}.$$

当 $0 \leqslant t < d/a$ 时, 式(3.32)中的积分球面 $\partial B_{at}(\boldsymbol{x}_0) \cap \Omega = \varnothing$, 所以球面 $\partial B_{at}(\boldsymbol{x}_0)$ 上的 $\varphi \equiv 0$, $\psi \equiv 0$, 从而 $u(\boldsymbol{x}_0, t) = 0$. 这说明当 $0 \leqslant t < d/a$ 时, 扰动尚未到达点 $\boldsymbol{x}_0$.

当 $d/a \leqslant t \leqslant D/a$ 时, 积分曲面 $\partial B_{at}(\boldsymbol{x}_0) \cap \Omega \neq \varnothing$, 所以 $u(\boldsymbol{x}_0, t) \neq 0$. 这说明在时段 $[d/a, D/a]$ 内, 点 $\boldsymbol{x}_0$ 受到初始扰动的影响, 且在时刻 $t = d/a$ 时 $\boldsymbol{x}_0$ 瞬时进入扰动状态, 扰动有清晰的波前.

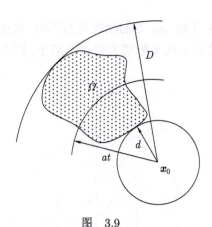

图 3.9

当 $t > D/a$ 时, 积分曲面 $\partial B_{at}(\boldsymbol{x}_0) \cap \Omega = \varnothing$. 这说明积分曲面已经越过了初始扰动区域 Ω, $u(\boldsymbol{x}_0,t)$ 的值从时刻 $t = D/a$ 开始又回到零. 这时所有扰动已掠过点 $\boldsymbol{x}_0$, $\boldsymbol{x}_0$ 点又恢复到原先的状态. 这表明波去时有清晰的波后, 没有留下任何后效.

现在考察在固定时刻 $t > 0$, 解受初始扰动影响的范围. 区域 Ω 中任一点 M_0 处的扰动, 经过时间 t 后, 它传播到以 M_0 为中心, 以 at 为半径的球面上. 因此, 在时刻 t 时受初始扰动影响的区域就是所有以 $M_0 \in \Omega$ 为中心, at 为半径的球面的全体, 即 $E = \bigcup_{M_0 \in \Omega} \partial B_{at}(M_0)$, 其边界 ∂E 就是球面族 $\{\partial B_{at}(M_0)\}_{M_0 \in \Omega}$ 的包络面. 外包络面称为前阵面, 也称波前. 内包络面称为后阵面, 也称波后. 前后阵面的中间部分就是受到初始扰动影响的部分. 前阵面以外的部分是扰动的 "前锋" 还未达到的区域, 而后阵面以内的部分是波已经传过并恢复了原来状态的区域.

当局部初始扰动的传播有清晰前阵面和后阵面, 这种现象称为**惠更斯 (Huygens) 原理**或无后效现象. 正是由于在三维空间中声波的传播具有无后效现象, 因此我们在谈话时可以清楚地听到对方的讲话, 它对信号的传达和接收有重要意义.

再看柱面波的传播. 假设初始扰动 φ, ψ 在平面上某一有界区域 Σ_0 上不为零 (设 $\varphi > 0, \psi > 0$), 而在 Σ_0 外为零. 对于平面上任一点 $\boldsymbol{x}_0$, 记 $\boldsymbol{x}_0$ 到 Σ_0 的距离为 $d = \min\{|\boldsymbol{x} - \boldsymbol{x}_0| : \boldsymbol{x} \in \Sigma_0\}$, 如图 3.10 所示.

由式(3.36)可知: 当 $0 \leqslant t < d/a$ 时, 积分区域 $\Sigma_{at}^{\boldsymbol{x}_0} \cap \Sigma_0 = \varnothing$, 说明圆域 $\Sigma_{at}^{\boldsymbol{x}_0}$ 上的 $\varphi \equiv 0, \psi \equiv 0$, 从而 $u(\boldsymbol{x}_0,t) = 0$, 这说明初始扰动还未到达 $\boldsymbol{x}_0$.

当 $t \geqslant d/a$ 时, $\Sigma_{at}^{\boldsymbol{x}_0} \cap \Sigma_0 \neq \varnothing$, 这时圆域 $\Sigma_{at}^{\boldsymbol{x}_0}$ 与初始扰动区域 Σ_0 有公共部分, 或者 $\Sigma_{at}^{\boldsymbol{x}_0}$ 包含整个 Σ_0, 这时 $u(\boldsymbol{x}_0,t) \neq 0$, 这

说明从 $t=d/a$ 开始, x_0 受初始扰动的影响, 此扰动在以后并不消失, 仅仅是随着 t 的无限增大而逐渐减小, 留下的是逐渐趋于零的长期后效.

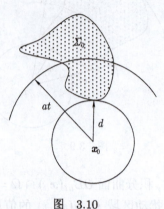

图 3.10

由此可见, 二维波传播具有长期的后效特征. 波的传播有清晰的前阵面而无后阵面. 惠更斯原理不成立, 这种现象称为**波的弥散**. 人们不能利用水面的波动传播信息, 就是因为它大体上是一个二维波, 前后信号会重叠.

3.4 混合问题 (初边值问题)

现实中的弹性体都是有界的. 由于这些物体所在的区域具有边界, 边界点的位移或受力情况会通过弹性应力对弹性体产生影响, 因此我们对波动方程既要提初始条件, 又要提边界条件, 这样就得到混合问题. 这一节我们主要利用分离变量法来求解一维混合问题. 分离变量法又名傅里叶方法、驻波法, 是偏微分方程中一个最普遍的求解混合问题的基本方法, 它不仅适用于波动方程而且也适用于热传导方程、位势方程以及某些形式更复杂的方程和方程组. 分离变量法的基本思想是: 先求出若干个 "变量分离型" 的特解, 然后作这些特解的线性组合, 再求得定解问题的解.

3.4.1 齐次波动方程的混合问题

利用边界条件齐次化、叠加原理和齐次化原理, 可以将一维波动方程混合问题的求解归结为如下混合问题:

微课视频: 分离变量法的预备知识

$$\begin{cases} u_{tt} - a^2 u_{xx} = 0, & 0 < x < l,\ t > 0, \quad (3.37) \\ u(0,t) = u(l,t) = 0, & t \geqslant 0, \quad (3.38) \\ u(x,0) = \varphi(x),\ u_t(x,0) = \psi(x), & 0 \leqslant x \leqslant l \quad (3.39) \end{cases}$$

的求解. 由式(3.37)~ 式(3.39)联立得到的混合问题描述了两端固定的弦做自由振动的物理过程. 考虑变量分离形式

$$u(x,t) = X(x)T(t) \tag{3.40}$$

的非零解. 把式(3.40)代入方程(3.37), 得 $X(x)T''(t) - a^2 X''(x)T(t) = 0$, 即

$$\frac{T''(t)}{a^2 T(t)} = \frac{X''(x)}{X(x)},$$

上式左边仅是 t 的函数, 右边仅是 x 的函数. 因此, 当且仅当左右两边都是常数时等式成立, 记此常数为 $-\lambda$(其值待定), 得到

$$T''(t) + \lambda a^2 T(t) = 0, \quad t > 0,$$

$$X''(x) + \lambda X(x) = 0, \quad 0 < x < l.$$

将式(3.40)代入边界条件(3.38)得到 $X(0)T(t) = X(l)T(t) = 0$. 由于 $u(x,t) \not\equiv 0$, 故 $T(t) \not\equiv 0$, 从而有

$$X(0) = X(l) = 0.$$

于是我们得到边值问题

$$\begin{cases} X''(x) + \lambda X(x) = 0, \\ X(0) = X(l) = 0. \end{cases} \tag{3.41}$$

定义 3.4.1 使常微分齐次边值问题(3.41)有非零解的 λ 称为**特征值**; 相应的非零特解称为对应于该特征值的**特征函数**; 全体特征函数组成**特征函数系**. 寻求齐次边值问题(3.41)的所有特征值和特征函数的问题称为**特征值问题**或**施图姆–刘维尔 (Sturm-Liouville) 问题**.

下面求解特征值问题(3.41), 对 λ 分情况讨论.

1) 当 $\lambda < 0$ 时, 方程的通解为

$$X(x) = A e^{\sqrt{-\lambda} x} + B e^{-\sqrt{-\lambda} x}.$$

代入边界条件, 得

$$X(0) = A + B = 0,$$
$$X(l) = A e^{\sqrt{-\lambda} l} + B e^{-\sqrt{-\lambda} l} = 0.$$

由此解得 $A = B = 0$. 因此 $\lambda < 0$ 时特征值问题(3.41)没有非零解.

2) 当 $\lambda = 0$ 时, 方程的通解是
$$X(x) = Ax + B,$$
代入边界条件, 得 $A = B = 0$. 因此, $\lambda = 0$ 时特征值问题(3.41)也没有非零解.

3) 当 $\lambda > 0$ 时, 方程的通解是
$$X(x) = A\cos\sqrt{\lambda}x + B\sin\sqrt{\lambda}x,$$
由边界条件 $X(0) = 0$, 知 $A = 0$. 再由 $X(l) = 0$ 得 $B\sin\sqrt{\lambda}l = 0$. 由 $X(x)$ 不恒为零, 必有 $B \neq 0$, 故需 $\sin\sqrt{\lambda}l = 0$. 于是
$$\lambda = \lambda_n = \left(\frac{n\pi}{l}\right)^2, \qquad n = 1, 2, \cdots,$$
相应的非零特解 (特征函数) 为
$$X_n(x) = \sin\frac{n\pi}{l}x, \qquad n = 1, 2, \cdots.$$

这样, 我们就求得特征值问题(3.41)的解.

与 λ_n 对应的 $T_n(t)$ 为
$$T_n(t) = A_n\cos\frac{n\pi a}{l}t + B_n\sin\frac{n\pi a}{l}t, \quad n = 1, 2, \cdots,$$
其中 A_n, B_n 为待定常数. 于是对于任何自然数 n, 变量分离形式的函数
$$u_n(x, t) = \left(A_n\cos\frac{n\pi a}{l}t + B_n\sin\frac{n\pi a}{l}t\right)\sin\frac{n\pi}{l}x$$
都满足方程(3.37)和边界条件(3.38), 但一般不满足初始条件(3.39), 故将所有特解叠加, 利用初始条件(3.39)确定 A_n, B_n. 令
$$u(x, t) = \sum_{n=1}^{\infty} u_n(x, t) = \sum_{n=1}^{\infty}\left(A_n\cos\frac{n\pi a}{l}t + B_n\sin\frac{n\pi a}{l}t\right)\sin\frac{n\pi}{l}x,$$
$$(3.42)$$
如果级数(3.42)一致收敛且对 x 和 t 逐项求导两次后得到的级数都一致收敛, 其和函数 $u(x, t)$ 将仍是方程(3.37)满足边界条件(3.38)的解. 为使 $u(x, t)$ 满足初始条件(3.39), 需要
$$u(x, 0) = \varphi(x) = \sum_{n=1}^{\infty} A_n\sin\frac{n\pi}{l}x,$$

$$u_t(x,0) = \psi(x) = \sum_{n=1}^{\infty} \frac{n\pi a}{l} B_n \sin \frac{n\pi}{l} x,$$

因此, 如果函数 $\varphi(x)$ 和 $\psi(x)$ 能在区间 $[0,l]$ 上展成傅里叶正弦级数, 那么 A_n, B_n 就由

$$\begin{cases} A_n = \dfrac{2}{l}\int_0^l \varphi(x)\sin\dfrac{n\pi}{l}x\mathrm{d}x, \\ B_n = \dfrac{2}{n\pi a}\int_0^l \psi(x)\sin\dfrac{n\pi}{l}x\mathrm{d}x \end{cases} \tag{3.43}$$

给出. 这样, 我们求出由式(3.37)～式(3.39)联立得到的混合问题级数形式的解(3.42), 其中系数 A_n, B_n 由式(3.43)确定. 在什么条件下形式解确实是古典解? 根据傅里叶级数理论我们需要对 φ 和 ψ 提出适当的光滑性条件.

> **定理 3.4.1** 若 $\varphi(x) \in C^3[0,l], \psi(x) \in C^2[0,l]$, 并且满足相容性条件
>
> $$\varphi(0) = \varphi(l) = \varphi''(0) = \varphi''(l) = \psi(0) = \psi(l) = 0,$$
>
> 则由式(3.42)、式(3.43)给出的函数 $u(x,t)$ 是由式(3.37)～式(3.39)联立得到的混合问题的古典解.

微课视频: 定理 3.4.1 的证明讲解

我们先回顾定理证明中将用到的傅里叶级数的贝塞尔(**Bessel**)不等式: 若 $f(x) \in L^2(0,l)$, 令

$$a_n = \frac{2}{l}\int_0^l f(x)\cos\frac{n\pi}{l}x\mathrm{d}x, \ n = 0\ 1, 2, \cdots,$$

$$b_n = \frac{2}{l}\int_0^l f(x)\sin\frac{n\pi}{l}x\mathrm{d}x, \ n = 1, 2, \cdots,$$

则

$$\frac{1}{2}a_0^2 + \sum_{n=1}^{\infty}(a_n^2 + b_n^2) \leqslant \frac{2}{l}\int_0^l f^2(x)\mathrm{d}x.$$

证明 对式(3.43)的 A_n 使用分部积分公式, 有

$$\begin{aligned} A_n &= \frac{2}{l}\int_0^l \varphi(x)\sin\frac{n\pi}{l}x\mathrm{d}x \\ &= -\frac{l}{n\pi}\cdot\frac{2}{l}\int_0^l \varphi(x)\mathrm{d}\cos\frac{n\pi}{l}x \\ &= \frac{l}{n\pi}\cdot\frac{2}{l}\int_0^l \varphi'(x)\cos\frac{n\pi}{l}x\mathrm{d}x. \end{aligned}$$

再使用两次分部积分，有

$$A_n = -\left(\frac{l}{n\pi}\right)^3 a_n, \quad a_n = \frac{2}{l}\int_0^l \varphi'''(x)\cos\frac{n\pi}{l}x\,\mathrm{d}x, \quad n=1,2,\cdots.$$

同理

$$B_n = -\frac{1}{a}\left(\frac{l}{n\pi}\right)^3 b_n, \quad b_n = \frac{2}{l}\int_0^l \psi''(x)\sin\frac{n\pi}{l}x\,\mathrm{d}x, \quad n=1,2,\cdots.$$

从而在 $\overline{Q} = [0,l] \times [0,+\infty)$ 上，我们有估计

$$|u_n(x,t)| \leqslant |A_n| + |B_n| = \left(\frac{l}{n\pi}\right)^3\left(|a_n| + \frac{|b_n|}{a}\right) = \frac{C_1}{n^3},$$

$$|u_{nx}(x,t)| \leqslant \frac{n\pi}{l}(|A_n|+|B_n|) = \left(\frac{l}{n\pi}\right)^2\left(|a_n| + \frac{|b_n|}{a}\right) = \frac{C_2}{n^2},$$

$$|u_{nt}(x,t)| \leqslant \frac{n\pi a}{l}(|A_n|+|B_n|) = a\left(\frac{l}{n\pi}\right)^2\left(|a_n| + \frac{|b_n|}{a}\right) = a\frac{C_2}{n^2},$$

其中 C_1, C_2 是只依赖于 $a, l, \int_0^l |\varphi'''(x)|\mathrm{d}x$ 和 $\int_0^l |\psi''(x)|\mathrm{d}x$，而与 n 无关的正常数. 同样，在 $\overline{Q}$ 上还有

$$|u_{nxx}(x,t)| \leqslant \left(\frac{n\pi}{l}\right)^2(|A_n|+|B_n|)$$

$$= \frac{l}{n\pi}\left(|a_n|+\frac{|b_n|}{a}\right) \leqslant \frac{l}{\pi}\left(\frac{2}{n^2} + a_n^2 + \frac{b_n^2}{a^2}\right),$$

$$|u_{ntt}(x,t)| \leqslant \left(\frac{n\pi a}{l}\right)^2 (|A_n|+|B_n|)$$

$$= \frac{a^2 l}{n\pi}\left(|a_n|+\frac{|b_n|}{a}\right) \leqslant \frac{a^2 l}{\pi}\left(\frac{2}{n^2} + a_n^2 + \frac{b_n^2}{a^2}\right),$$

$$|u_{nxt}(x,t)| \leqslant a\left(\frac{n\pi}{l}\right)^2 (|A_n|+|B_n|)$$

$$= \frac{al}{n\pi}\left(|a_n|+\frac{|b_n|}{a}\right) \leqslant \frac{al}{\pi}\left(\frac{2}{n^2} + a_n^2 + \frac{b_n^2}{a^2}\right),$$

由傅里叶级数的贝塞尔不等式，有

$$\sum_{n=1}^\infty a_n^2 \leqslant \frac{2}{l}\int_0^l |\varphi'''(x)|^2\mathrm{d}x, \quad \sum_{n=1}^\infty b_n^2 \leqslant \frac{2}{l}\int_0^l |\psi''(x)|^2\mathrm{d}x.$$

因此，级数

$$\sum_{n=1}^\infty u_n(x,t), \quad \sum_{n=1}^\infty \mathrm{D}u_n(x,t), \quad \sum_{n=1}^\infty \mathrm{D}^2 u_n(x,t)$$

在 $\overline{Q}$ 上一致收敛. 因此由式(3.43)所确定的函数项级数(3.42)可以逐项对 x, t 微分两次, 容易证明级数(3.42)是方程(3.37)满足边界条件(3.38)和初始条件(3.39)的解. ■

注 3.4.1　利用分离变量法求解的关键是找到一个特征函数系, 它是某个特征值问题的全部特征函数. 从上面关于由式(3.37)~式(3.39)联立得到的混合问题的求解过程可以看到, 这个特征值问题完全由齐次方程和齐次边界条件所决定. 对于其他类型的边界条件和抛物型方程也是如此.

【例 3.4.1】　求解下列定解问题:

$$\begin{cases} u_{tt} - a^2 u_{xx} = 0, & 0 < x < l,\ t > 0, \\ u(0,t) = u(l,t) = 0, & t \geqslant 0, \\ u(x,0) = \sin\dfrac{3\pi x}{l}, u_t(x,0) = x(l-x), & 0 \leqslant x \leqslant l. \end{cases}$$

解　在由式(3.37)~式(3.39)联立得到的混合问题中, 令 $\varphi(x) = \sin\dfrac{3\pi x}{l}, \psi(x) = x(l-x)$, 则该定解问题的解由式(3.42)和式(3.43)决定, 计算得

$$A_n = \frac{2}{l}\int_0^l \varphi(x)\sin\frac{n\pi x}{l}dx = \frac{2}{l}\int_0^l \sin\frac{3\pi x}{l}\sin\frac{n\pi x}{l}dx$$

$$= \begin{cases} 1, & n = 3, \\ 0, & n \neq 3. \end{cases}$$

$$B_n = \frac{2}{n\pi a}\int_0^l \psi(x)\sin\frac{n\pi x}{l}dx = \frac{2}{n\pi a}\int_0^l x(l-x)\sin\frac{n\pi x}{l}dx$$

$$= \frac{4l^3}{n^4\pi^4 a}[1 - (-1)^n].$$

故此定解问题的解为

$$u(x,t) = \cos\frac{3\pi at}{l}\sin\frac{3\pi x}{l} + \frac{4l^3}{\pi^4 a}\sum_{n=1}^{\infty}\frac{[1-(-1)^n]}{n^4}\sin\frac{n\pi at}{l}\sin\frac{n\pi x}{l}.$$

【例 3.4.2】　设 $u(x,t)$ 是下列定解问题:

$$\begin{cases} u_{tt} - 4u_{xx} = 0, & 0 < x < 1,\ t > 0, \\ u(0,t) = u(1,t) = 0, & t \geqslant 0, \\ u(x,0) = 4\sin^3\pi x, u_t(x,0) = x(1-x), & 0 \leqslant x \leqslant 1 \end{cases}$$

的解, 试求 $u(x,2)$.

解 直接计算得

$$u(x,t) = \sum_{n=1}^{\infty} (A_n \cos 2\pi nt + B_n \sin 2\pi nt) \sin n\pi x.$$

可以看出解 $u(x,t)$ 关于时间是以 1 为周期的, 所以

$$u(x,2) = \sum_{n=1}^{\infty} (A_n \cos 4\pi n + B_n \sin 4\pi n) \sin n\pi x$$

$$= \sum_{n=1}^{\infty} A_n \sin n\pi x = u(x,0) = 4\sin^3 \pi x.$$

微课视频: 分离变量法求解齐次 Neumann 边值问题

【例 3.4.3】 求解下列定解问题:

$$\begin{cases} u_{tt} - a^2 u_{xx} = 0, & 0 < x < l,\ t > 0, \\ u(0,t) = 0, u_x(l,t) = 0, & t \geqslant 0, \\ u(x,0) = x(x-2l), u_t(x,0) = 3\sin\dfrac{3\pi x}{2l}, & 0 \leqslant x \leqslant l. \end{cases}$$

解 令 $u(x,t) = X(x)T(t)$, 代入方程分离变量, 即得

$$T''(t) + \lambda a^2 T(t) = 0,\quad X''(x) + \lambda X(x) = 0.$$

由边界条件得 $X(0) = 0, X'(l) = 0$, 这样就得到特征值问题

$$\begin{cases} X''(x) + \lambda X(x) = 0, \\ X(0) = X'(l) = 0. \end{cases}$$

上述特征值问题的特征值为

$$\lambda_n = \left(n - \frac{1}{2}\right)^2 \frac{\pi^2}{l^2},\ n = 1, 2, \cdots,$$

而相应的特征函数是

$$X_n(x) = \sin\left(n - \frac{1}{2}\right)\frac{\pi}{l}x,\ n = 1, 2, \cdots.$$

方程 $T''(t) + \lambda_n a^2 T(t) = 0$ 的通解为

$$T_n(t) = a_n \cos\left(n - \frac{1}{2}\right)\frac{\pi at}{l} + b_n \sin\left(n - \frac{1}{2}\right)\frac{\pi at}{l}.$$

于是所求定解问题的解可以表示为

$$u(x,t) = \sum_{n=1}^{\infty} \left(a_n \cos\left(n - \frac{1}{2}\right) \frac{\pi a t}{l} + b_n \sin\left(n - \frac{1}{2}\right) \frac{\pi a t}{l} \right) \sin\left(n - \frac{1}{2}\right) \frac{\pi x}{l}.$$

利用初始条件得

$$a_n = \frac{2}{l} \int_0^l x(x - 2l) \sin\left(n - \frac{1}{2}\right) \frac{\pi x}{l} \mathrm{d}x = \frac{-32 l^2}{(2n-1)^3 \pi^3},$$

$$b_n = \frac{4}{(2n-1)\pi a} \int_0^l 3 \sin\frac{3\pi x}{2l} \sin\left(n - \frac{1}{2}\right) \frac{\pi x}{l} \mathrm{d}x = \begin{cases} 0, & n \neq 2, \\ \dfrac{2l}{\pi a}, & n = 2. \end{cases}$$

于是得到所求问题的解为

$$u(x,t) = \frac{2l}{\pi a} \sin\frac{3\pi a t}{2l} \sin\frac{3\pi x}{2l} - \sum_{n=1}^{\infty} \frac{32 l^2}{(2n-1)^3 \pi^3} \cos\left(n - \frac{1}{2}\right) \frac{\pi a t}{l} \sin\left(n - \frac{1}{2}\right) \frac{\pi x}{l}.$$

3.4.2 非齐次波动方程的混合问题

现在讨论非齐次方程的混合问题

$$\begin{cases} u_{tt} - a^2 u_{xx} = f(x,t), & 0 < x < l,\ t > 0, \\ u(0,t) = u(l,t) = 0, & t \geqslant 0, \\ u(x,0) = \varphi(x),\ u_t(x,0) = \psi(x), & 0 \leqslant x \leqslant l. \end{cases} \quad (3.44)$$

根据叠加原理和齐次化原理可以得到非齐次混合问题(3.44)的解. 首先, 讨论如下定解问题:

$$\begin{cases} u_{tt} - a^2 u_{xx} = f(x,t), & 0 < x < l,\ t > 0, \\ u(0,t) = u(l,t) = 0, & t \geqslant 0, \\ u(x,0) = 0,\ u_t(x,0) = 0, & 0 \leqslant x \leqslant l. \end{cases} \quad (3.45)$$

由式(3.42)和式(3.43)可求得下面混合问题:

$$\begin{cases} w_{tt} - a^2 w_{xx} = 0, & 0 < x < l, t > \tau, \\ w|_{x=0} = 0,\ w|_{x=l} = 0, & t \geqslant \tau, \\ w|_{t=\tau} = 0,\ w_t|_{t=\tau} = f(x,\tau), & 0 \leqslant x \leqslant l \end{cases}$$

的解为

$$w(x,t;\tau) = \sum_{n=1}^{\infty} \frac{l}{n\pi a} f_n(\tau) \sin \frac{n\pi a}{l}(t-\tau) \sin \frac{n\pi}{l}x,$$

其中

$$f_n(\tau) = \frac{2}{l} \int_0^l f(x,\tau) \sin \frac{n\pi}{l} x \mathrm{d}x.$$

由齐次化原理可以得到问题(3.45)的解为

$$u(x,t) = \sum_{n=1}^{\infty} \frac{l}{n\pi a} \int_0^t f_n(\tau) \sin \frac{n\pi a}{l}(t-\tau) \mathrm{d}\tau \sin \frac{n\pi}{l}x.$$

由叠加原理, 便可以得到混合问题(3.44)的解.

下面采用另外一种常用的方法——**特征函数展开法**求解非齐次问题(3.44). 非齐次问题(3.44)与由式(3.37)~ 式(3.39)联立得到的齐次问题有相同的边界条件, 受常微分方程中常数变易法的启发, 我们猜想非齐次问题(3.44)的解 $u(x,t)$ 也是关于特征函数系 $\left\{\sin \frac{n\pi}{l}x\right\}$ $(n=1,2,\cdots)$ 的展开式, 即

$$u(x,t) = \sum_{n=1}^{\infty} T_n(t) \sin \frac{n\pi}{l}x. \tag{3.46}$$

其中, $T_n(t)$ 是傅里叶系数. 显然, 式(3.46)中的 $u(x,t)$ 满足问题(3.44)中的齐次边界条件, 下面我们需要确定 $T_n(t)$, 使 $u(x,t)$ 满足(3.44)中的方程和初始条件. 为此, 将 $f(x,t)$, $\varphi(x)$ 和 $\psi(x)$ 都按特征函数系 $\left\{\sin \frac{n\pi}{l}x\right\}$ $(n=1,2,\cdots)$ 展开, 得到

$$f(x,t) = \sum_{n=1}^{\infty} f_n(t) \sin \frac{n\pi}{l}x, \quad f_n(t) = \frac{2}{l} \int_0^l f(x,t) \sin \frac{n\pi}{l} x \mathrm{d}x,$$

$$\varphi(x) = \sum_{n=1}^{\infty} \varphi_n \sin \frac{n\pi}{l}x, \quad \varphi_n = \frac{2}{l} \int_0^l \varphi(x) \sin \frac{n\pi}{l} x \mathrm{d}x,$$

$$\psi(x) = \sum_{n=1}^{\infty} \psi_n \sin \frac{n\pi}{l}x, \quad \psi_n = \frac{2}{l} \int_0^l \psi(x) \sin \frac{n\pi}{l} x \mathrm{d}x,$$

这里 $n=1,2,\cdots$. 把式 (3.46) 和上面的展开式代入问题(3.44)中的方程和初始条件, 得到

$$\sum_{n=1}^{\infty} \left[T_n''(t) + \left(\frac{n\pi a}{l}\right)^2 T_n(t)\right] \sin \frac{n\pi}{l}x = \sum_{n=1}^{\infty} f_n(t) \sin \frac{n\pi}{l}x,$$

$$\sum_{n=1}^{\infty} T_n(0) \sin \frac{n\pi}{l} x = \sum_{n=1}^{\infty} \varphi_n \sin \frac{n\pi}{l} x,$$

$$\sum_{n=1}^{\infty} T_n'(0) \sin \frac{n\pi}{l} x = \sum_{n=1}^{\infty} \psi_n \sin \frac{n\pi}{l} x.$$

可知 $T_n(t)$ 满足

$$\begin{cases} T_n''(t) + \left(\dfrac{n\pi a}{l}\right)^2 T_n(t) = f_n(t), \\ T_n(0) = \varphi_n, \quad T_n'(0) = \psi_n. \end{cases}$$

上述问题是一个二阶线性非齐次常微分方程, 可以通过如下齐次化原理 (常数变易法) 进行求解.

引理 3.4.1 设 $\tau \geqslant 0$, $w(t;\tau)$ 是齐次方程初值问题

$$\begin{cases} w'' + bw' + cw = 0, \quad t > \tau, \\ w|_{t=\tau} = 0, \quad w'|_{t=\tau} = f(\tau) \end{cases}$$

的解, 那么函数

$$z(t) = \int_0^t w(t-\tau;\tau) \mathrm{d}\tau$$

是初值问题

$$\begin{cases} z'' + bz' + cz = f, \\ z(0) = 0, \quad z'(0) = 0 \end{cases}$$

的解.

由叠加原理和引理 3.4.1 推出

$$\begin{aligned} T_n(t) = & \varphi_n \cos \frac{n\pi a}{l} t + \frac{l}{n\pi a} \psi_n \sin \frac{n\pi a}{l} t + \\ & \frac{l}{n\pi a} \int_0^t f_n(\tau) \sin \frac{n\pi a}{l}(t-\tau) \mathrm{d}\tau. \end{aligned} \quad (3.47)$$

把式(3.47)代回式(3.46), 这样我们得到非齐次问题(3.44)的形式解为

$$\begin{aligned} u(x,t) = & \sum_{n=1}^{\infty} \left(\varphi_n \cos \frac{n\pi a}{l} t + \frac{l}{n\pi a} \psi_n \sin \frac{n\pi a}{l} t \right) \sin \frac{n\pi}{l} x + \\ & \sum_{n=1}^{\infty} \frac{l}{n\pi a} \int_0^t f_n(\tau) \sin \frac{n\pi a}{l}(t-\tau) \mathrm{d}\tau \cdot \sin \frac{n\pi}{l} x. \end{aligned} \quad (3.48)$$

上式等号右端第一项是初始扰动贡献的, 第二项是弦受到的外力贡献的.

为保证由式(3.48)定义的函数 $u(x,t)$ 确实是问题(3.44)的古典解, 我们给出下列充分性条件.

定理 3.4.2 若 $\varphi(x) \in C^3[0,l]$, $\psi(x) \in C^2[0,l]$, $f(x,t) \in C^2([0,l] \times [0,+\infty))$ 并且满足相容性条件

$$\varphi(0) = \varphi(l) = 0, \quad \psi(0) = \psi(l) = 0,$$

$$a^2\varphi''(0) + f(0,0) = a^2\varphi''(l) + f(l,0) = 0,$$

则级数(3.48)确实是非齐次初边值问题(3.44)的古典解.

【例 3.4.4】 求解定解问题

$$\begin{cases} u_{tt} - u_{xx} = \dfrac{1}{2}xt, & 0 < x < \pi,\ t > 0, \\ u(0,t) = u_x(\pi,t) = 0, & t \geqslant 0, \\ u(x,0) = \sin\dfrac{x}{2},\ u_t(x,0) = 0, & 0 \leqslant x \leqslant \pi. \end{cases}$$

解 根据前面的分析, 可知与该问题对应的特征值问题是

$$\begin{cases} X''(x) + \lambda X(x) = 0, \\ X(0) = X'(\pi) = 0. \end{cases}$$

由例 3.4.3 可知, 特征函数系是 $\{\sin \alpha_n x\}(n = 1, 2, \cdots)$, 其中 $\alpha_n = n - \dfrac{1}{2}$. 把函数 $\varphi(x) = \sin\dfrac{x}{2}, \psi(x) = 0$ 和 $f(x,t) = \dfrac{1}{2}xt$ 关于 x 按特征函数系 $\{\sin \alpha_n x\}_{n=1}^\infty$ 展开, 可以算出 $\varphi_1 = 1, \varphi_n = 0, n \geqslant 2$ 以及

$$\psi_n = 0, \quad f_n(t) = \dfrac{(-1)^{n-1}}{\pi \alpha_n^2} t, \quad n = 1, 2, \cdots.$$

类似于式(3.48), 计算得

$$u(x,t) = \cos\dfrac{t}{2}\sin\dfrac{x}{2} + \sum_{n=1}^\infty \dfrac{(-1)^{n-1}}{\pi \alpha_n^4}\left(t - \dfrac{\sin \alpha_n t}{\alpha_n}\right)\sin \alpha_n x.$$

【例 3.4.5】 求解下列定解问题:

$$\begin{cases} u_{tt} = a^2 u_{xx} + \sin\dfrac{2\pi x}{l}\cos\dfrac{2\pi x}{l}, & 0 < x < l,\ t > 0, \\ u(0,t) = 3,\ u(l,t) = 6, & t \geqslant 0, \\ u(x,0) = 3\left(1+\dfrac{x}{l}\right),\ u_t(x,0) = \sin\dfrac{4\pi x}{l}, & 0 \leqslant x \leqslant l. \end{cases}$$

解 首先将非齐次边界条件齐次化,可设

$$u(x,t) = v(x,t) + w(x,t),$$

其中

$$w(x,t) = 3 + \frac{x}{l}(6-3) = 3\left(1+\frac{x}{l}\right),$$

则 $v(x,t)$ 满足

$$\begin{cases} v_{tt} = a^2 v_{xx} + \sin\dfrac{2\pi x}{l}\cos\dfrac{2\pi x}{l}, & 0 < x < l, t > 0, \\ v(0,t) = 0, v(l,t) = 0, & t \geqslant 0, \\ v(x,0) = 0, v_t(x,0) = \sin\dfrac{4\pi x}{l}, & 0 \leqslant x \leqslant l. \end{cases}$$

由式(3.48)得到

$$v(x,t) = \sum_{n=1}^{\infty} \frac{l}{n\pi a}\left(\psi_n \sin\frac{n\pi a}{l}t + \int_0^t f_n(\tau)\sin\frac{n\pi a}{l}(t-\tau)\mathrm{d}\tau\right)\sin\frac{n\pi}{l}x,$$

其中 ψ_n, f_n 由下式给出:

$$\psi_n = \frac{2}{l}\int_0^l \sin\frac{4\pi x}{l}\sin\frac{n\pi x}{l}\mathrm{d}x = \begin{cases} 0, & n \neq 4, \\ 1, & n = 4, \end{cases}$$

$$f_n = \frac{2}{l}\int_0^l \sin\frac{2\pi x}{l}\cos\frac{2\pi x}{l}\sin\frac{n\pi x}{l}\mathrm{d}x = \begin{cases} 0, & n \neq 4, \\ \dfrac{1}{2}, & n = 4. \end{cases}$$

因此

$$v(x,t) = \frac{l^2}{32\pi^2 a^2}\left(1 - \cos\frac{4\pi at}{l}\right)\sin\frac{4\pi x}{l} + \frac{l}{4\pi a}\sin\frac{4\pi at}{l}\sin\frac{4\pi x}{l}.$$

因此,原问题的解为

$$u(x,t) = \frac{l^2}{32\pi^2 a^2}\left(1 - \cos\frac{4\pi at}{l}\right)\sin\frac{4\pi x}{l} + \frac{l}{4\pi a}\sin\frac{4\pi at}{l}\sin\frac{4\pi x}{l} + 3\left(1+\frac{x}{l}\right).$$

3.4.3 * 施图姆–刘维尔特征值问题

由前面的讨论可知, 分离变量法的重要一步是解特征值问题. 对一般的特征值问题, 自然要问: 特征值和特征函数是否存在? 特征函数系是否构成某函数空间的完备正交系? 问题中涉及的函数能否按特征函数系展开? 对三角函数系, 傅里叶级数理论对这些问题给出了肯定的回答. 对一般的双曲型方程的混合问题, 分离变量法的过程导出了线性变系数常微分方程的特征值问题, 也称为施图姆–刘维尔特征值问题, 它同样给出了肯定的回答.

考虑如下含参数 λ 的二阶线性常微分方程边值问题

$$\begin{cases} [p(x)X'(x)]' - q(x)X(x) + \lambda\rho(x)X(x) = 0, & 0 < x < l, \\ a_1 X(0) - a_2 X'(0) = 0, \\ b_1 X(l) + b_2 X'(l) = 0, \end{cases}$$
(3.49)

其中 λ 是常数, $p(x) \in C[0,l]$, $q(x), \rho(x) \in C[0,l]$, 且 $p(x), \rho(x)$ 和 $q(x)$ 在区间 $[0,l]$ 上为正值函数, $a_i, b_i (i=1,2)$ 都是实数, $a_i^2 + b_i^2 \neq 0, i = 1, 2$, 称问题(3.49)为**施图姆–刘维尔特征值问题**, 简称 S-L 问题. 问题 (3.49) 中的方程通常称为施图姆–刘维尔方程. 可以看出 $X = 0$ 一定是它的解 (平凡解). 现在的问题: 是否存在参数 λ, 使得 S-L 问题有非零解? 而使得 S-L 问题有非零解的参数 λ 称为**特征值**, 相应的非平凡解称为与特征值 λ 对应的**特征函数**.

对于施图姆–刘维尔问题(3.49), 我们有如下的结论:

(1) (特征函数空间一维性) 若 X_1 与 X_2 是对应于同一个特征值的特征函数, 则存在非零常数 C 使 $X_1 = CX_2$;

(2) (加权正交性) 若 X_i 与 X_j 分别是对应于特征值 λ_i 和 $\lambda_j (i \neq j)$ 的特征函数, 则它们在 $[0,l]$ 上加权 $\rho(x)$ 正交, 即

$$\int_0^l \rho(x) X_i(x) X_j(x) \mathrm{d}x = 0.$$

(3) 存在可数个实特征值 $\lambda_1, \lambda_2, \cdots$, 使得

$$\lambda_1 < \lambda_2 < \cdots < \lambda_k < \cdots, \lim_{k \to \infty} \lambda_k = \infty,$$

且与特征值 λ_k 对应的特征函数 $X_k(x)$ 可以这样选取, 使得

$$\int_0^l \rho(x) X_k^2(x) \mathrm{d}x = 1.$$

特征函数 $X_k(x)(k = 1, 2, \cdots)$ 的全体构成一个完备正交函数系.

(4) 特征值问题

$$\begin{cases} u'' + \lambda u = 0, & 0 < x < l, \\ -\alpha_1 u'(0) + \beta_1 u(0) = 0, \ \alpha_2 u'(l) + \beta_2 u(l) = 0, \\ \alpha_i, \beta_i \geqslant 0, \ \alpha_i + \beta_i > 0, & i = 1, 2 \end{cases}$$

的所有特征值都是非负实数，且当 $\beta_1 + \beta_2 > 0$ 时，所有特征值都是正的.

【例 3.4.6】 求解特征值问题

$$\begin{cases} u'' + \lambda u = 0, & 0 < x < l, \\ u(0) = 0, u'(l) + \sigma u(l) = 0, \end{cases}$$

其中常数 $\sigma > 0$.

解 易得 $\lambda \leqslant 0$ 不是特征值. 记 $\lambda = \beta^2, \beta > 0$, 则方程的通解是

$$u(x) = A\cos\beta x + B\sin\beta x.$$

利用边界条件 $u(0) = 0$, 可以推出 $A = 0$. 利用边界条件 $u'(l) + \sigma u(l) = 0$ 可以推知，要使 $u(x)$ 是非零解，必须有

$$\beta\cos\beta l + \sigma\sin\beta l = 0.$$

由此解出 $\tan\beta l = -\beta/\sigma$. 记 $\gamma = \beta l$, 则有

$$\tan\gamma = -\frac{1}{\sigma l}\gamma.$$

该方程的根就是曲线 $y_1 = \tan\gamma$ 与直线 $y_2 = -\frac{1}{\sigma l}\gamma$ 交点的横坐标. 它们有无穷多个交点，从而方程 $\tan\gamma = -\frac{1}{\sigma l}\gamma$ 有无穷多个根. 因为它的正根与负根相对称，因此可以只考虑它的正根. 记它的正根依次为

$$\gamma_1, \gamma_2, \cdots, \gamma_n, \cdots,$$

这样就得到了特征值问题的全部特征值为

$$\lambda_n = \beta_n^2 = \frac{\gamma_n^2}{l^2}, \ n = 1, 2, \cdots,$$

相对应的特征函数是

$$u_n(x) = \sin\beta_n x = \sin\sqrt{\lambda_n}\,x, \ n = 1, 2, \cdots.$$

对于二阶方程的特征值问题

$$\begin{cases} u'' + \lambda u = 0, & 0 < x < l, \\ x = 0 \text{ 及 } x = l \text{ 处的边界条件}. \end{cases}$$

我们列出下面的各种边界条件下的全部特征值和对应的特征函数:

(1) 边界条件是 $u(0) = u(l) = 0$ 时, 特征值 $\lambda_n = \left(\dfrac{n\pi}{l}\right)^2$, 特征函数 $u_n(x) = \sin\dfrac{n\pi x}{l}$;

(2) 边界条件是 $u(0) = u'(l) = 0$ 时, 特征值 $\lambda_n = \left(n - \dfrac{1}{2}\right)^2 \dfrac{\pi^2}{l^2}$, 特征函数 $u_n(x) = \sin\left(n - \dfrac{1}{2}\right)\dfrac{\pi}{l}x$;

(3)] 边界条件是 $u'(0) = u(l) = 0$ 时, 特征值 $\lambda_n = \left(n - \dfrac{1}{2}\right)^2 \dfrac{\pi^2}{l^2}$, 特征函数 $u_n(x) = \cos\left(n - \dfrac{1}{2}\right)\dfrac{\pi}{l}x$;

(4) 边界条件是 $u'(0) = u'(l) = 0$ 时, 特征值 $\lambda_n = \left(\dfrac{n\pi}{l}\right)^2$, 特征函数 $u_n(x) = \cos\dfrac{n\pi x}{l}$;

(5) 边界条件是 $u(0) = u(l)$, $u'(0) = u'(l)$ 时, 特征值 $\lambda_n = \left(\dfrac{n\pi}{l}\right)^2$, 特征函数 $u_n(x) = \left\{\sin\dfrac{n\pi x}{l}, \cos\dfrac{n\pi x}{l}\right\}$;

(6) 边界条件是 $u(0) = u'(l) + \sigma u(l) = 0$ 时, 特征值 $\lambda_n = \left(\dfrac{\gamma_n}{l}\right)^2$, 特征函数 $u_n(x) = \sin\dfrac{\gamma_n x}{l}$, 其中 γ_n 是方程 $\tan\gamma = -\dfrac{\gamma}{\sigma l}$ 的第 n 个正根, 常数 $\sigma > 0$;

(7) 边界条件是 $u'(0) = u'(l) + \sigma u(l) = 0$ 时, 特征值 $\lambda_n = \left(\dfrac{\gamma_n}{l}\right)^2$, 特征函数 $u_n(x) = \cos\dfrac{\gamma_n x}{l}$, 其中 γ_n 是方程 $\cot\gamma = \dfrac{\gamma}{\sigma l}$ 的第 n 个正根, 常数 $\sigma > 0$;

(8) 边界条件是 $u'(0) - \sigma u(0) = u(l) = 0$ 时, 特征值 $\lambda_n = \left(\dfrac{\gamma_n}{l}\right)^2$, 特征函数 $u_n(x) = \dfrac{\gamma_n}{\sigma l}\cos\dfrac{\gamma_n x}{l} + \sin\dfrac{\gamma_n x}{l}$, 其中 γ_n 是方程 $\tan\gamma = -\dfrac{\gamma}{\sigma l}$ 的第 n 个正根, 常数 $\sigma > 0$;

(9) 边界条件是 $u'(0) - \sigma u(0) = u'(l) = 0$ 时, 特征值 $\lambda_n = \left(\dfrac{\gamma_n}{l}\right)^2$, 特征函数 $u_n(x) = \dfrac{\gamma_n}{\sigma l}\cos\dfrac{\gamma_n x}{l} + \sin\dfrac{\gamma_n x}{l}$, 其中 γ_n 是方程 $\cot\gamma = \dfrac{\gamma}{\sigma l}$ 的第 n 个正根, 常数 $\sigma > 0$;

(10) 边界条件是 $u'(0) - \sigma_1 u(0) = u'(l) + \sigma_2 u(l) = 0$ 时, 特

征值 $\lambda_n = \left(\frac{\gamma_n}{l}\right)^2$,特征函数 $u_n(x) = \frac{\gamma_n}{\sigma_1 l}\cos\frac{\gamma_n x}{l} + \sin\frac{\gamma_n x}{l}$,其中 γ_n 是方程

$$\cot\gamma = \frac{1}{(\sigma_1+\sigma_2)l}\left(\gamma - \frac{\sigma_1\sigma_2 l^2}{\gamma}\right)$$

的第 n 个正根,常数 $\sigma_1, \sigma_2 > 0$.

值得注意的是,只有第 (4) 和第 (5) 两种情况,$\lambda_0 = 0$ 是特征值,n 从 0 开始计数. 其他情况,n 都是从 1 开始计数. 但对于周期边界条件,当 $n=0$ 时,$\sin\frac{n\pi x}{l} = 0$,它不是特征函数.

3.4.4 二维波动方程的混合问题

二维波动方程的混合问题也可用分离变量法求解. 考虑均匀薄膜只有初始速度的自由振动,假设薄膜的固定边界为边长为 l, h 的矩形,且振动是微小的. 相应的二维波动方程的混合问题可表示为

$$\begin{cases} u_{tt} - a^2(u_{xx} + u_{yy}) = 0, & 0 < x < l, 0 < y < h, t > 0, \\ u(0,y,t) = u(l,y,t) = 0, & 0 \leqslant y \leqslant h, t \geqslant 0, \\ u(x,0,t) = u(x,h,t) = 0, & 0 \leqslant x \leqslant l, t \geqslant 0, \\ u(x,y,0) = 0, u_t(x,y,0) = \psi(x,y), & 0 \leqslant x \leqslant l, 0 \leqslant y \leqslant h. \end{cases}$$
(3.50)

设问题有分离变量形式的解 $u(x,y,t) = V(x,y)T(t)$,代入式(3.50)中的方程并分离变量得

$$T''(t) + a^2\lambda T(t) = 0, \tag{3.51}$$

$$V_{xx} + V_{yy} + \lambda V = 0, \quad V|_\Gamma = 0, \tag{3.52}$$

这里,Γ 是矩形的边界. 对 $V(x,y)$ 继续分离变量,令 $V(x,y) = X(x)Y(y)$,代入式(3.52)得

$$X''Y + XY'' + \lambda XY = 0.$$

将上式变量分离,得

$$\frac{X''}{X} = -\frac{Y'' + \lambda Y}{Y} = -\mu,$$

其中 μ 是另一个待定常数. 结合式(3.52)中的边界条件得到两个特征值问题

$$\begin{cases} X'' + \mu X = 0, \\ X(0) = X(l) = 0, \end{cases} \quad \begin{cases} Y'' + (\lambda-\mu)Y = 0, \\ Y(0) = Y(h) = 0. \end{cases}$$

它们的特征值和特征函数分别为

$$\mu_k = \left(\frac{k\pi}{l}\right)^2, \quad X_k = \sin\frac{k\pi}{l}x,$$

$$\lambda_{km} - \mu_k = \left(\frac{m\pi}{h}\right)^2, \quad Y_m = \sin\frac{m\pi}{h}y,$$

这里 $k, m = 1, 2, \cdots$. 所以, 特征值问题(3.52)的特征值和特征函数为

$$\lambda_{km} = \pi^2\left(\left(\frac{k}{l}\right)^2 + \left(\frac{m}{h}\right)^2\right), \quad V_{km}(x,y) = \sin\frac{k\pi}{l}x \sin\frac{m\pi}{h}y.$$

注意, 当 l 和 h 可通约时, 即存在整数 p 和 q 使 $pl = qh$ 时, 特征值 λ_{km} 会有两个或多个不同的特征函数, 这时称特征值 λ_{km} 是**多重的**或**简并的**. 对简并的情况讨论要略微复杂一些, 在此不再赘述. 当 l 和 h 不可通约时, 可以得到方程(3.51)的相应解为

$$T_{km}(t) = A_{km} \cos a\sqrt{\lambda_{km}}t + B_{km} \sin a\sqrt{\lambda_{km}}t.$$

由此, 得到问题(3.50)的形式解

$$u(x,y,t) = \sum_{k,m=1}^{\infty} \left(A_{km} \cos a\sqrt{\lambda_{km}}t + B_{km} \sin a\sqrt{\lambda_{km}}t\right) \sin\frac{k\pi}{l}x \sin\frac{m\pi}{h}y. \tag{3.53}$$

为了确定系数 A_{km} 和 B_{km}, 令 u 满足初始条件, 有

$$\begin{cases} \sum_{k,m=1}^{\infty} A_{km} \sin\frac{k\pi}{l}x \sin\frac{m\pi}{h}y = 0, \\ \sum_{k,m=1}^{\infty} a\sqrt{\lambda_{km}}B_{km} \sin\frac{k\pi}{l}x \sin\frac{m\pi}{h}y = \psi(x,y). \end{cases}$$

由此解得

$$\begin{cases} A_{km} = 0, \\ B_{km} = \dfrac{4}{alh\sqrt{\lambda_{km}}} \displaystyle\int_0^h\!\!\int_0^l \psi(\xi,\eta) \sin\frac{k\pi}{l}\xi \sin\frac{m\pi}{h}\eta \mathrm{d}\xi \mathrm{d}\eta, \end{cases} \tag{3.54}$$

其中 $k, m = 1, 2, \cdots$.

不难证明: 当 $\psi(x,y) \in C^2([0,l] \times [0,h])$, 且

$$\psi(x,0) = \psi(x,h) = \psi(0,y) = \psi(l,y) = 0, \quad x \in [0,l], y \in [0,h]$$

时, 由式(3.53)和式(3.54)确定的函数 $u(x,y,t) \in C^2([0,l] \times [0,h] \times [0,+\infty))$ 是问题(3.50)的解.

3.4.5 物理意义，驻波法

分离变量法有明显的物理意义，我们以式(3.37)~式(3.39)联立的两端固定的一维弦振动方程的混合问题为例加以说明. 把级数(3.42)的每一项 $u_n, (n = 1, 2, \cdots)$ 改写成

$$u_n(x,t) = N_n \sin \frac{n\pi}{l} x \sin \left(\frac{n\pi a}{l} t + \alpha_n \right),$$

其中 $N_n = \sqrt{A_n^2 + B_n^2}$, $\alpha_n = \arctan \frac{B_n}{A_n}$. $u_n(x,t)$ 称为弦的**振动元素**, 描述了弦上一点 x 所做的振幅 $a_n = \left| N_n \sin \frac{n\pi}{l} x \right|$, 频率 $\omega_n = \frac{n\pi a}{l}$, 初位相为 α_n 的简谐振动. 就整个弦来说, $u_n(x,t)$ 在 $x = \frac{ml}{n}$ $(m = 0, 1, 2, \cdots, n)$ 处的振幅 $a_n = 0$, 称这些点为**波节**, 波节共有 $n + 1$ 个. 而当 $x = \frac{(2m+1)l}{2n}$ $(m = 0, 1, 2, \cdots, n - 1)$ 时, 振幅 $a_n = N_n$ 达到最大, 称这些点为**波腹**, 波腹共有 n 个. 弦的这种形式的运动称为**驻波**, 式(3.37)~式(3.39)联立的混合问题的解 $u(x,t)$ 就是这些驻波 $u_n(x,t)$ 的叠加, 因而分离变量法也称为**驻波法**.

驻波没有波形的传播现象, 各点按照同一方式随时间 t 振动, 可统一表示为 $T(t)$, 但各点的振幅随点 x 而异, 即振幅是 x 的函数. 这样, 驻波的一般形式可表示为

$$u(x,t) = X(x)T(t).$$

正因如此, 可采用分离变量法求解弦振动方程混合问题.

下面利用一维弦振动方程混合问题的结论来解释弦乐器（小提琴、琵琶、吉他、二胡等）的演奏原理. 解 $u(x,t) = \sum_{n=1}^{\infty} u_n(x,t)$ 表示乐器发出的声音. 弦的**基音**是由最低频率 $\omega_1 = \frac{a\pi}{l} = \frac{\pi}{l}\sqrt{T/\rho}$ (T 表示张力, ρ 表示密度) 所对应的第一个"单音" $u_1(x,t)$ 确定. 一般来说, 振动元素 $u_1(x,t)$ 的最大振幅 $N_1 = \sqrt{A_1^2 + B_1^2}$ 通常要比振动元素 $u_n(x,t)$ 的最大振幅 $N_n = \sqrt{A_n^2 + B_n^2} (n \geqslant 2)$ 大很多, 因此它决定了声音的音调. 在发出基音的同一时刻, 弦所发出的其余的"单音" $u_n(x,t)(n \geqslant 2)$ 称为**泛音**, 它们构成声音的音色.

不同的弦乐器演奏同一首曲子时, 虽然音调是相同的, 但音乐声却是不同的. 这是因为它们虽然有相同的基音频率, 却具有

不同的泛音, 这就产生了音色的差异. 当用手指按住弦线的不同部位, 这样受振动的弦的长度变小, 基音频率 $\omega_1 = \dfrac{\pi}{l}\sqrt{T/\rho}$ 就增大, 音调也随之升高. 另外, 也可通过拧紧或拧松弦线的方法来调整弦的音调. 当拧紧弦线时, 弦的张力 T 增大, 弦的音调就变高; 当拧松弦线时, 弦的张力 T 变小, 弦的音调就变低. 此外弦乐器上有好几根长度相同而粗细不同的弦, 从弦的基音频率的表达式来看, 由于粗弦的密度大, 基音频率就小, 音调低; 细弦的密度小, 基音频率就大, 音调高. 从上面的分析我们可以初步理解弦乐器的演奏原理.

由分离变量法得到的混合问题(3.44) 的解(3.48), 我们还可以解释物理学中的强迫振动下所产生**共振现象**. 考虑混合问题

$$\begin{cases} u_{tt} - a^2 u_{xx} = A(x)\sin\omega t, & 0 < x < l, t > 0, \\ u(0,t) = u(l,t) = 0, & t \geqslant 0, \\ u(x,0) = 0,\ u_t(x,0) = 0, & 0 \leqslant x \leqslant l, \end{cases}$$

其中 ω 是一个正常数, 函数 $A(x) \in C[0,l]$ 满足 $A(0) = A(l) = 0$. 由解的表达式(3.48)知

$$u(x,t) = \sum_{n=1}^{\infty} \sin\frac{n\pi}{l}x \left[\frac{l}{n\pi a}\int_0^t f_n(\tau)\sin\frac{n\pi a}{l}(t-\tau)\mathrm{d}\tau\right]$$

$$= \sum_{n=1}^{\infty} \frac{a_n}{\omega_n}\sin\frac{n\pi}{l}x \int_0^t \sin\omega\tau \sin\omega_n(t-\tau)\mathrm{d}\tau,$$

其中

$$\omega_n = \frac{n\pi a}{l}, \quad a_n = \frac{2}{l}\int_0^l A(x)\sin\frac{n\pi}{l}x\mathrm{d}x.$$

当 $\omega \neq \omega_n (n = 1, 2, \cdots)$ 时,

$$u(x,t) = \sum_{n=1}^{\infty} \frac{a_n}{\omega_n(\omega^2 - \omega_n^2)}(\omega\sin\omega_n t - \omega_n\sin\omega t)\sin\frac{n\pi}{l}x.$$

显然上面级数是一致有界的.

当存在某个 $k \in \mathbb{Z}$ 使得 $\omega = \omega_k$ 时, 则

$$u(x,t) = \sum_{n \neq k}^{\infty} \frac{a_n}{\omega_n(\omega_k^2 - \omega_n^2)}(\omega_k\sin\omega_n t - \omega_n\sin\omega_k t)\sin\frac{n\pi}{l}x +$$

$$\frac{a_k}{2\omega_k^2}(\sin\omega_k t - t\omega_k\cos\omega_k t)\sin\frac{k\pi}{l}x.$$

此时, 上式等式右端的级数是一致有界的, 而当选取 $A(x)$ 使得 $a_k \neq 0$ 时, 对应于固有频率 ω_k 的第 k 个振动元素 $u_k(x,t)$ 的振幅可以随时间一起无限增大, 这就是物理上的共振现象. 这表示一根两端固定的弦在一个周期外力的作用下做强迫振动, 如果周期外力的频率与弦的某个固有频率相等, 那么弦将产生共振, 弦的一些点的振幅将随着时间的增大而趋于无穷, 这必然在某一时刻导致弦的断裂.

3.5 能量法与波动方程解的适定性

本节我们主要利用**能量积分法** (简称能量法) 来研究波动方程定解问题解的唯一性、稳定性. 能量积分的思想来源于物理学, 利用波传播过程中的能量守恒或者能量衰减的关系建立能量等式或能量不等式, 用它们分别证明不同定解问题解的唯一性和稳定性. 能量法是偏微分方程研究的基本方法之一, 同样适用于热传导方程和位势方程.

波动方程的能量可用积分形式表示, 我们以弦振动方程为例来建立能量积分, 高维情形与一维情形无本质区别. 考虑在 $[0,l]$ 上的弦的微小横振动. 在微弦段 $[x, x+\mathrm{d}x]$ 上, 该微弦段的质量为 $\rho \mathrm{d}x$, 速度为 u_t, 所以它具有动能为

$$\frac{1}{2}\rho u_t^2 \mathrm{d}x.$$

该微弦段在舍去高阶无穷小量后伸长的长度为 $\left(\sqrt{1+u_x^2}-1\right)\mathrm{d}x \approx \frac{1}{2}u_x^2 \mathrm{d}x$, 所以它具有的位能为

$$\frac{1}{2}T u_x^2 \mathrm{d}x.$$

当边界上具有弹性支承, 即边界条件为

$$(u_x - \sigma u)|_{x=0} = 0, \quad (u_x + \sigma u)|_{x=l} = 0$$

时, 在考虑总能量时, 必须把弹性支承的位能考虑进去. 由胡克定律易知, 弹性系数为 k 的弹性支承在形变为 u 时的位能为 $\frac{1}{2}ku^2$. 因此, 在两端点处弹性支承的位能为

$$\frac{1}{2}k\left(u^2(0,t) + u^2(l,t)\right).$$

注意到 $a^2 = T/\rho$, $\sigma = k/T$, 若不计常数因子 ρ, 弦在不受外力作用时, 在时刻 t 具有的总能量为

$$E(t) = \frac{1}{2}\int_0^l \left(u_t^2 + a^2 u_x^2\right) \mathrm{d}x + \frac{1}{2}a^2\sigma\left(u^2(0,t) + u^2(l,t)\right).$$

类似地, 高维波动方程的能量积分为

$$E(t) = \frac{1}{2}\int_\Omega \left(u_t^2 + a^2|\nabla u|^2\right)\mathrm{d}\boldsymbol{x} + \frac{1}{2}a^2\sigma\int_{\partial\Omega} u^2\mathrm{d}S, \qquad (3.55)$$

其中 Ω 是 $\mathbb{R}^n$ 中的有界区域, $\partial\Omega$ 为其边界, $|\nabla u|^2 = \sum_{i=1}^n u_{x_i}^2$.

3.5.1 能量等式 混合问题解的唯一性

由物理学知道, 在没有外力作用时, 混合问题的能量是守恒的, 即 $E(t) = $ 常数. 下面, 从数学上严格证明能量是守恒的. 为了直观和简便, 我们仅讨论二维波动方程.

定理 3.5.1 设 Ω 是 $\mathbb{R}^2$ 中的有界单连通区域. 设函数 $u(x,y,t)$ 是混合问题

$$\begin{cases} u_{tt} - a^2(u_{xx} + u_{yy}) = 0, & (x,y) \in \Omega, t > 0, \\ u(x,y,0) = \varphi(x,y), u_t(x,y,0) = \psi(x,y), & (x,y) \in \overline{\Omega}, \\ \left(\dfrac{\partial u}{\partial \boldsymbol{n}} + \sigma u\right)\Big|_{\partial\Omega} = 0, & t \geqslant 0 \end{cases} \qquad (3.56)$$

的解, 则由式(3.55)定义的能量 $E(t)$ 保持不变, 即

$$\frac{\mathrm{d}E(t)}{\mathrm{d}t} = 0.$$

证明 当 $n = 2$ 时, 能量积分(3.55)的表达式为

$$E(t) = \frac{1}{2}\iint_\Omega \left[u_t^2 + a^2(u_x^2 + u_y^2)\right]\mathrm{d}x\mathrm{d}y + \frac{1}{2}a^2\sigma\int_{\partial\Omega} u^2\mathrm{d}s,$$

上式关于 t 求导, 利用混合问题(3.56)中的方程、边界条件和格林公式, 得

$$\frac{\mathrm{d}E(t)}{\mathrm{d}t} = \iint_\Omega [u_t u_{tt} + a^2(u_x u_{xt} + u_y u_{yt})]\mathrm{d}x\mathrm{d}y + a^2\sigma\int_{\partial\Omega} u u_t \mathrm{d}s$$

$$= \iint_\Omega u_t[u_{tt} - a^2(u_{xx} + u_{yy})]\mathrm{d}x\mathrm{d}y +$$

$$a^2 \iint_\Omega [(u_t u_x)_x + (u_t u_y)_y] \mathrm{d}x\mathrm{d}y + a^2 \sigma \int_{\partial\Omega} u u_t \mathrm{d}s$$

$$= \iint_\Omega u_t [u_{tt} - a^2(u_{xx} + u_{yy})] \mathrm{d}x\mathrm{d}y +$$

$$\quad a^2 \int_{\partial\Omega} u_t(u_x \cos(\boldsymbol{n}, x) + u_y \cos(\boldsymbol{n}, y)) \mathrm{d}s + a^2 \sigma \int_{\partial\Omega} u u_t \mathrm{d}s$$

$$= \iint_\Omega u_t [u_{tt} - a^2(u_{xx}+u_{yy})] \mathrm{d}x\mathrm{d}y + a^2 \int_{\partial\Omega} u_t \left(\frac{\partial u}{\partial \boldsymbol{n}} + \sigma u\right) \mathrm{d}s$$

$$= 0,$$

所以 $E(t)$ 是一个与 t 无关的常数, 即

$$E(t) = 常数 = E(0). \qquad \blacksquare$$

现在我们利用能量守恒定律来证明混合问题解的唯一性. 考虑如下二维非齐次波动方程的混合问题:

$$\begin{cases} u_{tt} - a^2(u_{xx} + u_{yy}) = f(x,y,t), & (x,y) \in \Omega, t > 0, \\ u(x,y,0) = \varphi(x,y), u_t(x,y,0) = \psi(x,y), & (x,y) \in \overline{\Omega}, \\ \left(\dfrac{\partial u}{\partial \boldsymbol{n}} + \sigma u\right)\bigg|_{\partial\Omega} = \mu(x,y,t), & t \geqslant 0. \end{cases} \tag{3.57}$$

定理 3.5.2 若混合问题(3.57)有解, 则解一定是唯一的.

证明 设 u_1 和 u_2 都是混合问题(3.57)的解, 则它们的差 $u = u_1 - u_2$ 是混合问题

$$\begin{cases} u_{tt} - a^2(u_{xx}+u_{yy}) = 0, & (x,y) \in \Omega, t>0, \\ u(x,y,0) = u_t(x,y,0) = 0, & (x,y) \in \overline{\Omega}, \\ \left(\dfrac{\partial u}{\partial \boldsymbol{n}} + \sigma u\right)\bigg|_{\partial\Omega} = 0, & t \geqslant 0 \end{cases} \tag{3.58}$$

的解, 由定理 3.5.1 知

$$E(t) = \frac{1}{2}\int_\Omega [u_t^2 + a^2(u_x^2 + u_y^2)] \mathrm{d}x\mathrm{d}y + \frac{1}{2}a^2\sigma \int_{\partial\Omega} u^2 \mathrm{d}s = E(0),$$

注意到在混合问题(3.58)中, $u|_{t=0} = u_t|_{t=0} = 0$, 便得到 $E(0) = 0$, 于是得到

$$u_t = u_x = u_y = 0,$$

即 $u \equiv$ 常数. 又由于 $u|_{t=0} = 0$, 所以

$$u(x,y,t) \equiv 0.$$

这样我们就证明了混合问题(3.57)的解是唯一的. ∎

3.5.2 能量不等式　混合问题解的稳定性

在讨论能量不等式之前, 我们首先介绍一个著名的不等式——格朗沃尔 (Gronwall) 不等式.

引理 3.5.1　若非负函数 $G(t)$ 在 $[0,T]$ 上连续可微, 且有

$$G'(t) \leqslant cG(t) + F(t), \quad t \in [0,T], \tag{3.59}$$

其中 $c > 0$ 是常数, $F(t)$ 为 $[0,T]$ 上非负的可积函数, 则

$$G(t) \leqslant \mathrm{e}^{ct}\left(G(0) + \int_0^t \mathrm{e}^{-c\tau} F(\tau)\mathrm{d}\tau\right). \tag{3.60}$$

证明　不等式(3.59)两边同时乘以 e^{-ct}, 则有

$$(\mathrm{e}^{-ct}G(t))' \leqslant \mathrm{e}^{-ct}F(t).$$

上式两边关于 t 积分, 得

$$\mathrm{e}^{-ct}G(t) \leqslant G(0) + \int_0^t \mathrm{e}^{-c\tau}F(\tau)\mathrm{d}\tau,$$

从而式(3.60)得证. ∎

首先, 讨论混合问题(3.56)解关于初值的稳定性. 设 $u(x,y,t)$ 在 Ω 上满足问题(3.56)并且 L^2 可积, 记

$$E_0(t) = \frac{1}{2}\iint_\Omega u^2(x,y,t)\mathrm{d}x\mathrm{d}y.$$

将上式关于 t 求导, 利用柯西不等式, 得

$$\frac{\mathrm{d}E_0(t)}{\mathrm{d}t} = \iint_\Omega uu_t \mathrm{d}x\mathrm{d}y \leqslant \frac{1}{2}\iint_\Omega u^2 \mathrm{d}x\mathrm{d}y + \frac{1}{2}\iint_\Omega u_t^2 \mathrm{d}x\mathrm{d}y$$

$$\leqslant E_0(t) + E(t),$$

由格朗沃尔不等式, 有

$$E_0(t) \leqslant \mathrm{e}^t\left(E_0(0) + \int_0^t \mathrm{e}^{-\tau}E(\tau)\mathrm{d}\tau\right). \tag{3.61}$$

由于混合问题(3.56)的能量守恒, 即 $E(t) = E(0)$, 故上式可进一步化为
$$E_0(t) \leqslant e^t E_0(0) + (e^t - 1)E(0), \tag{3.62}$$
我们称上式为混合问题(3.56)的**能量不等式**或**先验估计**.

利用能量不等式(3.62), 可以得到混合问题(3.56)的解关于初值的稳定性.

定理 3.5.3 混合问题(3.56)的解, 在下述意义下关于初值是稳定的, 即对任意正数 ε, 一定可以找到依赖于 ε 的 $\delta > 0$, 只要
$$\|\varphi_1 - \varphi_2\|_{L^2(\Omega)} < \delta, \quad \|\psi_1 - \psi_2\|_{L^2(\Omega)} < \delta,$$
$$\|\varphi_{1x} - \varphi_{2x}\|_{L^2(\Omega)} < \delta, \quad \|\varphi_{1y} - \varphi_{2y}\|_{L^2(\Omega)} < \delta,$$
$$\|\varphi_1 - \varphi_2\|_{L^2(\partial\Omega)} < \delta,$$
则混合问题(3.56)对应于 φ_1, ψ_1 和 φ_2, ψ_2 的解 u_1, u_2 满足
$$\|u_1(\cdot, \cdot, t) - u_2(\cdot, \cdot, t)\|_{L^2(\Omega)} < \varepsilon,$$
或
$$\int_0^T \iint_\Omega (u_1(x,y,t) - u_2(x,y,t))^2 \mathrm{d}x\mathrm{d}y\mathrm{d}t \leqslant \varepsilon^2 T,$$
其中 $\|g(\cdot,\cdot)\|_{L^2(\Omega)} = \left(\iint_\Omega g^2(x,y)\mathrm{d}x\mathrm{d}y\right)^{\frac{1}{2}}$, $\|g(\cdot,\cdot)\|_{L^2(\partial\Omega)} = \left(\int_{\partial\Omega} g^2(x,y)\mathrm{d}s\right)^{\frac{1}{2}}$ 分别表示 g 在 Ω 内及边界 $\partial\Omega$ 上的 L^2 模.

证明 记 $\varphi = \varphi_1 - \varphi_2, \psi = \psi_1 - \psi_2, u = u_1 - u_2$, 则 u 满足问题
$$\begin{cases} u_{tt} - a^2(u_{xx} + u_{yy}) = 0, & (x,y) \in \Omega, t > 0, \\ u(x,y,0) = \varphi(x,y), u_t(x,y,0) = \psi(x,y), & (x,y) \in \overline{\Omega}, \\ \left(\frac{\partial u}{\partial \boldsymbol{n}} + \sigma u\right)\big|_{\partial\Omega} = 0, & t \geqslant 0. \end{cases}$$

于是, 在初始时刻 $t = 0$ 的各能量为
$$E_0(0) = \frac{1}{2} \iint_\Omega \varphi^2 \mathrm{d}x\mathrm{d}y,$$
$$E(0) = \frac{1}{2} \iint_\Omega [\psi^2 + a^2(\varphi_x^2 + \varphi_y^2)] \mathrm{d}x\mathrm{d}y + \frac{1}{2} a^2 \sigma \int_{\partial\Omega} \varphi^2 \mathrm{d}s.$$

当 $0 \leqslant t \leqslant T$ 时, 由能量不等式(3.62)知

$$E_0(t) = \frac{1}{2} \iint_\Omega u^2 \mathrm{d}x\mathrm{d}y$$

$$\leqslant \mathrm{e}^T E_0(0) + (\mathrm{e}^T - 1)E(0)$$

$$\leqslant \frac{\mathrm{e}^T}{2} \iint_\Omega \varphi^2 \mathrm{d}x\mathrm{d}y + \frac{\mathrm{e}^T - 1}{2} \left(\iint_\Omega [\psi^2 + a^2(\varphi_x^2 + \varphi_y^2)] \, \mathrm{d}x\mathrm{d}y + a^2\sigma \int_{\partial\Omega} \varphi^2 \mathrm{d}s \right),$$

即

$$\|u(\cdot,\cdot,t)\|^2_{L^2(\Omega)}$$

$$\leqslant \mathrm{e}^T \left[\|\varphi\|^2_{L^2(\Omega)} + \|\psi\|^2_{L^2(\Omega)} + a^2 \left(\|\varphi_x\|^2_{L^2(\Omega)} + \|\varphi_y\|^2_{L^2(\Omega)} \right) + a^2\sigma \|\varphi\|^2_{L^2(\partial\Omega)} \right]$$

$$< \mathrm{e}^T \left(2 + 2a^2 + a^2\sigma \right) \delta^2,$$

所以, 若选取 $\delta = \varepsilon \left[\mathrm{e}^T (2 + 2a^2 + a^2\sigma) \right]^{-\frac{1}{2}}$, 则有

$$\|u_1(\cdot,\cdot,t) - u_2(\cdot,\cdot,t)\|_{L^2(\Omega)} < \varepsilon,$$

上式平方后在 $[0,T]$ 上关于 t 积分, 即得

$$\int_0^T \iint_\Omega (u_1 - u_2)^2 \mathrm{d}x\mathrm{d}y\mathrm{d}t \leqslant \varepsilon^2 T. \qquad \blacksquare$$

下面考察混合问题对非齐次项 $f(x,y,t)$ 的稳定性. 我们仍先建立有外力作用时的能量不等式, 然后用此不等式证明解的稳定性.

设 $u(x,y,t)$ 满足问题

$$\begin{cases} u_{tt} - a^2(u_{xx} + u_{yy}) = f(x,y,t), & (x,y) \in \Omega, t > 0, \\ u(x,y,0) = u_t(x,y,0) = 0, & (x,y) \in \overline{\Omega}, \\ \left(\dfrac{\partial u}{\partial \boldsymbol{n}} + \sigma u \right) \bigg|_{\partial\Omega} = 0, & t \geqslant 0. \end{cases} \quad (3.63)$$

微课视频: 混合问题的解对外力的稳定性讲解

记

$$F(t) = \frac{1}{2} \iint_\Omega f^2(x,y,t) \mathrm{d}x\mathrm{d}y.$$

由能量 $E(t)$ 的表达式(3.55)和定理 3.5.1 的证明得到

$$\frac{\mathrm{d}E(t)}{\mathrm{d}t} = \iint_\Omega u_t f \mathrm{d}x\mathrm{d}y \leqslant \frac{1}{2} \iint_\Omega u_t^2 \mathrm{d}x\mathrm{d}y + \frac{1}{2} \iint_\Omega f^2 \mathrm{d}x\mathrm{d}y$$

$$\leqslant E(t) + F(t),$$

由格朗沃尔不等式就可以推导出有外力作用时的能量不等式

$$E(t) \leqslant e^t E(0) + e^t \int_0^t e^{-\tau} F(\tau) d\tau. \tag{3.64}$$

利用不等式(3.64)可以得到问题(3.63)的解对非线性项 $f(x,y,t)$ 的稳定性. 利用不等式(3.61)和不等式(3.64), 有

$$E_0(t) \leqslant e^t \left(E_0(0) + \int_0^t e^{-\tau} E(\tau) d\tau \right)$$
$$= e^t \left(E_0(0) + \int_0^t e^{-\tau} \left(e^\tau E(0) + e^\tau \int_0^\tau e^{-s} F(s) ds \right) d\tau \right)$$
$$= e^t \left(E_0(0) + \int_0^t \left(E(0) + \int_0^\tau e^{-s} F(s) ds \right) d\tau \right).$$

此时 $E(0) = 0$, $E_0(0) = 0$, 因此有

$$E_0(t) \leqslant t e^t \int_0^t F(s) ds \leqslant \frac{1}{2} T e^T \int_0^T \iint_\Omega f^2(x,y,s) dx dy ds, \quad 0 \leqslant t \leqslant T.$$

因此, 只要 $f(x,y,t)$ 在三维空间的平方模 $\left(\int_0^T \iint_\Omega f^2(x,y,s) dx dy ds \right)^{\frac{1}{2}}$ 很小, 则对应的解对变量 $x,y,t (0 \leqslant t \leqslant T)$ 的平方模 $\left(\int_0^T \iint_\Omega u^2 (x,y,s) dx dy ds \right)^{\frac{1}{2}}$ 也很小.

3.5.3 初值问题解的唯一性和稳定性

考虑二维波动方程初值问题

$$\begin{cases} u_{tt} - a^2(u_{xx} + u_{yy}) = f(x,y,t), & (x,y) \in \mathbb{R}^2, t > 0, \\ u(x,y,0) = \varphi(x,y), \ u_t(x,y,0) = \psi(x,y), & (x,y) \in \mathbb{R}^2. \end{cases} \tag{3.65}$$

我们仍然利用能量积分法来研究其解的唯一性和稳定性. 此时能量积分

$$\frac{1}{2} \iint_{\mathbb{R}^2} \left(u_t^2 + a^2(u_x^2 + u_y^2) \right) dx dy$$

可能发散. 我们利用特征的概念, 可使计算只在某个有限区域 Ω 上进行.

由于膜振动具有有限的依赖区域, 过空间中任意一点 (x_0, y_0, t_0) 的特征锥

$$K = \{(x,y,t) \mid (x-x_0)^2 + (y-y_0)^2 \leqslant a^2(t-t_0)^2, \quad 0 \leqslant t \leqslant t_0\},$$

在平面 $t=0$ 上的截面是圆域

$$\Omega_0 = \{(x,y) \mid (x-x_0)^2 + (y-y_0)^2 \leqslant (at_0)^2\}.$$

由决定区域可知, 解 $u(x,y,t)$ 在 K 中任一点的值, 均由初始值 φ, ψ 在圆域 Ω_0 内的值以及 f 在锥体 K 内的值所完全确定. 当 $t = \tau (0 \leqslant \tau \leqslant t_0)$ 时, 锥体 K 在平面 $t = \tau$ 上的截面为

$$\Omega_\tau = \{(x,y) \mid (x-x_0)^2 + (y-y_0)^2 \leqslant (at_0 - a\tau)^2\}.$$

显然, 在不受外力作用时, $u(x,y,t)$ 在 Ω_τ 内任一点的值都由 Ω_0 中的初始条件完全确定, 如图 3.11 所示. 所以, Ω_τ 中的能量不应超过 Ω_0 中的能量.

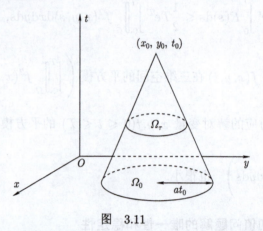

图 3.11

定理 3.5.4 (能量不等式) 设 $u(x,y,t)$ 满足如下齐次波动方程:

$$\begin{cases} u_{tt} - a^2(u_{xx} + u_{yy}) = 0, & (x,y) \in \mathbb{R}^2, t > 0, \\ u(x,y,0) = \varphi(x,y),\ u_t(x,y,0) = \psi(x,y), & (x,y) \in \mathbb{R}^2, \end{cases} \quad (3.66)$$

则在 K 内任意截面 Ω_t 内成立能量不等式

$$\begin{aligned} E(\Omega_t) &= \frac{1}{2}\iint_{\Omega_t} \left(u_t^2 + a^2(u_x^2 + u_y^2)\right) \mathrm{d}x\mathrm{d}y \\ &\leqslant \frac{1}{2}\iint_{\Omega_0} \left(u_t^2 + a^2(u_x^2 + u_y^2)\right) \mathrm{d}x\mathrm{d}y = E(\Omega_0). \end{aligned} \quad (3.67)$$

证明 我们只需证明 $E(\Omega_t)$ 在 K 内是关于 t 的非增函数，即证

$$\frac{\mathrm{d}E(\Omega_t)}{\mathrm{d}t} \leqslant 0.$$

利用含参变量积分对参数的求导公式及格林公式，得

$$\begin{aligned}
\frac{\mathrm{d}E(\Omega_t)}{\mathrm{d}t} &= \frac{1}{2}\frac{\mathrm{d}}{\mathrm{d}t}\int_0^{at_0-at}\int_0^{2\pi r}\left(u_t^2+a^2(u_x^2+u_y^2)\right)\mathrm{d}s\mathrm{d}r \\
&= \int_0^{at_0-at}\int_0^{2\pi r}\left(u_t u_{tt}+a^2(u_x u_{xt}+u_y u_{yt})\right)\mathrm{d}s\mathrm{d}r- \\
&\quad \frac{a}{2}\int_{\partial\Omega_t}\left(u_t^2+a^2(u_x^2+u_y^2)\right)\mathrm{d}s \\
&= \int_0^{at_0-at}\int_0^{2\pi r}u_t\left[u_{tt}-a^2(u_{xx}+u_{yy})\right]\mathrm{d}s\mathrm{d}r+ \\
&\quad \int_{\partial\Omega_t}\left[a^2 u_t\frac{\partial u}{\partial \boldsymbol{n}}-\frac{a}{2}\left(u_t^2+a^2(u_x^2+u_y^2)\right)\right]\mathrm{d}s \\
&= -\frac{a}{2}\int_{\partial\Omega_t}\left(u_t^2+a^2(u_x^2+u_y^2)-2au_t\frac{\partial u}{\partial \boldsymbol{n}}\right)\mathrm{d}s,
\end{aligned}$$

上式右端被积函数可写成

$$u_t^2+a^2(u_x^2+u_y^2)-2a(u_t u_x\cos\langle\boldsymbol{n},x\rangle+u_t u_y\cos\langle\boldsymbol{n},y\rangle)$$
$$=[au_x-u_t\cos\langle\boldsymbol{n},x\rangle]^2+[au_y-u_t\cos\langle\boldsymbol{n},y\rangle]^2 \geqslant 0,$$

因此有

$$\frac{\mathrm{d}E(\Omega_t)}{\mathrm{d}t} \leqslant 0. \qquad\blacksquare$$

利用不等式(3.67)，我们可以得到：

定理 3.5.5 若初值问题(3.65)的解存在，则解唯一．

证明 只需证明定解问题

$$\begin{cases} u_{tt}-a^2(u_{xx}+u_{yy})=0, & (x,y)\in\mathbb{R}^2, t>0, \\ u(x,y,0)=0,\ u_t(x,y,0)=0, & (x,y)\in\mathbb{R}^2 \end{cases}$$

只有零解．由齐次初始条件知 $E(\Omega_0)\equiv 0$，根据不等式(3.67)，对任意 $t\in[0,t_0]$ 有

$$E(\Omega_t)=0.$$

于是在整个锥 K 中 $u_t = u_x = u_y = 0$, 由此可知在 K 中 $u = $ 常数 $= u(x,y,0) = 0$. 由 (x_0, y_0, t_0) 的任意性, 可得在 $\mathbb{R}^2 \times \mathbb{R}_+$ 中 $u \equiv 0$. ∎

下面讨论初值问题(3.65)的解对初值和非齐次项的稳定性. 若 $u(x,y,t)$ 在 K 内满足问题(3.65), 则有

$$\begin{aligned}\frac{\mathrm{d}E(\Omega_t)}{\mathrm{d}t} &\leqslant \iint_{\Omega_t} u_t f \mathrm{d}x\mathrm{d}y + \int_{\partial\Omega_t}\left[a^2 u_t \frac{\partial u}{\partial \boldsymbol{n}} - \frac{a}{2}\left(u_t^2 + a^2(u_x^2 + u_y^2)\right)\right]\mathrm{d}s \\ &\leqslant \frac{1}{2}\iint_{\Omega_t}(u_t^2 + f^2)\mathrm{d}x\mathrm{d}y \\ &\leqslant E(\Omega_t) + \frac{1}{2}\iint_{\Omega_t} f^2 \mathrm{d}x\mathrm{d}y.\end{aligned}$$

微课视频: 初值问题的解对初值和外力的稳定性讲解

应用格朗沃尔不等式, 得到

$$E(\Omega_t) \leqslant \mathrm{e}^t E(\Omega_0) + \frac{1}{2}\int_0^t \!\!\iint_{\Omega_\tau} \mathrm{e}^{t-\tau} f^2 \mathrm{d}x\mathrm{d}y\mathrm{d}\tau, \tag{3.68}$$

其中

$$E(\Omega_0) = \frac{1}{2}\iint_{\Omega_0}\left(\psi^2 + a^2(\varphi_x^2 + \varphi_y^2)\right)\mathrm{d}x\mathrm{d}y. \tag{3.69}$$

引入积分

$$E_0(\Omega_t) = \frac{1}{2}\iint_{\Omega_t} u^2(x,y,t)\mathrm{d}x\mathrm{d}y.$$

关于 t 求导, 利用柯西不等式, 得

$$\begin{aligned}\frac{\mathrm{d}E_0(\Omega_t)}{\mathrm{d}t} &= \iint_{\Omega_t} u u_t \mathrm{d}x\mathrm{d}y - \frac{a}{2}\int_{\partial\Omega_t} u^2 \mathrm{d}s \\ &\leqslant \frac{1}{2}\iint_{\Omega_t} u^2 \mathrm{d}x\mathrm{d}y + \frac{1}{2}\iint_{\Omega_t} u_t^2 \mathrm{d}x\mathrm{d}y \\ &\leqslant E_0(\Omega_t) + E(\Omega_t).\end{aligned}$$

由格朗沃尔不等式以及式(3.68)和式(3.69), 有

$$\begin{aligned}E_0(\Omega_t) &\leqslant \mathrm{e}^t E_0(\Omega_0) + \int_0^t \mathrm{e}^{t-\tau} E(\Omega_\tau)\mathrm{d}\tau \\ &\leqslant \mathrm{e}^t E_0(\Omega_0) + t\mathrm{e}^t E(\Omega_0) + \frac{1}{2}\int_0^t \mathrm{d}\tau \int_0^\tau \mathrm{d}s \iint_{\Omega_s} \mathrm{e}^{t-s} f^2 \mathrm{d}x\mathrm{d}y \\ &\leqslant \mathrm{e}^t E_0(\Omega_0) + t\mathrm{e}^t E(\Omega_0) + \frac{1}{2}t\mathrm{e}^t \int_0^t \mathrm{d}\tau \iint_{\Omega_\tau} f^2 \mathrm{d}x\mathrm{d}y, \tag{3.70}\end{aligned}$$

其中
$$E_0(\Omega_0) = \frac{1}{2}\int_{\Omega_0}\varphi^2 \mathrm{d}x\mathrm{d}y.$$

将式(3.70)两端关于 t 从 0 到 t_0 积分, 在锥体 K 内,
$$\iiint_K u^2 \mathrm{d}x\mathrm{d}y\mathrm{d}t \leqslant c_1 E_0(\Omega_0) + c_2 E(\Omega_0) + c_3 \iiint_K f^2 \mathrm{d}x\mathrm{d}y\mathrm{d}t,$$

其中 $c_i(i=1,2,3)$ 是与 t_0 有关的常数.

由此即得:

定理 3.5.6 初值问题(3.65)的解, 在下述意义下是稳定的: 对任意给定 $\varepsilon > 0$, 存在 $\delta > 0$, 只要
$$\|\varphi_1 - \varphi_2\|_{L^2(\Omega_0)} < \delta, \quad \|\psi_1 - \psi_2\|_{L^2(\Omega_0)} < \delta,$$
$$\|\varphi_{1x} - \varphi_{2x}\|_{L^2(\Omega_0)} < \delta, \quad \|\varphi_{1y} - \varphi_{2y}\|_{L^2(\Omega_0)} < \delta,$$
$$\|f_1 - f_2\|_{L^2(K)} < \delta,$$
初值问题(3.65)在 K 内对应于 φ_1, ψ_1, f_1 和 φ_2, ψ_2, f_2 的解 u_1, u_2 满足
$$\|u_1 - u_2\|_{L^2(K)} < \varepsilon.$$

习题三

1. 叙述并证明一阶方程初值问题
$$\begin{cases} u_t + u_x = f(x,t), & x \in \mathbb{R}, t > 0, \\ u(x,0) = 0, & x \in \mathbb{R} \end{cases}$$
的齐次化原理.

2. 证明定理 3.2.2.

3. 证明若 φ, ψ 及 f 是 x 的偶 (或奇, 或周期为 l 的) 函数, 则由达朗贝尔公式(3.14)以及式(3.16)给出的解 u 必是 x 的偶 (或奇, 或周期为 l 的) 函数.

4. 当初值 $u(x,0) = \varphi(x), u_t(x,0) = \psi(x)$ 满足什么条件时, 一维齐次波动方程初值问题的解仅由右行波组成 (即通解为 $G(x-at)$ 的形式)?

5. 求解下列初值问题.

(1) $\begin{cases} u_{tt} - u_{xx} = 0, & x \in \mathbb{R}, t > 0, \\ u|_{t=0} = 1+x^2, u_t|_{t=0} = \sin x, & x \in \mathbb{R}. \end{cases}$

(2) $\begin{cases} u_{tt} - a^2 u_{xx} = 0, & x \in \mathbb{R}, t > 0, \\ u|_{t=0} = 0, u_t|_{t=0} = \dfrac{1}{1+x^2}, & x \in \mathbb{R}. \end{cases}$

(3) $\begin{cases} u_{tt} - a^2 u_{xx} = x, & x \in \mathbb{R}, t > 0, \\ u|_{t=0} = 0, u_t|_{t=0} = 3, & x \in \mathbb{R}. \end{cases}$

(4) $\begin{cases} u_{tt} - a^2 u_{xx} = 2, & x \in \mathbb{R}, t > 0, \\ u|_{t=0} = x^2, u_t|_{t=0} = \cos x, & x \in \mathbb{R}. \end{cases}$

(5) $\begin{cases} u_{tt} - a^2 u_{xx} = t\cos x, & x \in \mathbb{R}, t > 0, \\ u|_{t=0} = 0, u_t|_{t=0} = 0, & x \in \mathbb{R}. \end{cases}$

(6) $\begin{cases} u_{tt} - a^2 u_{xx} = \mathrm{e}^x, & x \in \mathbb{R}, t > 0, \\ u|_{t=0} = 5, u_t|_{t=0} = x^2, & x \in \mathbb{R}. \end{cases}$

6. 利用特征线法解下列初值问题.

(1) $\begin{cases} u_{xx}+2u_{xy}-3u_{yy}=2, & x\in\mathbb{R},\ y>0, \\ u|_{y=0}=\sin x,\ u_y|_{y=0}=x, & x\in\mathbb{R}. \end{cases}$

(2) $\begin{cases} u_{tt}-a^2 u_{xx}+2u_t+u=0, & x\in\mathbb{R},\ t>0, \\ u|_{t=0}=0,\ u_t|_{t=0}=x, & x\in\mathbb{R}. \end{cases}$

(提示: 令 $v(x,t)=\mathrm{e}^t u(x,t)$.)

(3) $\begin{cases} y^2 u_{yy}-x^2 u_{xx}=0, & x\in\mathbb{R},\ y>1, \\ u|_{y=1}=x^2,\ u_y|_{y=1}=x, & x\in\mathbb{R}. \end{cases}$

(4) $\begin{cases} y^2 u_{xy}+u_{yy}-\frac{2}{y}u_y=0, & x\in\mathbb{R},\ y>1, \\ u|_{y=1}=1-x,\ u_y|_{y=1}=3, & x\in\mathbb{R}. \end{cases}$

7. 在上半平面 $\{(x,t)|\ x\in\mathbb{R}, t>0\}$ 上给定点 $M=(1,2)$. 对于波动方程 $u_{tt}-u_{xx}=0$ 来说, 点 M 的依赖区间是什么? 点 M 是否落在点 $(0,0)$ 的影响区域内? 区间 $[1,4]$ 的决定区域是什么?

8. 试求解初值问题

$$\begin{cases} u_{tt}-u_{xx}=0, & x\in\mathbb{R}, t>ax, \\ u|_{t=ax}=\varphi(x),\ u_t|_{t=ax}=\psi(x), & x\in\mathbb{R}, \end{cases}$$

其中 $a\neq\pm 1$. 若初值在 $0\leqslant x\leqslant 1$ 上给定, 试问它能在什么区域上确定解.

9. 求解古尔萨 (Goursat) 问题

$$\begin{cases} u_{tt}-a^2 u_{xx}=0, & |x|<at, t>0, \\ u|_{x-at=0}=\varphi(x),\ u|_{x+at=0}=\psi(x), & t>0, \end{cases}$$

其中 $\varphi(0)=\psi(0)$. 如果 $\varphi(x)$ 在 $[0,b]$ 上给定, $\psi(x)$ 在 $[-c,0]$ 上给定, $b,c>0$, 试指出此定解条件的决定区域.

10. 求解达布 (Darboux) 问题

$$\begin{cases} u_{tt}-u_{xx}=0, & 0<x<t, \\ u|_{x=0}=\varphi(t),\ u|_{x=t}=\psi(t), & t\geqslant 0, \end{cases}$$

其中 $\varphi(0)=\psi(0)$. 如果 $\varphi(t),\psi(t)$ 都在 $[0,a]$ 上给定, 试指出此定解条件的决定区域.

11. 求解半无界问题

$$\begin{cases} u_{tt}-u_{xx}=0, & 0<x<t, \\ u|_{x=t}=\varphi(t),\ u_t|_{x=0}=\psi(t), & t\geqslant 0. \end{cases}$$

如果 $\varphi(t),\psi(t)$ 都在 $[0,a]$ 上给定, 试指出此定解条件的决定区域.

12. 试给出半无界问题

$$\begin{cases} u_{tt}-a^2 u_{xx}=0, & x>0, t>0, \\ u|_{t=0}=\varphi(x),\ u_t|_{t=0}=\psi(x), & x\geqslant 0, \\ u|_{x=0}=g(t), & t\geqslant 0 \end{cases}$$

有古典解的相容性条件.

13. 设 $u(x,t)$ 是半无界问题

$$\begin{cases} u_{tt}-a^2 u_{xx}=0, & x>0, t>0, \\ u|_{t=0}=\varphi(x),\ u_t|_{t=0}=\psi(x), & x\geqslant 0, \\ u|_{x=0}=0, & t\geqslant 0 \end{cases}$$

的解, 其中

$$\varphi(x),\psi(x)=\begin{cases} 0, & 0\leqslant x\leqslant 1, \\ \text{正值}, & 1<x<\infty. \end{cases}$$

指出 $t>0$ 时 $u(x,t)\equiv 0$ 的区域.

14. 求解下列半无界问题.

(1) $\begin{cases} u_{tt}-a^2 u_{xx}=0, & x>0, t>0, \\ u|_{t=0}=x,\ u_t|_{t=0}=x^2, & x\geqslant 0, \\ u|_{x=0}=0, & t\geqslant 0. \end{cases}$

(2) $\begin{cases} u_{tt}-a^2 u_{xx}=f(x,t), & x>0, t>0, \\ u|_{t=0}=0,\ u_t|_{t=0}=0, & x\geqslant 0, \\ u|_{x=0}=0, & t\geqslant 0. \end{cases}$

(3) $\begin{cases} u_{tt}-u_{xx}=0, & x>0, t>0, \\ u|_{t=0}=\mathrm{e}^{-x^2},\ u_t|_{t=0}=0, & x\geqslant 0, \\ u|_{x=0}=\cos\sqrt{2}t, & t\geqslant 0. \end{cases}$

(4) $\begin{cases} u_{tt}-u_{xx}=2, & x>0, t>0, \\ u|_{t=0}=x^2,\ u_t|_{t=0}=0, & x\geqslant 0, \\ u|_{x=0}=t^2, & t\geqslant 0. \end{cases}$

15. 求解下列齐次方程初值问题.

(1) $\begin{cases} u_{tt}-a^2(u_{xx}+u_{yy}+u_{zz})=0, \\ \qquad\qquad\qquad (x,y,z)\in\mathbb{R}^3, t>0, \\ u|_{t=0}=x^3+y^2z,\ u_t|_{t=0}=0, \\ \qquad\qquad\qquad (x,y,z)\in\mathbb{R}^3. \end{cases}$

(2) $\begin{cases} u_{tt}-a^2(u_{xx}+u_{yy}+u_{zz})=0, \\ \qquad\qquad\qquad (x,y,z)\in\mathbb{R}^3, t>0, \\ u|_{t=0}=f(x)+g(y),\ u_t|_{t=0}=\varphi(y)+\psi(z), \\ \qquad\qquad\qquad (x,y,z)\in\mathbb{R}^3. \end{cases}$

(3) $\begin{cases} u_{tt}-a^2(u_{xx}+u_{yy}+u_{zz})=0, \\ \qquad\qquad\qquad (x,y,z)\in\mathbb{R}^3, t>0, \\ u|_{t=0}=yz, u_t|_{t=0}=zx, \\ \qquad\qquad\qquad (x,y,z)\in\mathbb{R}^3. \end{cases}$

(4) $\begin{cases} u_{tt}-a^2(u_{xx}+u_{yy}+u_{zz})=0, \\ \qquad\qquad\qquad (x,y,z)\in\mathbb{R}^3, t>0, \\ u|_{t=0}=\varphi(\sqrt{x^2+y^2+z^2}), \\ u_t|_{t=0}=\psi(x+y+z), \\ \qquad\qquad\qquad (x,y,z)\in\mathbb{R}^3. \end{cases}$

(5) $\begin{cases} u_{tt}-2(u_{xx}+u_{yy})=0, \\ \qquad\qquad\qquad (x,y)\in\mathbb{R}^2, t>0, \\ u|_{t=0}=2x^2-y^2,\ u_t|_{t=0}=0, \\ \qquad\qquad\qquad (x,y)\in\mathbb{R}^2. \end{cases}$

(6) $\begin{cases} u_{tt}-a^2(u_{xx}+u_{yy})=0, \\ \qquad\qquad\qquad (x,y)\in\mathbb{R}^2, t>0, \\ u|_{t=0}=0,\ u_t|_{t=0}=\psi(r), r=\sqrt{x^2+y^2}, \\ \qquad\qquad\qquad (x,y)\in\mathbb{R}^2. \end{cases}$

16. 求下列非齐次方程初值问题的解.

(1) $\begin{cases} u_{tt}-a^2(u_{xx}+u_{yy}+u_{zz})=x^2t^2, \\ \qquad\qquad\qquad (x,y,z)\in\mathbb{R}^3, t>0, \\ u|_{t=0}=y^2,\ u_t|_{t=0}=z^2, \\ \qquad\qquad\qquad (x,y,z)\in\mathbb{R}^3. \end{cases}$

(2) $\begin{cases} u_{tt}-a^2(u_{xx}+u_{yy}+u_{zz})=(x^2+y^2+z^2)\mathrm{e}^t, \\ \qquad\qquad\qquad (x,y,z)\in\mathbb{R}^3, t>0, \\ u|_{t=0}=u_t|_{t=0}=0, \\ \qquad\qquad\qquad (x,y,z)\in\mathbb{R}^3. \end{cases}$

(3) $\begin{cases} u_{tt}-a^2(u_{xx}+u_{yy})=\mathrm{e}^{x+2y}, \\ \qquad\qquad\qquad (x,y)\in\mathbb{R}^2, t>0, \\ u|_{t=0}=x+2y,\ u_t|_{t=0}=\mathrm{e}^{x+2y}, \\ \qquad\qquad\qquad (x,y)\in\mathbb{R}^2. \end{cases}$

(4) $\begin{cases} u_{tt}-a^2(u_{xx}+u_{yy})=(x^2+y^2)\mathrm{e}^t, \\ \qquad\qquad\qquad (x,y)\in\mathbb{R}^2, t>0, \\ u|_{t=0}=u_t|_{t=0}=0, \\ \qquad\qquad\qquad (x,y)\in\mathbb{R}^2. \end{cases}$

17. 设 $u(\boldsymbol{x},t)$ 是式(3.22)和式(3.23)联立的三维波动方程初值问题的解, 初值 φ,ψ 足够光滑且具有紧支集. 证明存在正常数 C, 使得
$$|u(\boldsymbol{x},t)|\leqslant \frac{C}{t}, \quad \boldsymbol{x}\in\mathbb{R}^3, t>0.$$

18. 运用降维法导出达朗贝尔公式.

19. 利用分离变量法求解下列定解问题.

(1) $\begin{cases} u_{tt}-a^2 u_{xx}=0, \\ \qquad\qquad 0<x<\pi, t>0, \\ u|_{x=0}=0,\ u|_{x=\pi}=0, \\ \qquad\qquad t\geqslant 0, \\ u|_{t=0}=\sin x,\ u_t|_{t=0}=x(\pi-x), \\ \qquad\qquad 0\leqslant x\leqslant\pi. \end{cases}$

(2) $\begin{cases} u_{tt}-a^2 u_{xx}=0, \\ \qquad\qquad 0<x<l, t>0, \\ u_x|_{x=0}=0,\ u_x|_{x=l}=0, \\ \qquad\qquad t\geqslant 0, \\ u|_{t=0}=\cos\dfrac{\pi x}{l},\ u_t|_{t=0}=0, \\ \qquad\qquad 0\leqslant x\leqslant l. \end{cases}$

(3) $\begin{cases} u_{tt}-a^2 u_{xx}=\sin\dfrac{\pi x}{l},\quad 0<x<l, t>0, \\ u|_{x=0}=0,\ u|_{x=l}=0,\quad t\geqslant 0, \\ u|_{t=0}=0,\ u_t|_{t=0}=0,\quad 0\leqslant x\leqslant l. \end{cases}$

(4) $\begin{cases} u_{tt} - a^2 u_{xx} = x, & 0 < x < 1, t > 0, \\ u|_{x=0} = 0, \ u|_{x=1} = 0, & t \geq 0, \\ u|_{t=0} = 0, \ u_t|_{t=0} = 0, & 0 \leq x \leq 1. \end{cases}$

(5) $\begin{cases} u_{tt} - u_{xx} + 2u_t = 0, & 0 < x < \pi, t > 0, \\ u|_{x=0} = 0, \ u|_{x=\pi} = 0, & t \geq 0, \\ u|_{t=0} = \varphi(x), \ u_t|_{t=0} = \psi(x), & 0 \leq x \leq \pi. \end{cases}$

(6) $\begin{cases} u_{tt} - a^2 u_{xx} + 4u = 0, & 0 < x < 1, t > 0, \\ u|_{x=0} = 0, \ u|_{x=1} = 0, & t \geq 0, \\ u|_{t=0} = x^2 - x, \ u_t|_{t=0} = 0, & 0 \leq x \leq 1. \end{cases}$

(7) $\begin{cases} u_{tt} - u_{xx} + 2u_t + u = 0, & 0 < x < \pi, t > 0, \\ u|_{x=0} = 0, \ u|_{x=\pi} = 0, & t \geq 0, \\ u|_{t=0} = x(\pi - x), \ u_t|_{t=0} = 0, & 0 \leq x \leq \pi. \end{cases}$

(8) $\begin{cases} u_{tt} - u_{xx} - \dfrac{2}{x} u_x = 0, & 0 < x < l, t > 0, \\ u|_{x=0} = 0, \ u|_{x=l} = 0, & t \geq 0, \\ u|_{t=0} = 0, \ u_t|_{t=0} = 1, & 0 \leq x \leq l. \end{cases}$

(提示: 令 $v(x,t) = x u(x,t)$.)

20. 证明引理 3.4.1.

21. 利用分离变量法求解混合问题

$\begin{cases} u_{tt} - (u_{xx} + u_{yy}) = 0, \\ \qquad 0 < x < 1, 0 < y < 1, t > 0, \\ u(0, y, t) = u(1, y, t) = 0, \\ \qquad 0 \leq y \leq 1, t \geq 0, \\ u_y(x, 0, t) = u_y(x, 1, t) = 0, \\ \qquad 0 \leq x \leq 1, t \geq 0, \\ u(x, y, 0) = x(1-x), u_t(x, y, 0) = y(1-y), \\ \qquad 0 \leq x \leq 1, 0 \leq y \leq 1. \end{cases}$

22. 设 $u(x,t)$ 满足混合问题

$\begin{cases} u_{tt} - 4 u_{xx} = 0, & 0 < x < 1, t > 0, \\ u|_{x=0} = u|_{x=1} = 0, & t \geq 0, \\ u|_{t=0} = 4\sin \pi x, u_t|_{t=0} = 30x(1-x), & 0 \leq x \leq 1, \end{cases}$

求 $E(3)$, 其中 $E(t) = \int_0^1 \left(u_t^2 + 4 u_x^2 \right) \mathrm{d}x$.

23. 设 $u(x,y,z,t)$ 是带有一阶耗散项的波动方程的混合问题

$\begin{cases} u_{tt} - a^2(u_{xx} + u_{yy} + u_{zz}) + \alpha u_t = 0, \\ \qquad (x,y,z) \in \Omega, t > 0, \\ u|_{t=0} = \varphi(x,y,z), \ u_t|_{t=0} = \psi(x,y,z), \\ \qquad (x,y,z) \in \overline{\Omega}, \\ u|_{\partial \Omega} = 0, \\ \qquad t \geq 0 \end{cases}$

的解, 其中 $\alpha > 0$ 为常数, $\Omega \in \mathbb{R}^3$ 为具有光滑边界 $\partial \Omega$ 的有界区域.

(1) 证明能量积分

$$E(t) = \frac{1}{2} \iiint_\Omega \left(u_t^2 + a^2 (u_x^2 + u_y^2 + u_z^2) \right) \mathrm{d}x \mathrm{d}y \mathrm{d}z$$

随时间增加而不增加.

(2) 证明该问题解的唯一性.

24. 利用能量积分法证明如下混合问题解的唯一性

$\begin{cases} u_{tt} - a^2 u_{xx} = f(x,t), & 0 < x < l, t > 0, \\ u_x|_{x=0} = 0, \ u|_{x=l} = 0, & t \geq 0, \\ u|_{t=0} = \varphi(x), \ u_t|_{t=0} = \psi(x), & 0 \leq x \leq l. \end{cases}$

25. 利用能量积分法证明如下混合问题唯一性

$\begin{cases} u_{tt} - a^2 u_{xx} = f(x,t), & 0 < x < l, t > 0, \\ u_x|_{x=0} = 0, \ (u_x + \sigma u)|_{x=l} = 0, & t \geq 0, \\ u|_{t=0} = \varphi(x), \ u_t|_{t=0} = \psi(x), & 0 \leq x \leq l, \end{cases}$

其中 σ 为正常数.

26. 利用能量积分函数

$$E(t) = \frac{1}{2} \int_0^l (u_t^2 + k(x) u_x^2 + q(x) u^2) \mathrm{d}x$$

证明定解问题

$\begin{cases} u_{tt} - (k(x) u_x)_x + q(x) u = 0, & 0 < x < l, t > 0, \\ u|_{x=0} = 0, \ u|_{x=l} = 0, & t \geq 0, \\ u|_{t=0} = \varphi(x), \ u_t|_{t=0} = \psi(x), & 0 \leq x \leq l \end{cases}$

的解的唯一性.

27. 设 (x_0, y_0) 是平面上一固定点,$r > 0$. 记平面区域

$$\Omega_t = \{(x,y) | (x-x_0)^2 + (y-y_0)^2 \leqslant (r-at)^2\},\ 0 \leqslant t \leqslant \frac{r}{a}.$$

若 $u(x,y,t)$ 是二维波动方程 $u_{tt} = a^2(u_{xx} + u_{yy})$ 在 Ω_t 内的解,证明:

$$E_0(t) \leqslant e^t E_0(0) + (e^t - 1)E(0).$$

其中 $E(t) = \iint_{\Omega_t} (u_t^2 + a^2(u_x^2 + u_y^2)) dx dy$, $E_0(t) = \iint_{\Omega_t} u^2 dx dy$.

28. 证明波动方程

$$u_{tt} - a^2(u_{xx} + u_{yy}) = f(x,y,t)$$

的非齐次项 f 在 $L^2(K)$ 意义下做微小改变时,对应的初值问题的解 $u(x,y,t)$ 在 $L^2(K)$ 意义下的改变也是微小的.

第 4 章
热传导方程

研究热传导、反应扩散等物理现象时会遇到的热传导方程是抛物型偏微分方程的典型代表. 由于此类方程的解对空间维数的依赖关系是很有规律的, 所以本章着重介绍最简单的一维热传导方程. 我们主要采用傅里叶变换求解初值问题的解, 然后利用分离变量法解出混合问题的解, 最后利用极值原理、最大模估计和能量模估计讨论解的适定性.

4.1 傅里叶变换及其基本性质

傅里叶变换在线性偏微分方程的研究中十分重要, 为线性偏微分方程转化为常微分方程提供了有力工具. 傅里叶级数在无穷域上的表现就是傅里叶积分. 我们首先从傅里叶级数出发, 形式上诱导出傅里叶积分.

设 $f(x) \in C^1(\mathbb{R})$, 对任意 $l > 0$, 则 $f(x)$ 在 $(-l, l)$ 有傅里叶级数

$$f(x) = \frac{a_0}{2} + \sum_{n=1}^{\infty} \left(a_n \cos \frac{n\pi}{l} x + b_n \sin \frac{n\pi}{l} x \right),$$

其中系数

$$a_n = \frac{1}{l} \int_{-l}^{l} f(z) \cos \frac{n\pi}{l} z \, \mathrm{d}z, \quad n = 0, 1, 2, \cdots,$$

$$b_n = \frac{1}{l} \int_{-l}^{l} f(z) \sin \frac{n\pi}{l} z \, \mathrm{d}z, \quad n = 1, 2, \cdots.$$

我们将系数 a_n, b_n 的表达式代入上式, 并利用三角函数和差化积公式得

$$f(x) = \frac{1}{2l} \int_{-l}^{l} f(z) \mathrm{d}z + \sum_{n=1}^{\infty} \frac{1}{l} \int_{-l}^{l} f(z) \cos \frac{n\pi}{l} (x - z) \mathrm{d}z. \quad (4.1)$$

如果 $f(x)$ 在 $\mathbb{R}$ 上绝对可积，当 $l \to \infty$ 时，式 (4.1) 右端第一项趋于零. 记

$$\lambda_n = \frac{n\pi}{l},\ \Delta\lambda = \Delta\lambda_n = \lambda_{n+1} - \lambda_n = \frac{\pi}{l},\ n=1,2,\cdots,$$

则式 (4.1) 形式上变成

$$\begin{aligned} f(x) &= \lim_{l\to\infty} \sum_{n=1}^{\infty} \frac{1}{l} \int_{-l}^{l} f(z) \cos\frac{n\pi}{l}(x-z)\mathrm{d}z \\ &= \lim_{\Delta\lambda\to 0} \frac{1}{\pi} \sum_{n=1}^{\infty} \Delta\lambda \int_{-l}^{l} f(z)\cos\lambda_n(x-z)\mathrm{d}z \\ &= \frac{1}{\pi}\int_{0}^{+\infty} \mathrm{d}\lambda \int_{-\infty}^{+\infty} f(z)\cos\lambda(x-z)\mathrm{d}z. \end{aligned} \qquad (4.2)$$

事实上，式 (4.2) 也可以写成复数形式. 将余弦函数写成复数形式

$$\cos\lambda(x-z) = \frac{1}{2}\left[\mathrm{e}^{\mathrm{i}\lambda(x-z)} + \mathrm{e}^{-\mathrm{i}\lambda(x-z)}\right],$$

则

$$\begin{aligned} f(x) &= \frac{1}{2\pi}\int_0^{+\infty}\mathrm{d}\lambda \int_{-\infty}^{+\infty} f(z)\mathrm{e}^{\mathrm{i}\lambda(x-z)}\mathrm{d}z + \\ &\quad \frac{1}{2\pi}\int_0^{+\infty}\mathrm{d}\lambda \int_{-\infty}^{+\infty} f(z)\mathrm{e}^{-\mathrm{i}\lambda(x-z)}\mathrm{d}z \\ &= \frac{1}{2\pi}\int_0^{+\infty}\mathrm{d}\lambda \int_{-\infty}^{+\infty} f(z)\mathrm{e}^{\mathrm{i}\lambda(x-z)}\mathrm{d}z + \\ &\quad \frac{1}{2\pi}\int_{-\infty}^{0}\mathrm{d}\lambda \int_{-\infty}^{+\infty} f(z)\mathrm{e}^{\mathrm{i}\lambda(x-z)}\mathrm{d}z \\ &= \frac{1}{2\pi}\int_{-\infty}^{+\infty}\mathrm{d}\lambda \int_{-\infty}^{+\infty} f(z)\mathrm{e}^{\mathrm{i}\lambda(x-z)}\mathrm{d}z. \end{aligned}$$

不难看出上式可以写成

$$f(x) = \frac{1}{\sqrt{2\pi}}\int_{-\infty}^{+\infty}\left[\frac{1}{\sqrt{2\pi}}\int_{-\infty}^{+\infty} f(z)\mathrm{e}^{-\mathrm{i}\lambda z}\mathrm{d}z\right]\mathrm{e}^{\mathrm{i}\lambda x}\mathrm{d}\lambda. \qquad (4.3)$$

由此，我们引入如下定义.

定义 4.1.1 设 $f(x) \in L^1(\mathbb{R})$，则对任意的 $\lambda \in \mathbb{R}$，无穷积分

$$\frac{1}{\sqrt{2\pi}}\int_{-\infty}^{+\infty} f(x)\mathrm{e}^{-\mathrm{i}\lambda x}\mathrm{d}x \qquad (4.4)$$

微课视频：Fourier 积分定理的讲解

有意义，称为 $f(x)$ 的 **傅里叶变换**，记为 $\widehat{f}(\lambda)$ 或 $(f(x))^\wedge$.

定理 4.1.1 (傅里叶积分定理) 若 $f(x) \in L^1(\mathbb{R}) \cap C^1(\mathbb{R})$，则

$$\lim_{N \to +\infty} \frac{1}{\sqrt{2\pi}} \int_{-N}^{N} \widehat{f}(\lambda) e^{i\lambda x} d\lambda = f(x). \tag{4.5}$$

式 (4.5) 称为**反演公式**. 左端的积分表示取柯西主值意义下的无穷积分，通常称为 **傅里叶逆变换**，记为 $(\widehat{f}(\lambda))^\vee$. 因此式 (4.5) 也可以写成

$$(\widehat{f})^\vee = f.$$

也就是说，一个属于 $L^1(\mathbb{R}) \cap C^1(\mathbb{R})$ 的函数作一次傅里叶变换后，再作一次傅里叶逆变换，就回到这个函数本身.

在证明傅里叶积分定理之前，我们先回顾定理证明中用到的以下结论.

黎曼–勒贝格引理 设 $f(x) \in C[a, b]$，则

$$\lim_{n \to +\infty} \int_a^b f(x) \sin nx \, dx = 0, \tag{4.6}$$

以及

$$\lim_{n \to +\infty} \int_{-n}^{n} \frac{\sin x}{x} dx = \pi. \tag{4.7}$$

我们将利用以上结论来证明傅里叶积分定理.

证明 由于 $f(x) \in L^1(\mathbb{R})$，则含参变量的积分

$$\int_{-\infty}^{+\infty} f(x) e^{-i\lambda x} dx$$

对 $\lambda \in \mathbb{R}$ 一致收敛且为 λ 的连续函数. 固定 $x \in \mathbb{R}$，由富比尼定理，交换积分次序得

$$\frac{1}{\sqrt{2\pi}} \int_{-N}^{N} \widehat{f}(\lambda) e^{i\lambda x} d\lambda = \frac{1}{2\pi} \int_{-\infty}^{+\infty} f(z) dz \int_{-N}^{N} e^{i\lambda(x-z)} d\lambda$$

$$= \frac{1}{\pi} \int_{-\infty}^{+\infty} f(z) \frac{\sin N(x-z)}{x-z} dz$$

$$= \frac{1}{\pi} \int_{-\infty}^{+\infty} f(x+\eta) \frac{\sin N\eta}{\eta} d\eta$$

$$= \frac{1}{\pi} \left(\int_{-\infty}^{-M} + \int_{-M}^{M} + \int_{M}^{+\infty} \right)$$

$$= I_1 + I_2 + I_3,$$

其中 M 为一个待定正数. 现在对 $I_i(i=1,2,3)$ 进行估计. 由正弦函数的有界性, 易知

$$|I_1| + |I_3| \leqslant \frac{1}{\pi M} \int_{-\infty}^{+\infty} |f(y)| \mathrm{d}y.$$

另一方面, 我们有

$$I_2 = \frac{1}{\pi} \int_{-M}^{M} \frac{f(x+\eta) - f(x)}{\eta} \sin N\eta \mathrm{d}\eta + \frac{f(x)}{\pi} \int_{-M}^{M} \frac{\sin N\eta}{\eta} \mathrm{d}\eta$$

$$= \frac{1}{\pi} \int_{-M}^{M} g(x,\eta) \sin N\eta \mathrm{d}\eta + \frac{f(x)}{\pi} \int_{-MN}^{MN} \frac{\sin \eta}{\eta} \mathrm{d}\eta,$$

其中 $g(x,\eta) = \int_0^1 f'(x+\tau\eta) \mathrm{d}\tau$ 是关于 η 的连续函数. 对于任意的 $\varepsilon > 0$, 先取定正数 M, 使得

$$|I_1| + |I_3| < \frac{\varepsilon}{2},$$

利用式 (4.6) 和式 (4.7) 再取定 N_0, 使得当 $N > N_0$ 时,

$$\left| \frac{1}{\pi} \int_{-M}^{M} g(x,\eta) \sin N\eta \mathrm{d}\eta \right| < \frac{\varepsilon}{4},$$

$$\left| \frac{f(x)}{\pi} \int_{-MN}^{MN} \frac{\sin \eta}{\eta} \mathrm{d}\eta - f(x) \right| < \frac{\varepsilon}{4}.$$

综上所述, 当 $N > N_0$ 时,

$$\left| \frac{1}{\sqrt{2\pi}} \int_{-N}^{N} \widehat{f}(\lambda) \mathrm{e}^{\mathrm{i}\lambda x} \mathrm{d}\lambda - f(x) \right| < \varepsilon.$$

定理证毕. ∎

【例 4.1.1】 求函数 $\mathrm{e}^{-|x|}$ 的傅里叶变换.

解 按照定义, 有

$$(\mathrm{e}^{-|x|})^{\wedge} = \frac{1}{\sqrt{2\pi}} \int_{-\infty}^{+\infty} \mathrm{e}^{-|x|} \mathrm{e}^{-\mathrm{i}\lambda x} \mathrm{d}x$$

$$= \frac{1}{\sqrt{2\pi}} \int_{-\infty}^{+\infty} \mathrm{e}^{-|x|} (\cos \lambda x + \mathrm{i} \sin \lambda x) \mathrm{d}x$$

$$= \frac{2}{\sqrt{2\pi}} \int_0^{+\infty} \mathrm{e}^{-x} \cos \lambda x \mathrm{d}x = \frac{\sqrt{2}}{\sqrt{\pi}(1+\lambda^2)}.$$

注 4.1.1 傅里叶变换有明确的物理意义, 如同傅里叶级数展开一样, 式 (4.3) 表示任一波 $f(x)$ 可以分解为简谐波 $e^{i\lambda x}$ 的叠加. $f(x)$ 的傅里叶变换 $\widehat{f}(\lambda)$ 恰好表示 $f(x)$ 中所包含的频数为 λ 的简谐波的复振幅. 因此, 只需观察 $\widehat{f}(\lambda)$, 我们就可以把 $f(x)$ 所包含的各种频率的波的强弱了解得一清二楚. 在应用科学中经常把 $\widehat{f}(\lambda)$ 称为 $f(x)$ 的频谱.

为了应用傅里叶变换求解初值问题, 我们介绍一些关于傅里叶变换的基本性质. 基于这些性质可以给出初值问题的解的表达式.

性质 4.1.1 (线性性质) 对于任意 $\alpha, \beta \in \mathbb{C}$ 及函数 $f_1(x), f_2(x) \in L^1(\mathbb{R})$, 有

$$(\alpha f_1(x) + \beta f_2(x))^\wedge = \alpha \widehat{f}_1(\lambda) + \beta \widehat{f}_2(\lambda).$$

性质 4.1.2 (平移性质) 对于任意实数 a, 若函数 $f(x) \in L^1(\mathbb{R})$, 有

$$(f(x-a))^\wedge = e^{-i\lambda a} \widehat{f}(\lambda), \quad \left[f(x)e^{iax}\right]^\wedge = \widehat{f}(\lambda - a).$$

证明 事实上,

$$(f(x-a))^\wedge = \frac{1}{\sqrt{2\pi}} \int_{-\infty}^{+\infty} f(x-a) e^{-i\lambda x} dx$$
$$= \frac{1}{\sqrt{2\pi}} \int_{-\infty}^{+\infty} f(t) e^{-i\lambda(a+t)} dt = e^{-i\lambda a} \widehat{f}(\lambda).$$

同理可证第二个等式. ∎

推论 4.1.1 对于任意实数 a, 若函数 $f(x) \in L^1(\mathbb{R})$, 有

$$\widehat{f}(\lambda) \cos a\lambda = \frac{1}{2}\left[(f(x+a))^\wedge + (f(x-a))^\wedge\right],$$

$$\widehat{f}(\lambda) \sin a\lambda = \frac{1}{2i}\left[(f(x+a))^\wedge - (f(x-a))^\wedge\right].$$

性质 4.1.3 (微商性质) 如果 $f(x), f'(x) \in L^1(\mathbb{R}) \cap C(\mathbb{R})$, 则有

$$(f'(x))^\wedge = i\lambda \widehat{f}(\lambda).$$

证明 由于 $f'(x) \in L^1(\mathbb{R}) \cap C(\mathbb{R})$, 因此有

$$f(x) = f(0) + \int_0^x f'(t) dt,$$

且有极限

$$\lim_{x\to\pm\infty} f(x) = a_\pm = f(0) + \int_0^{\pm\infty} f'(t)\mathrm{d}t.$$

又由于 $f(x) \in L^1(\mathbb{R})$, 则由反证法可知 $a_\pm = 0$, 即

$$\lim_{x\to\pm\infty} f(x) = 0.$$

利用上式和分部积分公式, 有

$$\begin{aligned}
(f'(x))^\wedge &= \frac{1}{\sqrt{2\pi}} \int_{-\infty}^{+\infty} f'(x)\mathrm{e}^{-\mathrm{i}\lambda x}\mathrm{d}x \\
&= \frac{1}{\sqrt{2\pi}} \left(f(x)\mathrm{e}^{-\mathrm{i}\lambda x}\Big|_{-\infty}^{+\infty} + \int_{-\infty}^{+\infty} \mathrm{i}\lambda f(x)\mathrm{e}^{-\mathrm{i}\lambda x}\mathrm{d}x \right) \\
&= \mathrm{i}\lambda \frac{1}{\sqrt{2\pi}} \int_{-\infty}^{+\infty} f(x)\mathrm{e}^{-\mathrm{i}\lambda x}\mathrm{d}x = \mathrm{i}\lambda \widehat{f}(\lambda).
\end{aligned}$$ ∎

一般地, 若 $f, f', \cdots, f^{(n)} \in L^1(\mathbb{R}) \cap C(\mathbb{R})$, 则有

$$\left(f^{(n)}(x)\right)^\wedge = (\mathrm{i}\lambda)^n \widehat{f}(\lambda).$$

利用傅里叶变换的微商性质可将函数的微商运算转化为乘积运算. 因此, 通过傅里叶变换可以把常微分方程转化为代数方程, 把二元偏微分方程转化为常微分方程.

性质 4.1.4 (伸缩性质) 若函数 $f(x) \in L^1(\mathbb{R})$, 常数 $a \neq 0$, 则

$$(f(ax))^\wedge = \frac{1}{|a|} \widehat{f}\left(\frac{\lambda}{a}\right).$$

证明 不失一般性, 设 $a > 0$, 由定义 4.1.1 得

$$\begin{aligned}
(f(ax))^\wedge &= \frac{1}{\sqrt{2\pi}} \int_{-\infty}^{+\infty} f(ax)\mathrm{e}^{-\mathrm{i}\lambda x}\mathrm{d}x \\
&= \frac{1}{\sqrt{2\pi}} \int_{-\infty}^{+\infty} f(y)\mathrm{e}^{-\mathrm{i}\lambda \frac{y}{a}}\mathrm{d}\frac{y}{a} \\
&= \frac{1}{\sqrt{2\pi}} \left(\frac{1}{a}\right) \int_{-\infty}^{+\infty} f(y)\mathrm{e}^{-\mathrm{i}\frac{\lambda}{a} y}\mathrm{d}y \\
&= \frac{1}{|a|} \widehat{f}\left(\frac{\lambda}{a}\right).
\end{aligned}$$ ∎

【例 4.1.2】 求函数 $h(x) = e^{-a|x|}$ 的傅里叶变换, 其中 a 是正常数.

解 记 $f(x) = e^{-|x|}$, 则有 $h(x) = f(ax)$. 依次利用伸缩性质及例 4.1.1, 得到

$$(h(x))^\wedge = \frac{1}{a}\widehat{f}\left(\frac{\lambda}{a}\right) = \frac{1}{a}\frac{\sqrt{2}}{\sqrt{\pi}(1+(\lambda/a)^2)} = \frac{\sqrt{2}a}{\sqrt{\pi}(a^2+\lambda^2)}.$$

性质 4.1.5 (对称性质) 如果 $f(x) \in L^1(\mathbb{R})$, 则

$$(f(x))^\vee = \widehat{f}(-\lambda).$$

证明 由定义 4.1.1 得

$$(f(x))^\vee = \frac{1}{\sqrt{2\pi}}\int_{-\infty}^{+\infty} f(x)e^{i\lambda x}dx = \widehat{f}(-\lambda). \qquad \blacksquare$$

【例 4.1.3】 求函数 $g(\lambda) = e^{-a|\lambda|}$ 的傅里叶逆变换, 其中 $a > 0$ 是参数.

解 利用对称性质和例 4.1.2, 得到

$$\left(e^{-a|\lambda|}\right)^\vee = \frac{\sqrt{2}a}{\sqrt{\pi}(a^2+(-x)^2)} = \frac{\sqrt{2}a}{\sqrt{\pi}(a^2+x^2)}.$$

性质 4.1.6 (乘多项式) 如果 $f(x), xf(x) \in L^1(\mathbb{R})$, 则

$$(xf(x))^\wedge = i\frac{d}{d\lambda}\widehat{f}(\lambda).$$

证明 由于 $f(x), xf(x) \in L^1(\mathbb{R})$, 故 $\widehat{f}(\lambda)$ 是 λ 的连续可微函数, 且由定义 4.1.1 可知

$$(xf(x))^\wedge = \frac{1}{\sqrt{2\pi}}\int_{-\infty}^{+\infty} xf(x)e^{-i\lambda x}dx$$

$$= i\frac{1}{\sqrt{2\pi}}\int_{-\infty}^{+\infty}(-ix)f(x)e^{-i\lambda x}dx = i\frac{d}{d\lambda}\widehat{f}(\lambda). \qquad \blacksquare$$

一般地, 若 $f(x), xf(x), \cdots, x^k f(x) \in L^1(\mathbb{R})$, 那么

$$\left(x^k f(x)\right)^\wedge = i^k \frac{d^k}{d\lambda^k}\widehat{f}(\lambda).$$

第 4 章 热传导方程

【例 4.1.4】 求高斯函数 $f(x) = e^{-x^2}$ 的傅里叶变换.

解 根据定义 4.1.1 和乘多项式性质, 得

$$\widehat{f}(\lambda) = \frac{1}{\sqrt{2\pi}} \int_{-\infty}^{+\infty} e^{-x^2} e^{-i\lambda x} dx$$

$$= \frac{1}{\sqrt{2\pi}} \left(-\frac{1}{i\lambda} e^{-x^2} e^{-i\lambda x} \Big|_{-\infty}^{+\infty} + \frac{2i}{\lambda} \int_{-\infty}^{+\infty} x e^{-x^2} e^{-i\lambda x} dx \right)$$

$$= \frac{2i}{\lambda} (xf(x))^{\wedge} = -\frac{2}{\lambda} \frac{d}{d\lambda} \widehat{f}(\lambda).$$

同时注意到恒等式

$$\int_{-\infty}^{+\infty} e^{-x^2} dx = \sqrt{\pi}.$$

于是, $f(x)$ 的傅里叶变换 $\widehat{f}(\lambda)$ 满足常微分方程初值问题

$$\begin{cases} \dfrac{d}{d\lambda} \widehat{f}(\lambda) + \dfrac{\lambda}{2} \widehat{f}(\lambda) = 0, \\ \widehat{f}(0) = \dfrac{1}{\sqrt{2}}. \end{cases}$$

解之得

$$\widehat{f}(\lambda) = \frac{1}{\sqrt{2}} e^{-\frac{\lambda^2}{4}}.$$

利用伸缩性质我们还可知道, 对于任意的正常数 K, 有

$$\left(e^{-Kx^2} \right)^{\wedge} = \left(e^{-(\sqrt{K}x)^2} \right)^{\wedge} = \frac{1}{\sqrt{2K}} e^{-\frac{\lambda^2}{4K}}.$$

特别地, 对于 $a > 0$ 和 $t > 0$, 取 $K = (4a^2 t)^{-1}$, 得

$$\left(\exp\left(-\frac{x^2}{4a^2 t} \right) \right)^{\wedge} = a\sqrt{2t} e^{-(a\lambda)^2 t}.$$

于是

$$\left(e^{-(a\lambda)^2 t} \right)^{\vee} = \frac{1}{a\sqrt{2t}} \exp\left(-\frac{x^2}{4a^2 t} \right). \qquad (4.8)$$

性质 4.1.7 (积分性质) $\left(\displaystyle\int_{-\infty}^{x} f(y) dy \right)^{\wedge} = -\frac{i}{\lambda} \widehat{f}(\lambda).$

证明 因为

$$\frac{\mathrm{d}}{\mathrm{d}x}\int_{-\infty}^{x}f(y)\mathrm{d}y = f(x),$$

所以

$$\left(\frac{\mathrm{d}}{\mathrm{d}x}\int_{-\infty}^{x}f(y)\mathrm{d}y\right)^{\wedge} = \widehat{f}(\lambda).$$

另一方面，由微商性质得到

$$\left(\frac{\mathrm{d}}{\mathrm{d}x}\int_{-\infty}^{x}f(y)\mathrm{d}y\right)^{\wedge} = \mathrm{i}\lambda\left(\int_{-\infty}^{x}f(y)\mathrm{d}y\right)^{\wedge}.$$

从而，

$$\left(\int_{-\infty}^{x}f(y)\mathrm{d}y\right)^{\wedge} = -\frac{\mathrm{i}}{\lambda}\widehat{f}(\lambda).$$

故结论成立. ∎

定义 4.1.2 设函数 $f(x), g(x)$ 在 $\mathbb{R}$ 上有定义，如果积分 $\int_{-\infty}^{+\infty}f(x-y)g(y)\mathrm{d}y$ 对所有 $x\in\mathbb{R}$ 都收敛，则称该积分为 f 与 g 的**卷积**，记为

$$(f*g)(x) = \int_{-\infty}^{+\infty}f(x-y)g(y)\mathrm{d}y.$$

由定义，可知卷积有如下性质：

(1) **交换律** $f*g = g*f$；
(2) **结合律** $(f*g)*h = f*(g*h)$；
(3) **分配律** $f*(g+h) = f*g + f*h$.

性质 4.1.8 (卷积定理) 设 $f(x), g(x) \in L^{1}(\mathbb{R})$，则

$$(f*g)^{\wedge} = \sqrt{2\pi}\widehat{f}(\lambda)\cdot\widehat{g}(\lambda).$$

证明 我们先证明 $f*g \in L^{1}(\mathbb{R})$. 由富比尼定理可得

$$\int_{-\infty}^{+\infty}|f*g|\mathrm{d}x = \int_{-\infty}^{+\infty}\mathrm{d}x\left|\int_{-\infty}^{+\infty}f(x-y)g(y)\mathrm{d}y\right|$$

$$\leqslant \int_{-\infty}^{+\infty}\mathrm{d}x\int_{-\infty}^{+\infty}|f(x-y)g(y)|\,\mathrm{d}y$$

$$\leqslant \int_{-\infty}^{+\infty}|g(y)|\,\mathrm{d}y\int_{-\infty}^{+\infty}|f(x-y)|\mathrm{d}x$$

$$= \int_{-\infty}^{+\infty} |g(y)| \, dy \int_{-\infty}^{+\infty} |f(x)| \, dx,$$

从而 $(f*g)(x) \in L^1(\mathbb{R})$. 再由富比尼定理, 有

$$(f*g)^\wedge = \frac{1}{\sqrt{2\pi}} \int_{-\infty}^{+\infty} e^{-i\lambda x} dx \int_{-\infty}^{+\infty} f(x-y) g(y) dy$$

$$= \frac{1}{\sqrt{2\pi}} \int_{-\infty}^{+\infty} g(y) e^{-i\lambda y} dy \int_{-\infty}^{+\infty} f(x-y) e^{-i\lambda(x-y)} dx$$

$$= \sqrt{2\pi} \widehat{g}(\lambda) \widehat{f}(\lambda). \qquad \blacksquare$$

这一节最后, 我们简要介绍多元函数的傅里叶变换.

定义 4.1.3 设 $f(x_1, x_2, \cdots, x_n) \in L^1(\mathbb{R}^n)$, 则积分

$$\frac{1}{(\sqrt{2\pi})^n} \int_{-\infty}^{+\infty} \cdots \int_{-\infty}^{+\infty} f(x_1, \cdots, x_n) e^{-i(\lambda_1 x_1 + \cdots + \lambda_n x_n)} dx_1 \cdots dx_n$$

有意义, 称为 $f(x_1, \cdots, x_n)$ 的**傅里叶变换**, 记为 $\widehat{f}(\lambda_1, \cdots, \lambda_n)$ 或 $(f(x_1, \cdots, x_n))^\wedge$.

定理 4.1.2 若 $f(x_1, x_2, \cdots, x_n) \in L^1(\mathbb{R}^n) \cap C^1(\mathbb{R}^n)$, 则

$$\left(\widehat{f}(\lambda_1, \cdots, \lambda_n)\right)^\vee$$

$$= \lim_{N \to \infty} \frac{1}{(\sqrt{2\pi})^n} \int_{-N}^{N} \cdots \int_{-N}^{N} \widehat{f}(\lambda_1, \cdots, \lambda_n)$$

$$e^{i(\lambda_1 x_1 + \cdots + \lambda_n x_n)} d\lambda_1 \cdots d\lambda_n$$

$$= f(x_1, \cdots, x_n).$$

容易证明关于一维傅里叶变换的性质 4.1.1 ~ 性质 4.1.8, 对于高维傅里叶变换仍然成立. 此外还有如下结论:

性质 4.1.9 (分离变量性质) 设 $f(x_1, x_2, \cdots, x_n) = f_1(x_1) f_2(x_2) \cdots f_n(x_n)$, 其中 $f_i(x_i) \in L^1(\mathbb{R})$, 则

$$\widehat{f}(\lambda_1, \cdots, \lambda_n) = \prod_{i=1}^{n} \widehat{f_i}(\lambda_i).$$

【例 4.1.5】 求函数 $f(x_1, x_2, \cdots, x_n) = e^{-A(x_1^2+x_2^2+\cdots+x_n^2)}(A > 0)$ 的傅里叶变换.

解 根据分离变量性质, 得

$$\widehat{f}(\lambda_1, \cdots, \lambda_n) = \prod_{i=1}^{n} \left(e^{-Ax_i^2}\right)^{\wedge} = \prod_{i=1}^{n} \frac{1}{\sqrt{2A}} e^{-\frac{\lambda_i^2}{4A}}$$

$$= \frac{1}{\sqrt{2A}^n} \exp\left(-\frac{1}{4A} \sum_{i=1}^{n} \lambda_i^2\right).$$

4.2 热传导方程的初值问题

4.2.1 初值问题与基本解

我们利用傅里叶变换来求解齐次热传导方程的初值问题

$$\begin{cases} u_t - a^2 u_{xx} = 0, & x \in \mathbb{R},\ t > 0, \\ u(x,0) = \varphi(x), & x \in \mathbb{R}. \end{cases} \tag{4.9}$$

对方程和初始条件两边关于 x 作傅里叶变换, 利用性质 4.1.1 和性质 4.1.3 得到

$$\begin{cases} \dfrac{\mathrm{d}}{\mathrm{d}t}\widehat{u}(\lambda,t) + (a\lambda)^2 \widehat{u} = 0, \\ \widehat{u}(\lambda,0) = \widehat{\varphi}(\lambda). \end{cases}$$

其中 $\widehat{u}(\lambda,t)$, $\widehat{\varphi}(\lambda)$ 分别是 $u(x,t)$ 及 $\varphi(x)$ 关于 x 的傅里叶变换. 把 λ 看作参数, 从上面的常微分方程初值问题解出

$$\widehat{u}(\lambda,t) = \widehat{\varphi}(\lambda) e^{-(a\lambda)^2 t}.$$

上式两边求傅里叶逆变换, 并利用性质 4.1.8 和式 (4.8) 得到

$$u(x,t) = \left(\widehat{\varphi}(\lambda) e^{-(a\lambda)^2 t}\right)^{\vee}$$

$$= \frac{1}{\sqrt{2\pi}} \varphi(x) * \left(e^{-(a\lambda)^2 t}\right)^{\vee}$$

$$= \frac{1}{2a\sqrt{\pi t}} \int_{-\infty}^{+\infty} \exp\left(-\frac{(x-y)^2}{4a^2 t}\right) \varphi(y) \mathrm{d}y. \tag{4.10}$$

我们通常称式 (4.10) 为初值问题 (4.9) 的 **泊松公式**. 若记

$$G(x,t) = \frac{1}{2a\sqrt{\pi t}} \exp\left(-\frac{x^2}{4a^2 t}\right), \quad t > 0, \qquad (4.11)$$

则式 (4.10) 可表示为

$$u(x,t) = \int_{-\infty}^{+\infty} G(x-y,t)\varphi(y)\mathrm{d}y. \qquad (4.12)$$

由式 (4.11) 所确定的函数 $G(x,t)$ 称为**热核函数**, 也可称为一维热传导方程的初值问题的**基本解**.

热核函数 (4.11) 具有下列性质:

(1) $G(x-y,t) > 0$, $G(x-y,t) \in C^\infty$, $\forall x \in \mathbb{R}, y \in \mathbb{R}, t > 0$.

(2) $\left(\dfrac{\partial}{\partial t} - a^2 \Delta\right) G(x-y,t) = 0, \forall x \in \mathbb{R}, y \in \mathbb{R}, t > 0$, 这里, $\Delta = \Delta_x$ 或 Δ_y.

(3) $\displaystyle\int_{-\infty}^{+\infty} G(x-y,t)\mathrm{d}y = 1$, $\quad \forall x \in \mathbb{R}, t > 0$.

(4) 对任意正数 δ, 有

$$\lim_{t\to 0^+} \int_{|y-x|>\delta} G(x-y,t)\mathrm{d}y = 0, \quad \forall x \in \mathbb{R}.$$

性质 (1)、(2) 可直接由 G 的表达式 (4.11) 得到. 对于性质 (3), 作变量替换

$$\eta = \frac{x-y}{2a\sqrt{t}}, \qquad (4.13)$$

则

$$\int_{-\infty}^{+\infty} G(x-y,t)\mathrm{d}y = \frac{1}{2a\sqrt{\pi t}} \int_{-\infty}^{+\infty} \exp\left(-\frac{(x-y)^2}{4a^2 t}\right) \mathrm{d}y$$

$$= \frac{1}{\sqrt{\pi}} \int_{-\infty}^{+\infty} \mathrm{e}^{-\eta^2} \mathrm{d}\eta$$

$$= 1.$$

关于性质 (4), 仍作变换 (4.13), 得

$$\lim_{t\to 0^+} \int_{|y-x|>\delta} G(x-y,t)\mathrm{d}y = \lim_{t\to 0^+} \frac{1}{\sqrt{\pi}} \int_{|\eta|>\frac{\delta}{2a\sqrt{t}}} \mathrm{e}^{-\eta^2} \mathrm{d}\eta,$$

由于欧拉 (Euler) 积分是收敛的, 故上述极限等于零.

在推导问题 (4.9) 的形式解 (4.10) 的过程中, 假设事实上, 初始条件 $\varphi(x)$ 有傅里叶变换和傅里叶逆变换, 这通常要求 $\varphi(x) \in L^1 \cap C^1$. 事实上, 当 $\varphi(x)$ 满足弱很多的条件时, 可以证明由泊松公式 (4.10) 所表示的函数 $u(x,t)$ 也为初值问题 (4.9) 的解.

微课视频: 定理 4.2.1 的证明讲解

定理 4.2.1 若 $\varphi(x) \in C(\mathbb{R})$ 且有界, 则由泊松公式 (4.10) 所确定的函数 $u(x,t)$ 是初值问题 (4.9) 的古典解.

证明 首先, 验证由式 (4.10) 所确定的函数 $u(x,t)$ 满足初值问题 (4.9) 中的方程. 当 $t>0$ 时, 由于 $|\varphi(x)| \leqslant M$ 对某个正常数 M 成立, 由热核函数性质 (3) 有

$$|u(x,t)| \leqslant M \int_{-\infty}^{+\infty} G(x-y,t)\mathrm{d}y = M.$$

这表明积分 (4.10) 关于 x,t 是一致收敛的, 且由积分 (4.10) 所确定的函数 $u(x,t)$ 是一致有界的. 下面证明式 (4.10) 在积分号下求导后得到的积分也是一致收敛的. 仅对 x 的一阶偏导数为例证明. 事实上, 由变换 (4.13) 有

$$\left| \frac{1}{2a\sqrt{\pi t}} \int_{-\infty}^{+\infty} \frac{y-x}{2a^2 t} \mathrm{e}^{-\frac{(x-y)^2}{4a^2 t}} \varphi(y)\mathrm{d}y \right|$$

$$\leqslant \frac{1}{2a\sqrt{\pi t}} \int_{-\infty}^{+\infty} \frac{|y-x|}{2a^2 t} |\varphi(y)| \mathrm{e}^{-\frac{(x-y)^2}{4a^2 t}} \mathrm{d}y$$

$$= \frac{1}{a\sqrt{\pi t}} \int_{-\infty}^{+\infty} |\eta \varphi(x+2a\sqrt{t}\eta)| \mathrm{e}^{-\eta^2} \mathrm{d}\eta$$

$$\leqslant \frac{2M}{a\sqrt{\pi t}} \int_0^{+\infty} \eta \mathrm{e}^{-\eta^2} \mathrm{d}\eta$$

$$= \frac{M}{a\sqrt{\pi t}}.$$

由此可以得到积分号下求导后的积分关于 x,t 一致收敛. 于是, 进行类似的估计可以得到式 (4.10) 确定的函数 $u(x,t)$ 积分号内可微分任意多次, 即

$$\frac{\partial^{k+l} u}{\partial x^k \partial t^l} = \int_{-\infty}^{+\infty} \frac{\partial^{k+l}}{\partial x^k \partial t^l} G(x-y,t)\varphi(y)\mathrm{d}y,$$

所以, $u(x,t) \in C^\infty(\mathbb{R} \times \mathbb{R}_+)$. 由热核函数性质 (2), 有

$$u_t - a^2 u_{xx} = \int_{-\infty}^{+\infty} \left(\frac{\partial}{\partial t} - a^2 \frac{\partial^2}{\partial x^2} \right) G(x-y,t)\varphi(y)\mathrm{d}y = 0.$$

接着证明式 (4.10) 确定的函数 $u(x,t)$ 满足初值问题 (4.9) 中的初始条件. 式 (4.10) 经过变换 (4.13) 可化为

$$u(x,t) = \frac{1}{\sqrt{\pi}} \int_{-\infty}^{+\infty} \varphi(x+2a\sqrt{t}\eta)\mathrm{e}^{-\eta^2}\mathrm{d}\eta.$$

因此

$$u(x,t) - \varphi(x) = \frac{1}{\sqrt{\pi}} \int_{-\infty}^{+\infty} [\varphi(x + 2a\sqrt{t}\eta) - \varphi(x)] e^{-\eta^2} d\eta.$$

由于函数 $\varphi(x)$ 有界, 因此对任意 x, t 和 η, 有

$$|\varphi(x + 2a\sqrt{t}\eta) - \varphi(x)| \leqslant 2M.$$

又由于欧拉积分收敛, 故对任意给定的 $\varepsilon > 0$, 存在充分大正数 N, 使得

$$\frac{1}{\sqrt{\pi}} \int_N^{+\infty} e^{-\eta^2} d\eta < \frac{\varepsilon}{6M}, \quad \frac{1}{\sqrt{\pi}} \int_{-\infty}^{-N} e^{-\eta^2} d\eta < \frac{\varepsilon}{6M}.$$

由于 $\varphi(x)$ 是连续的, 则对任意的 $x \in \mathbb{R}$, 存在 $\delta(x) > 0$ 使得当 $0 < t < \delta(x)$ 时, 对所有满足 $-N \leqslant \eta \leqslant N$ 的 η, 有

$$|\varphi(x + 2a\sqrt{t}\eta) - \varphi(x)| \leqslant \frac{\varepsilon}{3}.$$

因此,

$$|u(x,t) - \varphi(x)| \leqslant \frac{1}{\sqrt{\pi}} \int_{-\infty}^{+\infty} \left| \varphi(x + 2a\sqrt{t}\eta) - \varphi(x) \right| e^{-\eta^2} d\eta$$

$$\leqslant \frac{2M}{\sqrt{\pi}} \left(\int_{-\infty}^{-N} e^{-\eta^2} d\eta + \int_N^{+\infty} e^{-\eta^2} d\eta \right) +$$

$$\frac{1}{\sqrt{\pi}} \int_{-N}^{N} \left| \varphi(x + 2a\sqrt{t}\eta) - \varphi(x) \right| e^{-\eta^2} d\eta$$

$$< 2M \left(\frac{\varepsilon}{6M} + \frac{\varepsilon}{6M} \right) + \frac{\varepsilon}{3} = \varepsilon.$$

由此, 可以得到

$$\lim_{t \to 0^+} u(x,t) = \varphi(x). \qquad \blacksquare$$

注 4.2.1 由热核函数性质 (1)~ 性质 (3)、泊松公式 (4.10) 可得, 对于有界的 $\varphi(x)$, 有

$$\inf_{y \in \mathbb{R}} \varphi(y) \leqslant u(x,t) \leqslant \sup_{y \in \mathbb{R}} \varphi(y).$$

这与热传导方程描述的物理现象是一致的: 在没有热源以及没有热量传入的情况下, 在任何时刻, 温度场中的温度都不会超过初始最高温度, 也不会低于初始最低温度.

注 4.2.2 由泊松公式 (4.10) 给出的解 $u(x,t)$ 在任一点 $(x,t)(t>0)$ 的值依赖于初值 $\varphi(x)$ 在整个 x 轴上的值, 没有有限的依赖区域. 如果初值 $\varphi(x)$ 只在杆上某一小段区间 $(x_0-\delta, x_0+\delta)$ 上不为零, 不妨设 $\varphi(x)>0$, 那么只要 $t>0$, 杆上每一点的温度 $u(x,t)$ 为正. 也就是说, 顷刻之间热量就传到杆上的每一点, 即热的传播速度是无限的. 因此, 在物理现象中严格应用热传导方程有明显的局限性. 反观波动方程, 波的传播速度是有限的.

对于非齐次热传导方程初值问题

$$\begin{cases} u_t - a^2 u_{xx} = f(x,t), & x \in \mathbb{R},\ t>0, \\ u(x,0) = \varphi(x), & x \in \mathbb{R}, \end{cases} \tag{4.14}$$

如同波动方程, 可用齐次化原理求解. 设 $w(x,t;\tau)$ 是初值问题

$$\begin{cases} w_t - a^2 w_{xx} = 0, & x \in \mathbb{R}, t>\tau, \\ w|_{t=\tau} = f(x,\tau), & x \in \mathbb{R} \end{cases}$$

的解, 则 $u(x,t) = \int_0^t w(x,t;\tau) \mathrm{d}\tau$ 是初值问题

$$\begin{cases} u_t - a^2 u_{xx} = f(x,t), & x \in \mathbb{R}, t>0, \\ u|_{t=0} = 0, & x \in \mathbb{R} \end{cases}$$

的解.

利用叠加原理、齐次化原理和式 (4.12), 问题 (4.14) 的解可表示为

$$\begin{aligned} u(x,t) = &\int_{-\infty}^{+\infty} G(x-y,t)\varphi(y)\mathrm{d}y + \\ &\int_0^t \mathrm{d}s \int_{-\infty}^{+\infty} G(x-y,t-s)f(y,s)\mathrm{d}y. \end{aligned} \tag{4.15}$$

对非齐次项 $f(x,t)$ 及初值 $\varphi(x)$ 给出适当的条件, 用类似于定理 4.2.1 的证明方法, 我们有:

定理 4.2.2 若 $\varphi(x) \in C(\mathbb{R})$, $f(x,t) \in C(\mathbb{R} \times \mathbb{R}_+)$ 且均有界, 则由式 (4.15) 所确定的函数 $u(x,t)$ 是初值问题 (4.14) 的古典解.

【例 4.2.1】 求解初值问题

$$\begin{cases} u_t - u_{xx} = 0, & x \in \mathbb{R},\ t > 0, \\ u(x,0) = \begin{cases} c, & x \geqslant 0, \\ 0, & x < 0, \end{cases} \end{cases}$$

其中 c 是常数.

解 直接利用式 (4.10), 可得

$$u(x,t) = \frac{c}{2\sqrt{\pi t}} \int_0^{+\infty} \exp\left(-\frac{(x-y)^2}{4t}\right) \mathrm{d}y.$$

若令 $\eta = \dfrac{y-x}{2\sqrt{t}}$, 则有

$$u(x,t) = \frac{c}{\sqrt{\pi}} \int_{-\frac{x}{2\sqrt{t}}}^{+\infty} \mathrm{e}^{-\eta^2} \mathrm{d}\eta$$

$$= \frac{c}{\sqrt{\pi}} \left(\int_{-\frac{x}{2\sqrt{t}}}^0 \mathrm{e}^{-\eta^2} \mathrm{d}\eta + \int_0^{+\infty} \mathrm{e}^{-\eta^2} \mathrm{d}\eta \right)$$

$$= \frac{c}{\sqrt{\pi}} \left(\int_0^{\frac{x}{2\sqrt{t}}} \mathrm{e}^{-\eta^2} \mathrm{d}\eta + \frac{\sqrt{\pi}}{2} \right).$$

已知误差函数 $\mathrm{erf}(s) = \dfrac{2}{\sqrt{\pi}} \displaystyle\int_0^s \mathrm{e}^{-\eta^2} \mathrm{d}\eta$, 故

$$u(x,t) = \frac{c}{2}\left(1 + \mathrm{erf}\left(\frac{x}{2\sqrt{t}}\right)\right).$$

【例 4.2.2】 求解初值问题

$$\begin{cases} u_t - u_{xx} = 0, & x \in \mathbb{R}, t > 0, \\ u(x,0) = \sin x, & x \in \mathbb{R} \end{cases}$$

解 由求解公式 (4.10), 有

$$u(x,t) = \frac{1}{2\sqrt{\pi t}} \int_{-\infty}^{+\infty} \sin y \exp\left(-\frac{(x-y)^2}{4t}\right) \mathrm{d}y.$$

若令 $\eta = \dfrac{y-x}{2\sqrt{t}}$，则有

$$u(x,t) = \frac{1}{\sqrt{\pi}} \int_{-\infty}^{+\infty} \sin(x + 2\sqrt{t}\eta) e^{-\eta^2} \, d\eta$$

$$= \frac{1}{\sqrt{\pi}} \int_{-\infty}^{+\infty} e^{-\eta^2} (\sin x \cos(2\sqrt{t}\eta) + \cos x \sin(2\sqrt{t}\eta)) d\eta$$

$$= \frac{\sin x}{\sqrt{\pi}} \int_{-\infty}^{+\infty} e^{-\eta^2} \cos(2\sqrt{t}\eta) d\eta.$$

记 $F(t) = \displaystyle\int_{-\infty}^{+\infty} e^{-\eta^2} \cos(2t\eta) d\eta$, 则

$$F'(t) = \int_{-\infty}^{+\infty} e^{-\eta^2} (-2\eta) \sin(2t\eta) d\eta$$

$$= e^{-\eta^2} \sin(2t\eta) \Big|_{-\infty}^{+\infty} - \int_{-\infty}^{+\infty} e^{-\eta^2} (2t) \cos(2t\eta) d\eta$$

$$= -2t F(t),$$

且

$$F(0) = \int_{-\infty}^{+\infty} e^{-\eta^2} d\eta = \sqrt{\pi}.$$

该常微分方程初值问题的解为

$$F(t) = \sqrt{\pi} e^{-t^2}.$$

因此, 初值问题的解为

$$u(x,t) = \frac{\sin x}{\sqrt{\pi}} \sqrt{\pi} e^{-t} = e^{-t} \sin x.$$

【例 4.2.3】 试求定解问题

$$\begin{cases} u_t - u_{xx} - tu = 0, & x \in \mathbb{R},\ t > 0, \\ u(x,0) = \varphi(x), & x \in \mathbb{R} \end{cases}$$

的解.

解 对方程及初始条件关于 x 施行傅里叶变换, 有

$$\begin{cases} \widehat{u}_t = -\lambda^2 \widehat{u} + t\widehat{u}, & t > 0, \\ \widehat{u}(\lambda, 0) = \widehat{\varphi}(\lambda). \end{cases}$$

其中 $\widehat{u}(\lambda,t)$, $\widehat{\varphi}(\lambda)$ 分别是 $u(x,t)$, φ 关于 x 的傅里叶变换. 把 λ 看作参数, 可以解出

$$\widehat{u}(\lambda,t) = \widehat{\varphi}(\lambda)\mathrm{e}^{-\lambda^2 t + t^2/2}.$$

根据卷积定理和式 (4.8), 得到

$$u(x,t) = \frac{1}{\sqrt{2\pi}} \mathrm{e}^{t^2/2} (\widehat{\varphi}(\lambda))^{\vee} * \left(\mathrm{e}^{-\lambda^2 t}\right)^{\vee}$$
$$= \frac{1}{2\sqrt{\pi t}} \mathrm{e}^{t^2/2} \int_{-\infty}^{+\infty} \exp\left(-\frac{(x-y)^2}{4t}\right) \varphi(y) \mathrm{d}y.$$

【例 4.2.4】 用傅里叶变换法求解一维弦振动方程初值问题

$$\begin{cases} u_{tt} - a^2 u_{xx} = 0, & x \in \mathbb{R}, \ t > 0, \\ u(x,0) = \varphi(x), u_t(x,0) = \psi(x), & x \in \mathbb{R}. \end{cases}$$

微课视频: Fourier 变换求解 Laplace 方程定解问题

解 对方程及初始条件关于 x 施行傅里叶变换, 有

$$\begin{cases} \widehat{u}_{tt} = -a^2 \lambda^2 \widehat{u}, & t > 0, \\ \widehat{u}(\lambda,0) = \widehat{\varphi}(\lambda), \ \widehat{u}_t(\lambda,0) = \widehat{\psi}(\lambda). \end{cases}$$

把 λ 看作参数, 可以解出

$$\widehat{u}(\lambda,t) = C_1(\lambda)\mathrm{e}^{\mathrm{i}a\lambda t} + C_2(\lambda)\mathrm{e}^{-\mathrm{i}a\lambda t},$$

由 $\widehat{u}(\lambda,t)$ 的初始条件得

$$\widehat{\varphi}(\lambda) = \widehat{u}(\lambda,0) = C_1(\lambda) + C_2(\lambda),$$
$$\widehat{\psi}(\lambda) = \widehat{u}_t(\lambda,0) = \mathrm{i}a\lambda[C_1(\lambda) - C_2(\lambda)].$$

解出 $C_1(\lambda)$ 和 $C_2(\lambda)$ 并将其代入 $\widehat{u}(\lambda,t)$ 的表达式得

$$\widehat{u}(\lambda,t) = \frac{1}{2}\widehat{\varphi}(\lambda)\left(\mathrm{e}^{\mathrm{i}a\lambda t} + \mathrm{e}^{-\mathrm{i}a\lambda t}\right) - \frac{\mathrm{i}}{2a\lambda}\widehat{\psi}(\lambda)\left(\mathrm{e}^{\mathrm{i}a\lambda t} - \mathrm{e}^{-\mathrm{i}a\lambda t}\right).$$

利用傅里叶变换的平移性质, 有

$$(\widehat{\varphi}(\lambda)\mathrm{e}^{\pm \mathrm{i}a\lambda t})^{\vee} = \varphi(x \pm at),$$

可以求出

$$\left(\frac{1}{2}\widehat{\varphi}(\lambda)\left(\mathrm{e}^{\mathrm{i}a\lambda t} + \mathrm{e}^{-\mathrm{i}a\lambda t}\right)\right)^{\vee} = \frac{1}{2}(\varphi(x+at) + \varphi(x-at)),$$

以及

$$\left(\frac{i}{2a\lambda}\widehat{\psi}(\lambda)\left(e^{ia\lambda t}-e^{-ia\lambda t}\right)\right)^{\vee}$$

$$=\frac{1}{\sqrt{2\pi}}\int_{-\infty}^{+\infty}\frac{i}{2a\lambda}\widehat{\psi}(\lambda)\left(e^{ia\lambda t}-e^{-ia\lambda t}\right)e^{i\lambda x}d\lambda$$

$$=\frac{1}{\sqrt{2\pi}}\int_{-\infty}^{+\infty}\frac{i}{2a\lambda}\widehat{\psi}(\lambda)\left(\int_{x-at}^{x+at}e^{i\lambda y}i\lambda dy\right)d\lambda$$

$$=-\frac{1}{2a}\int_{x-at}^{x+at}\left(\frac{1}{\sqrt{2\pi}}\int_{-\infty}^{+\infty}\widehat{\psi}(\lambda)e^{i\lambda y}d\lambda\right)dy$$

$$=-\frac{1}{2a}\int_{x-at}^{x+at}\psi(y)dy.$$

由此，我们可以得到

$$u(x,t)=\frac{1}{2}\left(\varphi(x+at)+\varphi(x-at)\right)+\frac{1}{2a}\int_{x-at}^{x+at}\psi(y)dy,$$

这就是著名的**达朗贝尔公式**.

利用

$$\frac{1}{2}\left(e^{ia\lambda t}+e^{-ia\lambda t}\right)=\cos a\lambda t,\quad \frac{i}{2a\lambda}\left(e^{ia\lambda t}-e^{-ia\lambda t}\right)=-\frac{1}{a\lambda}\sin a\lambda t,$$

可得

$$\left(\widehat{\varphi}(\lambda)\cos a\lambda t\right)^{\vee}=\frac{1}{2}\left(\varphi(x+at)+\varphi(x-at)\right),$$

$$\left(\widehat{\psi}(\lambda)\frac{\sin a\lambda t}{a\lambda}\right)^{\vee}=\frac{1}{2a}\int_{x-at}^{x+at}\psi(y)dy.$$

4.2.2 半无界问题

我们采用**对称延拓法**把热传导方程的半无界问题转化为整个空间上的初值问题，然后利用初值问题的求解公式进行求解. 考虑侧表面绝热的均匀细杆，细杆的一端固定，并已知初始温度与细杆在固定端点的温度，则细杆上的温度分布 $u(x,t)$ 满足如下初边值问题:

$$\begin{cases} u_t - a^2 u_{xx} = f(x,t), & x > 0,\ t > 0, \\ u(x,0) = \varphi(x), & x \geqslant 0, \\ u(0,t) = 0, & t \geqslant 0. \end{cases} \quad (4.16)$$

引理 4.2.1 如果 $\varphi(x)$, $f(x,t)$ 是关于 x 的奇函数 (偶函数或周期函数), 则初值问题

$$\begin{cases} u_t - a^2 u_{xx} = f(x,t), & x \in \mathbb{R},\ t > 0, \\ u(x,0) = \varphi(x), & x \in \mathbb{R} \end{cases}$$

的解 $u(x,t)$ 也是 x 的奇函数 (偶函数或周期函数).

证明 我们仅以奇函数为例, 由泊松公式 (4.15) 知

$$u(x,t) = \frac{1}{2a\sqrt{\pi t}} \int_{-\infty}^{+\infty} \varphi(z) e^{-\frac{(x-z)^2}{4a^2 t}} dz +$$
$$\frac{1}{2a\sqrt{\pi}} \int_0^t \int_{-\infty}^{+\infty} \frac{f(z,\tau)}{\sqrt{t-\tau}} e^{-\frac{(x-z)^2}{4a^2(t-\tau)}} dz d\tau.$$

于是

$$u(-x,t) = \frac{1}{2a\sqrt{\pi t}} \int_{-\infty}^{+\infty} \varphi(z) e^{-\frac{(x+z)^2}{4a^2 t}} dz +$$
$$\frac{1}{2a\sqrt{\pi}} \int_0^t \int_{-\infty}^{+\infty} \frac{f(z,\tau)}{\sqrt{t-\tau}} e^{-\frac{(x+z)^2}{4a^2(t-\tau)}} dz d\tau$$
$$\xlongequal{z=-y} \frac{1}{2a\sqrt{\pi t}} \int_{-\infty}^{+\infty} \varphi(-y) e^{-\frac{(x-y)^2}{4a^2 t}} dy +$$
$$\frac{1}{2a\sqrt{\pi}} \int_0^t \int_{-\infty}^{+\infty} \frac{f(-y,\tau)}{\sqrt{t-\tau}} e^{-\frac{(x-y)^2}{4a^2(t-\tau)}} dy d\tau$$
$$= -\left[\frac{1}{2a\sqrt{\pi t}} \int_{-\infty}^{+\infty} \varphi(y) e^{-\frac{(x-y)^2}{4a^2 t}} dy + \right.$$
$$\left. \frac{1}{2a\sqrt{\pi}} \int_0^t \int_{-\infty}^{+\infty} \frac{f(y,\tau)}{\sqrt{t-\tau}} e^{-\frac{(x-y)^2}{4a^2(t-\tau)}} dy d\tau \right]$$
$$= -u(x,t). \qquad \blacksquare$$

因此, 为使问题 (4.16) 的解 $u(x,t)$ 满足 $u(0,t) = 0$, 只要 $u(x,t)$ 是 x 的奇函数即可.

为了更清楚的讨论, 我们仅考虑 $f(x,t) \equiv 0$ 的情形, 即考虑如下半无界问题:

$$\begin{cases} u_t - a^2 u_{xx} = 0, & x > 0,\ t > 0, \\ u(x,0) = \varphi(x), & x \geqslant 0, \\ u(0,t) = 0, & t \geqslant 0. \end{cases} \tag{4.17}$$

根据引理 4.2.1, 我们把初始条件 $\varphi(x)$ 向整个 x 轴上作奇延拓, 并用 $\Phi(x)$ 表示延拓后的函数, 即

$$\Phi(x) = \begin{cases} \varphi(x), & x \geqslant 0, \\ -\varphi(-x), & x < 0. \end{cases}$$

这时, 初值问题

$$\begin{cases} u_t - a^2 u_{xx} = 0, & x \in \mathbb{R}, \, t > 0, \\ u|_{t=0} = \Phi(x), & x \in \mathbb{R} \end{cases}$$

的解可表示为

$$u(x,t) = \frac{1}{2a\sqrt{\pi t}} \int_{-\infty}^{+\infty} \Phi(z) e^{-\frac{(x-z)^2}{4a^2 t}} dz.$$

我们只需要把上式右端定义的函数 $u(x,t)$ 限制在 $x \geqslant 0, t \geqslant 0$ 上就可以得到初值问题 (4.17) 的解, 即:

定理 4.2.3 若 $\varphi(x) \in C(\overline{\mathbb{R}_+})$ 有界且满足

$$\varphi(0) = 0,$$

则半无界问题 (4.17) 的解为

$$u(x,t) = \frac{1}{2a\sqrt{\pi t}} \left[\int_0^{+\infty} \varphi(z) e^{-\frac{(x-z)^2}{4a^2 t}} dz - \int_{-\infty}^0 \varphi(-z) e^{-\frac{(x-z)^2}{4a^2 t}} dz \right]$$
$$= \frac{1}{2a\sqrt{\pi t}} \int_0^{+\infty} \varphi(z) \left[e^{-\frac{(x-z)^2}{4a^2 t}} - e^{-\frac{(x+z)^2}{4a^2 t}} \right] dz.$$

用类似的方法, 我们可以考虑如下问题:

$$\begin{cases} u_t - a^2 u_{xx} = 0, & x > 0, \, t > 0, \\ u(x,0) = \varphi(x), & x \geqslant 0, \\ u_x(0,t) = 0, & t \geqslant 0. \end{cases}$$

其中 $\varphi'(0) = 0$. 由引理 4.2.1, 我们只需要把初始条件 $\varphi(x)$ 向整个 x 轴上作偶延拓, 即

$$\Phi(x) = \begin{cases} \varphi(x), & x \geqslant 0, \\ \varphi(-x), & x < 0. \end{cases}$$

这时，由泊松公式 (4.15) 有

$$u(x,t) = \frac{1}{2a\sqrt{\pi t}} \int_{-\infty}^{+\infty} \Phi(z) e^{-\frac{(x-z)^2}{4a^2 t}} dz$$

$$= \frac{1}{2a\sqrt{\pi t}} \left[\int_0^{+\infty} \varphi(z) e^{-\frac{(x-z)^2}{4a^2 t}} dz + \int_{-\infty}^0 \varphi(-z) e^{-\frac{(x-z)^2}{4a^2 t}} dz \right]$$

$$= \frac{1}{2a\sqrt{\pi t}} \int_0^{+\infty} \varphi(z) \left[e^{-\frac{(x-z)^2}{4a^2 t}} + e^{-\frac{(x+z)^2}{4a^2 t}} \right] dz.$$

【例 4.2.5】 求解半无界问题

$$\begin{cases} u_t - a^2 u_{xx} = 0, & x > 0, t > 0, \\ u(x,0) = x^3, & x \geqslant 0, \\ u(0,t) = 0, & t \geqslant 0. \end{cases}$$

解 由于函数 $u(x,0) = x^3$ 为奇函数，考虑初值问题

$$\begin{cases} u_t - a^2 u_{xx} = 0, & x \in \mathbb{R}, t > 0, \\ u|_{t=0} = x^3, & x \in \mathbb{R}, \end{cases}$$

由泊松公式，得上述问题的解为

$$u(x,t) = \frac{1}{2a\sqrt{\pi t}} \int_{-\infty}^{+\infty} z^3 e^{-\frac{(x-z)^2}{4a^2 t}} dz$$

$$= \frac{1}{\sqrt{\pi}} \int_{-\infty}^{+\infty} e^{-\eta^2} \left(8a^3 t^{\frac{3}{2}} \eta^3 + 12a^2 t \eta^2 x + 6a\sqrt{t}\eta x^2 + x^3 \right) d\eta$$

$$= \frac{1}{\sqrt{\pi}} \int_{-\infty}^{+\infty} e^{-\eta^2} \left(12a^2 t \eta^2 x + x^3 \right) d\eta$$

$$= 6a^2 xt + x^3.$$

从而半无界问题的解为 $u(x,t) = 6a^2 xt + x^3, x \geqslant 0, t > 0$.

4.3 热传导方程的混合问题

在这一节，我们考虑如下物理模型：设长度为 l，侧表面绝热的均匀细杆，已知初始温度和细杆两端的温度，则杆的温度分布

$u(x,t)$ 满足以下混合问题:

$$\begin{cases} u_t - a^2 u_{xx} = f(x,t), & 0 < x < l,\ t > 0, \\ u(0,t) = \mu_1(t), u(l,t) = \mu_2(t), & t \geqslant 0, \\ u(x,0) = \varphi(x), & 0 \leqslant x \leqslant l, \end{cases}$$

其中

$$\varphi(0) = \mu_1(0), \varphi(l) = \mu_2(0),$$

如同波动方程混合问题的化简,我们将上述混合问题中的边界条件齐次化,为此构造一个辅助函数

$$w(x,t) = \mu_1(t) + \frac{x}{l}(\mu_2(t) - \mu_1(t)).$$

令 $v(x,t) = u(x,t) - w(x,t)$,则函数 $v(x,t)$ 满足

$$\begin{cases} v_t - a^2 v_{xx} = \bar{f}(x,t), & 0 < x < l,\ t > 0, \\ v(0,t) = 0,\ v(l,t) = 0, & t \geqslant 0, \\ v(x,0) = \bar{\varphi}(x), & 0 \leqslant x \leqslant l, \end{cases}$$

其中

$$\begin{cases} \bar{f}(x,t) = f(x,t) - \mu_1'(t) - \dfrac{x}{l}(\mu_2'(t) - \mu_1'(t)), \\ \bar{\varphi}(x) = \varphi(x) - \mu_1(0) - \dfrac{x}{l}(\mu_2(0) - \mu_1(0)). \end{cases}$$

由叠加原理有 $v(x,t) = v_1(x,t) + v_2(x,t)$,其中 v_1, v_2 分别满足下面两个定解问题:

(I) $\begin{cases} v_{1t} - a^2 v_{1xx} = 0, & 0 < x < l,\ t > 0, \\ v_1(0,t) = 0,\ v_1(l,t) = 0, & t \geqslant 0, \\ v_1(x,0) = \bar{\varphi}(x), & 0 \leqslant x \leqslant l, \end{cases}$

(II) $\begin{cases} v_{2t} - a^2 v_{2xx} = \bar{f}(x,t), & 0 < x < l,\ t > 0, \\ v_2(0,t) = 0,\ v_2(l,t) = 0, & t \geqslant 0, \\ v_2(x,0) = 0, & 0 \leqslant x \leqslant l. \end{cases}$

首先求解定解问题 (I), 即求解定解问题

$$\begin{cases} u_t - a^2 u_{xx} = 0, & 0 < x < l,\ t > 0, \\ u(0,t) = u(l,t) = 0, & t \geqslant 0, \\ u(x,0) = \varphi(x), & 0 \leqslant x \leqslant l. \end{cases} \quad (4.18)$$

显然, 问题 (4.18) 可用分离变量法求解, 其求解步骤与波动方程混合问题的求解非常相似.

首先, 假设不恒为零的变量分离的形式解为

$$u(x,t) = X(x)T(t),$$

将其代入式 (4.18) 中的方程分离变量, 得

$$\frac{T'(t)}{a^2 T(t)} = \frac{X''(x)}{X(x)} = -\lambda,$$

于是有

$$T'(t) + a^2 \lambda T(t) = 0, \quad X''(x) + \lambda X(x) = 0. \quad (4.19)$$

由式 (4.18) 中的边界条件, 有

$$X(0)T(t) = 0, \quad X(l)T(t) = 0.$$

由此得特征值问题

$$\begin{cases} X''(x) + \lambda X(x) = 0, \\ X(0) = X(l) = 0. \end{cases}$$

上述特征值问题的特征值为

$$\lambda_n = \left(\frac{n\pi}{l}\right)^2, \quad n = 1, 2, \cdots, \quad (4.20)$$

相应的特征函数是

$$X_n(x) = \sin\frac{n\pi}{l}x, \quad n = 1, 2, \cdots.$$

将式 (4.20) 代入式 (4.19) 中第一式, 解得

$$T_n(t) = A_n e^{-\left(\frac{n\pi a}{l}\right)^2 t}.$$

于是, 所有函数

$$u_n(x,t) = X_n(x)T_n(t) = A_n e^{-\left(\frac{n\pi a}{l}\right)^2 t} \sin\frac{n\pi}{l}x, \quad n = 1, 2, \cdots$$

都是满足问题 (4.18) 中的方程及边界条件的非平凡解. 考虑级数

$$u(x,t) = \sum_{n=1}^{\infty} A_n e^{-\left(\frac{n\pi a}{l}\right)^2 t} \sin\frac{n\pi}{l}x,$$

满足初始条件

$$u(x,0) = \sum_{n=1}^{\infty} A_n \sin\frac{n\pi}{l}x = \varphi(x).$$

只需 $\varphi(x)$ 可在 $[0,l]$ 上展成以

$$A_n = \frac{2}{l}\int_0^l \varphi(x)\sin\frac{n\pi}{l}x\mathrm{d}x, \quad n = 1, 2, \cdots \tag{4.21}$$

为系数的正弦傅里叶级数即可. 这样, 我们得到混合问题 (4.18) 的形式解

$$u(x,t) = \sum_{n=1}^{\infty}\left(\frac{2}{l}\int_0^l \varphi(z)\sin\frac{n\pi}{l}z\mathrm{d}z\right) e^{-\left(\frac{n\pi a}{l}\right)^2 t} \sin\frac{n\pi}{l}x. \tag{4.22}$$

下面证明由式 (4.22) 定义的函数 $u(x,t)$ 确实是问题 (4.18) 的解.

定理 4.3.1 设 $\varphi(x) \in C^1[0,l]$ 且满足 $\varphi(0) = \varphi(l) = 0$, 则由级数 (4.22) 定义的函数 $u(x,t)$ 是混合问题 (4.18) 的解.

证明 先证明形式解 (4.22) 满足边界条件和初始条件. 由 A_n 的定义 (4.21) 有

$$\begin{aligned}A_n &= \frac{2}{l}\int_0^l \varphi(x)\sin\frac{n\pi}{l}x\mathrm{d}x \\ &= -\frac{l}{n\pi}\cdot\frac{2}{l}\int_0^l \varphi(x)\mathrm{d}\cos\frac{n\pi}{l}x \\ &= \frac{l}{n\pi}\cdot\frac{2}{l}\int_0^l \varphi'(x)\cos\frac{n\pi}{l}x\mathrm{d}x.\end{aligned}$$

记

$$A_n = \frac{l}{n\pi}a_n, \quad a_n = \frac{2}{l}\int_0^l \varphi'(x)\cos\frac{n\pi}{l}x\mathrm{d}x, \quad n=1,2,\cdots.$$

由贝塞尔不等式,有

$$\sum_{n=1}^\infty a_n^2 \leqslant \frac{2}{l}\int_0^l \varphi'^2(x)\mathrm{d}x.$$

所以,由柯西不等式有

$$\left(\sum_{n=1}^\infty |A_n|\right)^2 \leqslant \sum_{n=1}^\infty a_n^2 \sum_{n=1}^\infty \left(\frac{l}{n\pi}\right)^2$$
$$\leqslant \left(\frac{2}{l}\int_0^l \varphi'^2(x)\mathrm{d}x\right)\left(\frac{l}{\pi}\right)^2 \cdot \sum_{n=1}^\infty \left(\frac{1}{n}\right)^2,$$

从而级数 $\sum_{n=1}^\infty |A_n|$ 绝对收敛, 因此函数项级数 (4.22) 在区域 $0 \leqslant x \leqslant l$, $t \geqslant 0$ 内一致收敛, 所以 $u(x,t)$ 在区域 $0 \leqslant x \leqslant l$, $t \geqslant 0$ 内是连续的. 显然, $u(x,t)$ 满足问题 (4.18) 中的边界条件. 当 $t=0$ 时, 级数 (4.22) 变为

$$u(x,0) = \sum_{n=1}^\infty A_n \sin\frac{n\pi}{l}x\mathrm{d}x,$$

由 A_n 的定义 (4.21) 和傅里叶级数收敛定理, 得 $u(x,0) = \varphi(x)$.

下面证明形式解 (4.22) 满足问题 (4.18) 中的方程. 由于 $\varphi(x) \in C^1[0,l]$, 所以存在正常数 M 使得 $|A_n| \leqslant M$. 因此对任意 $\tau > 0$, 当 $t \geqslant \tau$ 时有估计

$$|u_{nt}(x,t)| \leqslant M\left(\frac{n\pi a}{l}\right)^2 \mathrm{e}^{-\left(\frac{n\pi a}{l}\right)^2 \tau},$$
$$|u_{nxx}(x,t)| \leqslant M\left(\frac{n\pi}{l}\right)^2 \mathrm{e}^{-\left(\frac{n\pi a}{l}\right)^2 \tau},$$

而数项级数 $\sum_{n=1}^\infty n^2 \mathrm{e}^{-\left(\frac{n\pi a}{l}\right)^2 \tau}$ 收敛, 所以级数

$$\sum_{n=1}^\infty u_{nt}(x,t), \quad \sum_{n=1}^\infty u_{nxx}(x,t)$$

在区域 $0 \leqslant x \leqslant l$, $t > 0$ 上一致收敛且绝对收敛. 从而级数 (4.22) 是逐项可微的, 容易证明 (4.22) 满足方程. ∎

【例 4.3.1】 求解混合问题

$$\begin{cases} u_{xx} = u_t + u, & 0 < x < l, t > 0, \\ u(0,t) = 0, u(l,t) = 0, & t \geqslant 0, \\ u(x,0) = \sin\dfrac{\pi}{l}x + 3\sin\dfrac{3\pi}{l}x, & 0 \leqslant x \leqslant l. \end{cases}$$

解 引进新函数 $v(x,t) = u(x,t)\mathrm{e}^t$,则上述方程等价于

$$\begin{cases} v_t - v_{xx} = 0, & 0 < x < 1, t > 0, \\ v(0,t) = 0, v(l,t) = 0, & t \geqslant 0, \\ v(x,0) = \sin\dfrac{\pi}{l}x + 3\sin\dfrac{3\pi}{l}x, & 0 \leqslant x \leqslant l, \end{cases}$$

其解为

$$v(x,t) = \sum_{n=1}^{\infty} A_n \mathrm{e}^{-\left(\frac{n\pi}{l}\right)^2 t} \sin\frac{n\pi}{l}x,$$

这里

$$A_n = \frac{2}{l}\int_0^l \left(\sin\frac{\pi}{l}x + 3\sin\frac{3\pi}{l}x\right)\sin\frac{n\pi}{l}\mathrm{d}x = \begin{cases} 1, & n = 1, \\ 3, & n = 3, \\ 0, & n \neq 1, 3, \end{cases}$$

故

$$u(x,t) = \mathrm{e}^{-t}\left(\mathrm{e}^{-\left(\frac{\pi}{l}\right)^2 t}\sin\frac{\pi}{l}x + 3\mathrm{e}^{-\left(\frac{3\pi}{l}\right)^2 t}\sin\frac{3\pi}{l}x\right).$$

对于定解问题 (II),可用齐次化原理把它化为齐次方程问题求解.

微课视频:特征函数法求解定解问题 (II)

定理 4.3.2 (齐次化原理) 设 $\tau > 0$, $w(x,t;\tau)$ 是混合问题

$$\begin{cases} w_t - a^2 w_{xx} = 0, & 0 < x < l, \ t > \tau, \\ w|_{x=0} = 0, \ w|_{x=l} = 0, & t \geqslant \tau, \\ w|_{t=\tau} = \bar{f}(x,\tau), & 0 \leqslant x \leqslant l \end{cases}$$

的解,则函数

$$v_2(x,t) = \int_0^t w(x,t;\tau)\mathrm{d}\tau$$

是混合问题 (II) 的解.

定解问题 (II) 也可以用 3.4.2 小节中的特征函数法求解.

4.4 极值原理与热传导方程的适定性

4.4.1 极值原理

极值原理具有明显的物理意义. 如果一个物体内部没有 "热源", 则在整个热传导的过程中温度总是趋于平衡, 热量从温度最高处向周围传递, 温度最低处的温度趋于上升, 因此物体的最高温度总在初始时刻或物体的边界上达到. 这种物理现象的数学描述就是**极值原理**.

为简单起见, 我们仅考虑一维的情形, 所有分析对于高维情形也是成立的. 在 xOt 平面上, 记 $Q = \{(x,t)|\ a<x<b,\ 0<t\leqslant T\}$, Q 的侧边与底边统称为 Q 的**抛物边界**, 记为 $\varGamma$, 如图 4.1 所示. 记号 $C^{i,j}(Q)(i,j=0,1,2,\cdots)$ 表示 Q 内对 x 具有 i 次连续可微, 对 t 具有 j 次连续可微的函数的集合. 我们考虑在 Q 上的热传导方程

$$\mathcal{L}u = u_t - a^2 u_{xx} = f(x,t), \tag{4.23}$$

如果 $f(x,t) \geqslant 0$, 则表示杆内有**热源**; 如果 $f(x,t) \leqslant 0$, 则表示杆内有**冷源** (也称为**热汇**).

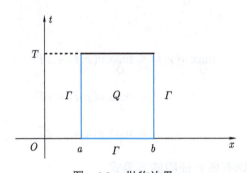

图 4.1 抛物边界

定理 4.4.1 (极值原理) 假设 $f(x,t) \leqslant 0$ 且 $u(x,t) \in C^{2,1}(Q) \cap C(\bar{Q})$ 是方程 (4.23) 的解, 则 $u(x,t)$ 在 $\bar{Q}$ 上的最大值必在抛物边界 $\varGamma$ 上达到, 即

$$\max_{\bar{Q}} u(x,t) = \max_{\Gamma} u(x,t).$$

证明 当 $f < 0$ 时, 设 $u(x,t)$ 在 $\bar{Q}$ 上的最大值不在 Γ 上达到, 则存在一点 $(x_0, t_0) \in Q$, 使得 $u(x_0, t_0) = \max_{\bar{Q}} u(x,t)$. 由微积分相关定理, 有

$$u_x(x_0, t_0) = 0, \quad u_{xx}(x_0, t_0) \leqslant 0,$$

且

$$u_t(x_0, t_0) = 0, \quad t_0 < T; \quad u_t(x_0, t_0) \geqslant 0, \quad t_0 = T.$$

因此

$$f(x_0, t_0) = u_t(x_0, t_0) - a^2 u_{xx}(x_0, t_0) \geqslant 0,$$

这与假设 $f < 0$ 矛盾, 从而 u 不可能在 Q 内达到 $\bar{Q}$ 上的最大值, 因此只能在抛物边界 Γ 上达到最大值.

当 $f \leqslant 0$ 时, 对任意 $\varepsilon > 0$, 作辅助函数

$$v(x,t) = u(x,t) - \varepsilon t,$$

则 $v(x,t)$ 满足如下方程:

$$\mathcal{L}v = \mathcal{L}u - \varepsilon = f - \varepsilon < 0.$$

因此, $v(x,t)$ 在 $\bar{Q}$ 上的最大值不可能在 Q 内达到, 即

$$\max_{\bar{Q}} v(x,t) = \max_{\Gamma} v(x,t).$$

于是

$$\max_{\bar{Q}} u(x,t) \leqslant \max_{\bar{Q}} v(x,t) + \varepsilon T$$

$$= \max_{\Gamma} v(x,t) + \varepsilon T$$

$$\leqslant \max_{\Gamma} u(x,t) + \varepsilon T. \tag{4.24}$$

令 $\varepsilon \to 0^+$, 则有所要证明的不等式. ∎

推论 4.4.1 假设 $f(x,t) \geqslant 0$ 且 $u(x,t) \in C^{2,1}(Q) \cap C(\bar{Q})$ 是方程 (4.23) 的解, 则 $u(x,t)$ 在 $\bar{Q}$ 上的最小值必在抛物边界 Γ 上达到, 即

$$\min_{\bar{Q}} u(x,t) = \min_{\Gamma} u(x,t).$$

如果 $f(x,t) \equiv 0$, 则 $u(x,t)$ 在 $\bar{Q}$ 上的最大值和最小值都必在抛物边界 Γ 上达到.

证明 令 $v(x,t) = -u(x,t)$,则 $\mathcal{L}v = -f(x,t) \leqslant 0$,利用定理 4.4.1 即可得证. ∎

推论 4.4.2 (比较原理) 设 $u(x,t), v(x,t) \in C^{2,1}(Q) \cap C(\bar{Q})$ 都满足
$$\mathcal{L}u \leqslant \mathcal{L}v, \text{ 且 } u|_\Gamma \leqslant v|_\Gamma,$$
则在 $\bar{Q}$ 上,
$$u(x,t) \leqslant v(x,t).$$

证明 只需令 $w(x,t) = u(x,t) - v(x,t)$. 由于 $\mathcal{L}w \leqslant 0$,对函数 $w(x,t)$ 应用定理 4.4.1 得到
$$\max_{\bar{Q}} w(x,t) = \max_{\Gamma} w(x,t) \leqslant 0.$$

从而在 $\bar{Q}$ 上 $u(x,t) \leqslant v(x,t)$. ∎

注 4.4.1 用类似的方法,可将定理 4.4.1 的结论推广到 n 维热传导方程上去.

4.4.2 第一边值问题解的适定性

在 $Q = \{(x,t) | 0 < x < l, 0 < t \leqslant T\}$ 上考虑第一边值问题

$$\begin{cases} \mathcal{L}u = u_t - a^2 u_{xx} = f(x,t), & (x,t) \in Q, \\ u(0,t) = g_1(t), \ u(l,t) = g_2(t), & 0 \leqslant t \leqslant T, \\ u(x,0) = \varphi(x), & 0 \leqslant x \leqslant l. \end{cases} \quad (4.25)$$

利用极值原理我们可以得到第一边值问题的最大模估计.

定理 4.4.2 假设 $u(x,t) \in C^{2,1}(Q) \cap C(\bar{Q})$ 是问题 (4.25) 的解,则
$$\max_{\bar{Q}} |u(x,t)| \leqslant FT + B, \quad (4.26)$$
其中
$$F = \sup_Q |f(x,t)|, \ B = \max\left\{\max_{[0,l]}|\varphi|, \max_{[0,T]}|g_1|, \max_{[0,T]}|g_2|\right\}.$$

证明 作辅助函数
$$v^{\pm}(x,t) = Ft + B \pm u(x,t),$$
则 $v^{\pm}(x,t)$ 满足
$$\mathcal{L}v^{\pm} = F \pm f \geqslant 0, \quad v^{\pm}|_\Gamma \geqslant B \pm u(x,t)|_\Gamma \geqslant 0.$$

由极值原理, 在 Q 上 $v^{\pm}(x,t) \geqslant 0$, 从而在 Q 上,

$$|u(x,t)| \leqslant FT + B.$$

两端取上确界即得式 (4.26). ∎

由定理 4.4.2 可以建立第一边值问题 (4.25) 解的唯一性与稳定性.

定理 4.4.3 第一边值问题 (4.25) 在 $C^{2,1}(Q) \cap C(\bar{Q})$ 中的解是唯一的.

证明 设 $u_1(x,t), u_2(x,t)$ 是问题 (4.25) 的解, 则 $u(x,t) = u_1(x,t) - u_2(x,t)$ 是混合问题

$$\begin{cases} \mathcal{L}u = 0, & (x,t) \in Q, \\ u|_\Gamma = 0 \end{cases} \tag{4.27}$$

的解. 由定理 4.4.2 有 $\max\limits_{\bar{Q}} |u(x,t)| \leqslant 0$. 即在 $\bar{Q}$ 上 $u(x,t) \equiv 0$, 即 $u_1(x,t) \equiv u_2(x,t)$. ∎

定理 4.4.4 第一边值问题 (4.25) 在 $C^{2,1}(Q) \cap C(\bar{Q})$ 中的解关于非齐次项 f, 初值 φ 和边值 g_1, g_2 是稳定的, 即若 $u^{(i)}(x,t), i = 1,2$ 满足问题

$$\begin{cases} \mathcal{L}u^{(i)} = f^{(i)}(x,t), & (x,t) \in Q, \\ u^{(i)}(0,t) = g_1^{(i)}(t), \ u^{(i)}(l,t) = g_2^{(i)}(t), & 0 \leqslant t \leqslant T, \\ u^{(i)}(x,0) = \varphi^{(i)}(x), & 0 \leqslant x \leqslant l, \end{cases}$$

并且对任给 $\varepsilon > 0$, 存在 $\delta > 0$, 使当

$$\sup\limits_{Q} |f^{(1)}(x,t) - f^{(2)}(x,t)| < \delta, \quad \max\limits_{[0,l]} |\varphi^{(1)}(x) - \varphi^{(2)}(x)| < \delta,$$

$$\max\limits_{[0,T]} |g_1^{(1)}(t) - g_1^{(2)}(t)| < \delta, \quad \max\limits_{[0,T]} |g_2^{(1)}(t) - g_2^{(2)}(t)| < \delta,$$

则必有

$$\max\limits_{\bar{Q}} |u^{(1)}(x,t) - u^{(2)}(x,t)| < \varepsilon. \tag{4.28}$$

证明 设 $u(x,t) = u^{(1)}(x,t) - u^{(2)}(x,t)$，则 $u(x,t)$ 满足问题

$$\begin{cases} \mathcal{L}u = f^{(1)}(x,t) - f^{(2)}(x,t), & (x,t) \in Q, \\ u(0,t) = g_1^{(1)}(t) - g_1^{(2)}(t), \ u(l,t) = g_2^{(1)}(t) - g_2^{(2)}(t), & 0 \leqslant t \leqslant T, \\ u(x,0) = \varphi^{(1)}(x) - \varphi^{(2)}(x), & 0 \leqslant x \leqslant l. \end{cases}$$

由定理 4.4.2 知，

$$\max_{\bar{Q}} |u(x,t)| < \delta(T+1).$$

所以, 对于任意给定的正数 ε, 取 $\delta = \dfrac{\varepsilon}{T+1}$, 则式 (4.28) 成立. ∎

注 4.4.2 定理 4.4.3 和定理 4.4.4 表明, 最大模估计蕴含着解的唯一性与稳定性. 因此在以后我们仅讨论解的最大模估计, 而不再重复唯一性与稳定性的证明.

4.4.3 第二、第三边值问题解的最大模估计

在 $Q = \{(x,t) | 0 < x < l, 0 < t \leqslant T\}$ 上考虑混合问题

$$\begin{cases} \mathcal{L}u = u_t - a^2 u_{xx} = f(x,t), & (x,t) \in Q, \\ [-u_x + \alpha(t)u]|_{x=0} = g_1(t), & 0 \leqslant t \leqslant T, \\ [u_x + \beta(t)u]|_{x=l} = g_2(t), & 0 \leqslant t \leqslant T, \\ u|_{t=0} = \varphi(x), & 0 \leqslant x \leqslant l, \end{cases} \quad (4.29)$$

其中 $\alpha(t) \geqslant 0, \beta(t) \geqslant 0$. 当 $\alpha(t) = \beta(t) \equiv 0$ 时, 上述问题就是第二边值问题; 当 $\alpha(t) > 0, \beta(t) > 0$ 时, 上述问题就是第三边值问题.

在给出最大模估计之前, 我们先证明下面引理.

引理 4.4.1 假设 $u(x,t) \in C^{2,1}(Q) \cap C(\bar{Q})$ 满足

$$\begin{cases} \mathcal{L}u = u_t - a^2 u_{xx} \geqslant 0, & (x,t) \in Q, \\ [-u_x + \alpha(t)u]|_{x=0} \geqslant 0, & 0 \leqslant t \leqslant T, \\ [u_x + \beta(t)u]|_{x=l} \geqslant 0, & 0 \leqslant t \leqslant T, \\ u|_{t=0} \geqslant 0, & 0 \leqslant x \leqslant l, \end{cases}$$

则在 $\bar{Q}$ 上 $u(x,t) \geqslant 0$.

证明 先假设 $u(x,t)$ 满足边界条件

$$[-u_x + \alpha(t)u]|_{x=0} > 0, \quad [u_x + \beta(t)u]|_{x=l} > 0, \quad 0 \leqslant t \leqslant T.$$

由推论 4.4.1 可知, $u(x,t)$ 在 $\bar{Q}$ 上的最小值必在抛物边界 Γ 上达到. 若 $u(x,t)$ 在 $t=0$ 达到最小值, 显然最小值非负. 若 $u(x,t)$ 在某点 $(0,t_0)$ 达到负的最小值, 则

$$-u_x(0,t_0) \leqslant 0, \quad \alpha(t_0)u(0,t_0) \leqslant 0,$$

这与假设矛盾. 同理, 若 $u(x,t)$ 在某点 (l,t_0) 达到负的最小值, 则

$$u_x(l,t_0) \leqslant 0, \quad \alpha(t_0)u(l,t_0) \leqslant 0,$$

这与假设矛盾. 因此, 如果 $u(x,t)$ 在 $x=0$ 和 $x=l$ 上达到最小值, 则最小值一定非负. 综上所述, $u(x,t)$ 在抛物边界 Γ 上的最小值一定非负, 从而在 $\bar{Q}$ 上 $u(x,t) \geqslant 0$.

对于一般情形, 对任意给定的 $\varepsilon > 0$, 构造辅助函数

$$v(x,t) = u(x,t) + \varepsilon w(x,t),$$

其中

$$w(x,t) = 2a^2 t + \left(x - \frac{l}{2}\right)^2. \tag{4.30}$$

通过计算得

$$\mathcal{L}v = \mathcal{L}u \geqslant 0, \quad (x,t) \in Q,$$

以及

$$v|_{t=0} = u|_{t=0} + \varepsilon \left(x - \frac{l}{2}\right)^2 \geqslant 0, \quad x \in [0,l].$$

由混合边界条件, 得到当 $t \in [0,T]$ 时,

$$[-v_x + \alpha(t)v]|_{x=0} = [-u_x + \alpha(t)u]|_{x=0} + \varepsilon\left[l + \alpha(t)\left(2a^2 t + \frac{l^2}{4}\right)\right]$$
$$> 0,$$

$$[v_x + \beta(t)v]|_{x=l} = [u_x + \beta(t)u]|_{x=l} + \varepsilon\left[l + \beta(t)\left(2a^2 t + \frac{l^2}{4}\right)\right]$$
$$> 0.$$

由前面的分析, 我们可以得到在 $\bar{Q}$ 上 $v(x,t) \geqslant 0$, 即

$$u(x,t) \geqslant -\varepsilon\left[2a^2 t + \left(x - \frac{l}{2}\right)^2\right], \quad (x,t) \in \bar{Q}.$$

令 $\varepsilon \to 0$, 则在 $\bar{Q}$ 上 $u(x,t) \geqslant 0$. ∎

由引理 4.4.1, 我们可以得到下面的最大模估计.

定理 4.4.5 假设 $u(x,t) \in C^{2,1}(Q) \cap C(\bar{Q})$ 是混合问题 (4.29) 的解，则
$$\max_{\bar{Q}} |u(x,t)| \leqslant C(F+B), \tag{4.31}$$
其中正常数 C 只依赖于 a, l 和 T，而且
$$F = \sup_Q |f(x,t)|, \quad B = \max\left\{\max_{[0,l]} |\varphi|, \max_{[0,T]} |g_1|, \max_{[0,T]} |g_2|\right\}.$$

证明 作辅助函数
$$v^{\pm}(x,t) = Ft + Bz(x,t) \pm u(x,t),$$
其中
$$z(x,t) = 1 + \frac{1}{l}w(x,t),$$
而 $w(x,t)$ 由式 (4.30) 定义. 不难验证 $z(x,t)$ 满足
$$\begin{cases} \mathcal{L}z = 0, & (x,t) \in Q, \\ [-z_x + \alpha(t)z]|_{x=0} \geqslant 1, & 0 \leqslant t \leqslant T, \\ [z_x + \beta(t)z]|_{x=l} \geqslant 1, & 0 \leqslant t \leqslant T, \\ z|_{t=0} \geqslant 1, & 0 \leqslant x \leqslant l, \end{cases}$$

从而可得 $v^{\pm}(x,t)$ 满足
$$\begin{cases} \mathcal{L}v^{\pm} = F \pm f(x,t) \geqslant 0, & (x,t) \in Q, \\ [-v_x^{\pm} + \alpha(t)v^{\pm}]|_{x=0} \geqslant B \pm g_1(t) \geqslant 0, & 0 \leqslant t \leqslant T, \\ [v_x^{\pm} + \beta(t)v^{\pm}]|_{x=l} \geqslant B \pm g_2(t) \geqslant 0, & 0 \leqslant t \leqslant T, \\ v^{\pm}|_{t=0} \geqslant B \pm \varphi(x) \geqslant 0, & 0 \leqslant x \leqslant l. \end{cases}$$

由引理 4.4.1 得，在 $\bar{Q}$ 上 $v^{\pm}(x,t) \geqslant 0$. 于是在 $\bar{Q}$ 上有
$$|u(x,t)| \leqslant Ft + Bz(x,t)$$
$$\leqslant FT + B\left(1 + \frac{2a^2T}{l} + \frac{l}{4}\right).$$

令
$$C = \max\left\{T, 1 + \frac{2a^2T}{l} + \frac{l}{4}\right\},$$

上式两端取上确界即得估计式 (4.31). ∎

4.4.4 初值问题解的最大模估计

在带型区域 $\mathbb{R}_T = \{(x,t) | x \in \mathbb{R},\ 0 < t \leqslant T\}$ 上考虑初值问题

$$\begin{cases} \mathcal{L}u = u_t - a^2 u_{xx} = f(x,t), & (x,t) \in \mathbb{R}_T, \\ u(x,0) = \varphi(x), & x \in \mathbb{R}. \end{cases} \quad (4.32)$$

当 $f \equiv 0$, $\varphi(x)$ 有界连续时, 泊松公式 (4.10) 给出了初值问题 (4.32) 的一个有界解. 下面的最大模估计将保证初值问题 (4.32) 的有界解是唯一的.

> **定理 4.4.6** 假设 $u(x,t) \in C^{2,1}(\mathbb{R}_T) \cap C(\overline{\mathbb{R}_T})$ 是初值问题 (4.32) 的有界解, 则
>
> $$\sup_{\mathbb{R}_T} |u(x,t)| \leqslant T \sup_{\mathbb{R}_T} |f(x,t)| + \sup_{\mathbb{R}} |\varphi(x)|.$$

证明 对于任意 $L > 0$, 考虑区域

$$Q_L = \{(x,t) | \ |x| < L,\ 0 < t \leqslant T\},$$

并记 $F = \sup\limits_{\mathbb{R}_T} |f(x,t)|$, $B = \sup\limits_{\mathbb{R}} |\varphi(x)|$. 令 $M = \sup\limits_{Q_L} |u(x,t)|$. 在 Q_L 上考虑辅助函数

$$v^{\pm}(x,t) = Ft + B + w_L \pm u(x,t),$$

其中

$$w_L(x,t) = \frac{M}{L^2}(2a^2 t + x^2),$$

则 $v^{\pm}$ 在 Q_L 上连续, 满足

$$\begin{cases} \mathcal{L}v^{\pm} = F \pm f(x,t) \geqslant 0, & (x,t) \in Q_L, \\ v^{\pm}|_{t=0} \geqslant B \pm \varphi(x) \geqslant 0, & -L \leqslant x \leqslant L, \\ v^{\pm}|_{x=\pm L} \geqslant M \pm u \geqslant 0, & 0 \leqslant t \leqslant T. \end{cases}$$

因此, 在 Q_L 上利用极值原理可得 $\min\limits_{Q_L} v^{\pm}(x,t) \geqslant 0$. 而对于任意 $(x_0, t_0) \in \mathbb{R}_T$, 存在足够大的 L, 使得 $(x_0, t_0) \in Q_L$. 由 $v^{\pm}(x,t) \geqslant 0$ 得到

$$|u(x_0, t_0)| \leqslant Ft_0 + B + \frac{M}{L^2}(2a^2 t_0 + x_0^2),$$

令 $L \to +\infty$, 则

$$|u(x_0, t_0)| \leqslant Ft_0 + B \leqslant FT + B.$$

由 (x_0, t_0) 的任意性, 得证. ∎

4.4.5 混合问题解的能量不等式

在第 3 章中我们讨论了波动方程解的能量不等式, 并由此得到定解问题解的唯一性与稳定性, 能量法同样适用于抛物型方程. 为简单起见, 在 $Q = \{(x,t)|0 < x < l, 0 < t \leqslant T\}$ 上考虑齐次边值的混合问题

$$\begin{cases} \mathcal{L}u = u_t - a^2 u_{xx} = f(x,t), & (x,t) \in Q, \\ u(0,t) = 0,\ u(l,t) = 0, & 0 \leqslant t \leqslant T, \\ u(x,0) = \varphi(x), & 0 \leqslant x \leqslant l. \end{cases} \quad (4.33)$$

其他边值情形可以类似进行讨论. 我们证明如下能量估计.

定理 4.4.7 假设 $u(x,t) \in C^{2,1}(Q) \cap C^{1,0}(\bar{Q})$ 是问题 (4.33) 的解, 则

$$\sup_{0 \leqslant t \leqslant T} \int_0^l u^2 \mathrm{d}x + 2a^2 \int_0^T \int_0^l u_x^2 \mathrm{d}x\mathrm{d}t$$
$$\leqslant M \left(\int_0^l \varphi^2 \mathrm{d}x + \int_0^T \int_0^l f^2 \mathrm{d}x\mathrm{d}t \right), \quad (4.34)$$

其中 M 只与 T 有关.

证明 在问题 (4.33) 的方程两边同乘 u, 然后在 $Q_t = (0,l) \times (0,t]$ 上积分, 得到

$$\int_0^t \int_0^l u u_t \mathrm{d}x\mathrm{d}t - a^2 \int_0^t \int_0^l u u_{xx} \mathrm{d}x\mathrm{d}t = \int_0^t \int_0^l u f \mathrm{d}x\mathrm{d}t.$$

等式左边分部积分并利用边界条件, 右端利用柯西不等式, 则有

$$\int_0^l u^2 \mathrm{d}x + 2a^2 \int_0^t \int_0^l u_x^2 \mathrm{d}x\mathrm{d}t$$
$$\leqslant \int_0^l \varphi^2 \mathrm{d}x + \int_0^t \int_0^l u^2 \mathrm{d}x\mathrm{d}t + \int_0^t \int_0^l f^2 \mathrm{d}x\mathrm{d}t.$$

记

$$G(t) = \int_0^t \int_0^l u^2 \mathrm{d}x\mathrm{d}t, \quad F(t) = \int_0^l \varphi^2 \mathrm{d}x + \int_0^t \int_0^l f^2 \mathrm{d}x\mathrm{d}t,$$

显然, $F(t)$ 在 $[0,T]$ 上是非负单调递增的. 去掉上述不等式左端第二项, 我们得到格朗沃尔不等式

$$G'(t) \leqslant G(t) + F(t)$$

及

$$G(0) = 0.$$

从而得到

$$G(t) \leqslant \int_0^t e^{t-\tau} F(\tau) d\tau \leqslant (e^t - 1) F(t).$$

由此有

$$\int_0^l u^2 dx + 2a^2 \int_0^t \int_0^l u_x^2 dx dt$$
$$\leqslant e^t \left(\int_0^l \varphi^2 dx + \int_0^t \int_0^l f^2 dx dt \right).$$

对 $t \in (0, T]$ 取上确界得到式 (4.34). ∎

注 4.4.3 由能量不等式同样可以得到混合问题解的唯一性和稳定性, 但这时稳定性的结论比由极值原理得到的稍弱, 解对给定数据只具有平均稳定性.

习题四

1. 证明当 $f(x)$ 在 $\mathbb{R}$ 上绝对可积时, $\hat{f}(\lambda)$ 为连续函数.

2. 求下列函数的傅里叶变换.

(1) $f(x) = \begin{cases} e^{-x}, & x \geqslant 0, \\ 0, & x < 0. \end{cases}$

(2) $f(x) = xe^{-a|x|} (a > 0)$.

(3) $f(x) = \begin{cases} x^2, & |x| \leqslant a, \\ 0, & |x| > a \end{cases} (a > 0)$.

(4) $f(x) = e^{-ax^2 + ibx + c} (a > 0)$.

(5) $f(x) = x^2 e^{-a|x|} (a > 0)$.

(6) $f(x) = \cos x e^{-|x|}$.

(7) $f(x) = \dfrac{1}{a^2 + x^2}$.

(8) $f(x) = \dfrac{x}{a^2 + x^2}$.

3. 求下列函数的傅里叶逆变换.

(1) $F(\lambda) = e^{-a^2 \lambda^2 t}$, $t > 0$ 为参数, $a > 0$ 为常数.

(2) $F(\lambda) = e^{(-a^2 \lambda^2 + ib\lambda + c)t}$, $t > 0$ 为参数, $a > 0, b, c \in \mathbb{R}$ 为常数.

(3) $F(\lambda) = e^{-|\lambda|t}$, $t > 0$ 为参数.

4. 设 $f(x) = e^{-\beta|x|} (\beta > 0)$, 证明

$$\int_0^{+\infty} \frac{\cos \lambda x}{\beta^2 + \lambda^2} d\lambda = \frac{\pi}{2\beta} e^{-\beta|x|}.$$

5. 设函数 $f(x)$ 在 $\mathbb{R}$ 上分段连续、绝对可积, 函数 $g(x) = \int_{-\infty}^x f(z) dz$ 在 $\mathbb{R}$ 上绝对可积, 常数 $\alpha \neq 0$, 证明:

(1) $[f(\alpha x)]^\wedge (\lambda) = \dfrac{1}{|\alpha|} [f(x)]^\wedge \left(\dfrac{\lambda}{\alpha} \right)$.

(2) $\hat{g}(\lambda) = \dfrac{1}{i\lambda} \hat{f}(\lambda)$.

6. 设
$$f(x)=\begin{cases}\mathrm{e}^x, & x\geqslant 0,\\ 0, & x<0.\end{cases} \quad g(x)=\begin{cases}\cos x, & 0\leqslant x\leqslant \dfrac{\pi}{2},\\ 0, & \text{其他}.\end{cases}$$
求 $(f*g)(x)$.

7. 利用傅里叶变换求解定解问题.

(1) $\begin{cases} u_t-a^2 u_{xx}-bu_x-cu=f(x,t), & x\in\mathbb{R}, t>0,\\ u|_{t=0}=\varphi(x), & x\in\mathbb{R}, \end{cases}$

其中 $a>0, b, c\in\mathbb{R}$ 为常数.

(2) $\begin{cases} tu_x+u_t=0, & x\in\mathbb{R}, t>0,\\ u|_{t=0}=\varphi(x), & x\in\mathbb{R}. \end{cases}$

(3) $\begin{cases} u_{xx}+u_{yy}=0, & x\in\mathbb{R}, y>0,\\ u|_{y=0}=\varphi(x), & x\in\mathbb{R}, \end{cases}$ 其中 $\varphi(x)$ 为有界函数, 求此问题的有界解.

(4) $\begin{cases} u_t-\mathrm{i}u_{xx}=0, & x\in\mathbb{R}, t>0,\\ u|_{t=0}=\varphi(x) & x\in\mathbb{R}. \end{cases}$

8. 假设 $u_1(x,t), u_2(y,t)$ 分别是问题
$$\begin{cases} u_t-u_{xx}=0, & x\in\mathbb{R}, t>0,\\ u|_{t=0}=\varphi_1(x), & x\in\mathbb{R}, \end{cases}$$
$$\begin{cases} u_t-u_{yy}=0, & y\in\mathbb{R}, t>0,\\ u|_{t=0}=\varphi_2(y), & y\in\mathbb{R}, \end{cases}$$
的解, 试证明函数 $u(x,y,t)=u_1(x,t)u_2(y,t)$ 是问题
$$\begin{cases} u_t-(u_{xx}+u_{yy})=0, & x\in\mathbb{R}, t>0,\\ u|_{t=0}=\varphi_1(x)\varphi_2(y), & x\in\mathbb{R} \end{cases}$$
的解.

9. 求解一维热传导方程 $u_t-a^2 u_{xx}=0 (x\in\mathbb{R}, t>0)$ 在下列初始条件下的初值问题.

(1) $u|_{t=0}=\cos x$.

(2) $u|_{t=0}=\mathrm{e}^{-|x|}$.

(3) $u|_{t=0}=x^2+1$.

10. 设 $\varphi(x)\in C(\mathbb{R})$ 且具有紧支集 (在一个有界集外恒为零), $u(x,t)$ 为泊松公式 (4.10) 给出的热传导方程初值问题的解, 证明
$$\lim_{t\to\infty} u(x,t)=0.$$

11. 假设 $u(x,t)\in C^3(\mathbb{R}\times\mathbb{R}_+)$ 满足热传导方程 $u_t-a^2 u_{xx}=0 (a>0)$, 则

(1) 对于任意 $\lambda\in\mathbb{R}$, $u(\lambda x, \lambda^2 t)$ 满足热传导方程.

(2) 函数 $v(x,t)=xu_x+2tu_t(x,t)$ 也满足热传导方程.

12. 求解拟线性抛物型方程初值问题
$$\begin{cases} u_t-a^2 u_{xx}+b(u_x)^2=0 & x\in\mathbb{R}, t>0,\\ u|_{t=0}=\varphi(x), \end{cases}$$
其中 $a>0, b$ 为常数. (提示: 作变换 $w=\mathrm{e}^{-\frac{b}{a^2}u}$)

13. 求黏性伯格斯 (Burgers) 方程的初值问题
$$\begin{cases} u_t-a^2 u_{xx}+uu_x=0, & x\in\mathbb{R}, t>0,\\ u|_{t=0}=\varphi(x), \end{cases}$$
其中 $a>0$ 为常数. (提示: 作变换 $v=\displaystyle\int_{-\infty}^{x} u(y,t)\mathrm{d}y$, 转化为上一题)

14. 求解半无界问题
$$\begin{cases} u_t-u_{xx}=0, & x>0, t>0,\\ u|_{t=0}=x^3+1, & x\geqslant 0,\\ u|_{x=0}=1, & t\geqslant 0. \end{cases}$$

15. 利用偶延拓方法导出下面定解问题的求解公式:
$$\begin{cases} u_t-a^2 u_{xx}=f(x,t), & x>0, t>0,\\ u|_{t=0}=0, & x\geqslant 0,\\ u_x|_{x=0}=0, & t\geqslant 0, \end{cases}$$
这里 f 满足 $f_x(0,t)=0$.

16. 用分离变量法求解下列混合问题.

(1) $\begin{cases} u_t-a^2 u_{xx}=0, & 0<x<2, t>0,\\ u_x|_{x=0}=u_x|_{x=2}=0, & t\geqslant 0,\\ u|_{t=0}=\cos\dfrac{\pi}{2}x+\cos\pi x, & 0\leqslant x\leqslant 2. \end{cases}$

(2) $\begin{cases} u_t-a^2 u_{xx}=0, & 0<x<l, t>0,\\ u|_{x=0}=u|_{x=l}=0, & t\geqslant 0,\\ u|_{t=0}=x(l-x), & 0\leqslant x\leqslant l. \end{cases}$

(3) $\begin{cases} u_t - a^2 u_{xx} = 0, & 0 < x < l, t > 0, \\ u_x|_{x=0} = u|_{x=l} = 0, & t \geq 0, \\ u|_{t=0} = 5\cos\dfrac{3\pi}{2l}x, & 0 \leq x \leq l. \end{cases}$

(4) $\begin{cases} u_t - a^2 u_{xx} = u, & 0 < x < \pi, t > 0, \\ u|_{x=0} = u|_{x=\pi} = 0, & t \geq 0, \\ u|_{t=0} = \sin x, & 0 \leq x \leq \pi. \end{cases}$

(5) $\begin{cases} u_t - a^2 u_{xx} = \cos x, & 0 < x < \pi, t > 0, \\ u_x|_{x=0} = u_x|_{x=\pi} = 0, & t \geq 0, \\ u|_{t=0} = \cos 2x, & 0 \leq x \leq \pi. \end{cases}$

(6) $\begin{cases} u_t - a^2 u_{xx} = 0, & 0 < x < l, t > 0, \\ u|_{x=0} = 0,\ u|_{x=l} = t, & t \geq 0, \\ u|_{t=0} = 0, & 0 \leq x \leq l. \end{cases}$

以下各题中，区域 $Q = \{(x,t)|0 < x < l, 0 < t \leq T\}$，$Q$ 的抛物边界记为 Γ.

17. (最大值原理) 考虑一般形式的热传导方程
$$\mathcal{L}u = u_t - a^2 u_{xx} + b(x,t)u_x + c(x,t)u = f(x,t).$$
设 $c(x,t) \geq 0$, $f(x,t) \leq 0$, 设 $u \in C^{2,1}(Q) \cap C(\bar{Q})$ 是上述方程的解，则 u 在 $\bar{Q}$ 上的非负最大值必在抛物边界上达到，即
$$\max_{\bar{Q}} u(x,t) = \max_{\Gamma} u^+(x,t),$$
其中, $u^+(x,t) = \max\{u(x,t), 0\}$. (提示: 构造辅助函数 $v(x,t) = u(x,t) - \varepsilon t$.)

18. (最大值原理) 考虑上题中的算子 $\mathcal{L}$. 设 $c(x,t) \geq -c_0$ ($c_0 > 0$ 是常数), $f(x,t) \leq 0$, 设 $u \in C^{2,1}(Q) \cap C(\bar{Q})$ 是上述方程的解，如果 $\max_{\Gamma} u(x,t) \leq 0$, 则必有 $\max_{\bar{Q}} u(x,t) \leq 0$. (提示: 考虑 $v(x,t) = e^{-c_0 t} u(x,t)$ 满足的定解问题.)

19. (比较原理) 考虑上题中的算子 $\mathcal{L}$. 设 $c(x,t) \geq -c_0$ ($c_0 > 0$ 是常数), 又设 $u, v \in C^{2,1}(Q) \cap C(\bar{Q})$ 且有 $\mathcal{L}u \leq \mathcal{L}v$, $u|_{\Gamma} \leq v|_{\Gamma}$, 则在 $\bar{Q}$ 上 $u(x,t) \leq v(x,t)$.

20. 设 $u(x,t) \in C^{2,1}(Q) \cap C(\bar{Q})$ 是热传导方程
$$u_t - u_{xx} = u$$
的非负解，假设存在正数 M，使得 $u|_{\Gamma} \leq M$. 证明 $u(x,t) \leq Me^t$, $(x,t) \in Q$. (提示: 考虑 $w = e^{-t}u$ 满足的定解问题.)

21. 设 $\mathcal{L}u = u_t - u_{xx} + |u_x|$. 证明算子 $\mathcal{L}$ 比较定理成立，即设 $u, v \in C^{2,1}(Q) \cap C(\bar{Q})$, 当 $\mathcal{L}u \leq \mathcal{L}v$, $u|_{\Gamma} \leq v|_{\Gamma}$ 时，在 $\bar{Q}$ 上 $u(x,t) \leq v(x,t)$. (提示: 构造辅助函数 $w(x,t) = u(x,t) - v(x,t) - \varepsilon t (\varepsilon > 0)$)

22. 设 $\mathcal{L}u = u_t - u_{xx} + u^3$. 证明算子 $\mathcal{L}$ 比较定理成立. (提示: 考虑 $w(x,t) = u(x,t) - v(x,t)$ 满足的定解问题.)

23. 设 $u(x,t) \in C^{2,1}(Q) \cap C(\bar{Q})$ 且满足定解问题
$$\begin{cases} u_t - a^2 u_{xx} = f(x,t), & (x,t) \in Q, \\ u|_{x=0} = u|_{x=l} = 0, & 0 \leq t \leq T, \\ u|_{t=0} = \varphi(x), & 0 \leq x \leq l, \end{cases}$$
则
$$\max_{\bar{Q}} |u_t| \leq C(\max_{\bar{Q}} |f|, \max_{\bar{Q}} |f_t|, \max_{\bar{Q}} |\varphi''|),$$
常数 C 仅依赖于 T. (提示: 考虑 $v(x,t) = u_t(x,t)$ 满足的定解问题.)

24. 设 $Q^l = \{(x,t)|0 < x < l, 0 < t \leq T\}$, $u^l \in C^{2,1}(Q^l) \cap C(\bar{Q}^l)$ 且是定解问题
$$\begin{cases} u_t^l - a^2 u_{xx}^l = 0, & (x,t) \in Q^l, \\ u^l|_{x=0} = g(t), u^l|_{x=l} = 0, & 0 \leq t \leq T, \\ u|_{t=0} = \varphi(x), & 0 \leq x \leq l \end{cases}$$
的解，其中 $\varphi(x) \geq 0$, $g(t) \geq 0$. 证明 $u^l(x,t)$ 关于 l 是递增的，即对于 $\lambda < \mu \leq l$,
$$u^{\lambda}(x,t) \leq u^{\mu}(x,t), \quad (x,t) \in Q^{\lambda}.$$

25. 证明半无界问题
$$\begin{cases} u_t - a^2 u_{xx} = f(x,t), & 0 < x < +\infty, t > 0, \\ u|_{x=0} = \mu(t), & t \geq 0, \\ u|_{t=0} = \varphi(x), & x \leq 0 \end{cases}$$
的有界解是唯一的.

26. 设 $u(x,t) \in C^{2,1}(Q) \cap C^{1,0}(\bar{Q})$ 且满足定解问题

$$\begin{cases} u_t - u_{xx} = 0, & (x,t) \in Q, \\ [-u_x + h(u-u_0)]|_{x=0} = 0, u|_{x=l} = 0, & 0 \leqslant t \leqslant T, \\ u|_{t=0} = 0, & 0 \leqslant x \leqslant l, \end{cases}$$

其中 h, u_0 为正常数. 试证明:

(1) $0 \leqslant u(x,t) \leqslant u_0$, $(x,t) \in Q$.

(2) $u = u_h(x,t)$ 关于 h 单调递增.

27. 设 $u \in C^{2,1}(\bar{Q})$ 满足定解问题

$$\begin{cases} u_t - u_{xx} = f(x,t), & (x,t) \in Q, \\ u(0,t) = 0, \ u(l,t) = 0, & 0 \leqslant t \leqslant T, \\ u(x,0) = \varphi(x), & 0 \leqslant x \leqslant l, \end{cases}$$

证明

$$\sup_{0 \leqslant t \leqslant T} \int_0^l u_x^2 \mathrm{d}x + \int_0^T \int_0^l u_t^2 \mathrm{d}x \mathrm{d}t$$
$$\leqslant 2 \left(\int_0^l \varphi'(x)^2 \mathrm{d}x + \int_0^T \int_0^l f^2(x,t) \mathrm{d}x \mathrm{d}t \right).$$

(提示: 方程两端同乘 u_t, 然后积分.)

第 5 章 位势方程

本章讨论拉普拉斯方程和泊松方程. 拉普拉斯方程 (又称调和方程) 是椭圆型方程最简单的代表. 拉普拉斯方程的解——调和函数是偏微分方程中一类极为重要的函数, 在偏微分方程中占有极为重要的地位. 我们主要介绍调和函数的基本性质, 如平均值性质、强极值原理、哈纳克 (Harnack) 不等式、刘维尔定理等. 同时介绍求解位势方程边值问题的方法——格林函数法. 格林函数法是解偏微分方程的一种重要方法, 通过这种方法可得到解的积分表达式, 同时给出几类特殊区域上狄利克雷问题解的泊松公式, 我们还推导了位势方程的极值原理和最大模估计, 从而得到位势方程边值问题解的唯一性和稳定性. 如无特别指明, 本章中区域 $\Omega \subset \mathbb{R}^n (n \geqslant 2)$ 为连通开集.

5.1 调和函数

5.1.1 调和函数与基本解

定义 5.1.1 如果函数 $u \in C^2(\Omega)$ 且满足拉普拉斯方程

$$\Delta u = u_{x_1 x_1} + u_{x_2 x_2} + \cdots + u_{x_n x_n} = 0, \qquad (5.1)$$

则称 u 为区域 Ω 内的调和函数.

显然, $1, x_i (i = 1, 2, \cdots, n), x_i^2 - x_j^2 (i, j = 1, 2, \cdots, n, i \neq j), x_i x_j (i, j = 1, 2, \cdots, n, i \neq j)$ 和 $(3x_i^2 - x_j^2) x_j (i, j = 1, 2, \cdots, n, i \neq j)$ 都是调和函数. 我们还可以从复分析中的柯西-黎曼 (Cauchy-Riemann) 方程来构造出更多形式的调和函数. 假设 $\Omega \subset \mathbb{R}^2$, $f: \Omega \to \mathbb{C}$ 是一个解析函数, 且 $f(x + \mathrm{i}y) = u(x, y) + \mathrm{i}v(x, y)$, 由柯西-黎曼方程

$$u_x = v_y, \quad u_y = -v_x,$$

可以看出 $u(x, y), v(x, y)$ 满足

$$u_{xx} + u_{yy} = 0, \quad v_{xx} + v_{yy} = 0,$$

因此 $u(x,y), v(x,y)$ 是调和函数. 又注意到 $e^{x+iy} = e^x \cos y + i e^x \sin y$, 于是 $e^x \cos y, e^x \sin y$ 也是调和函数.

下面给出拉普拉斯方程的基本解, 利用基本解和格林公式可以得到调和函数的一些基本性质. 首先, 求拉普拉斯方程的径向解. 令 $u(\boldsymbol{x}) = U(r), r = |\boldsymbol{x}|$, 将其代入拉普拉斯方程 (5.1) 得

$$\Delta U = U''(r) + \frac{n-1}{r} U'(r) = 0,$$

解得 $U'(r) = a r^{1-n}$, a 为任意常数. 因此, 当 $r \neq 0$ 时, 有

$$U(r) = \begin{cases} b r^{2-n} + c, & \text{当 } n > 2 \text{ 时}, \\ b \ln r + c, & \text{当 } n = 2 \text{ 时}. \end{cases}$$

这里 b, c 是任意常数. 可以看出, 在 $\boldsymbol{x} \neq \boldsymbol{0}$ 时, $u(\boldsymbol{x}) = U(|\boldsymbol{x}|)$ 是拉普拉斯方程的解. 为了使用简便, 取常数 $c = 0$, 有:

定义 5.1.2 对 $\boldsymbol{x} \in \mathbb{R}^n, \boldsymbol{x} \neq \boldsymbol{0}$, 称函数

$$K(\boldsymbol{x}) = \begin{cases} \dfrac{1}{(n-2)\omega_n} |\boldsymbol{x}|^{2-n}, & n > 2, \\ -\dfrac{1}{2\pi} \ln |\boldsymbol{x}|, & n = 2 \end{cases} \tag{5.2}$$

为拉普拉斯方程的**基本解**. 其中 ω_n 为 $\mathbb{R}^n$ 中单位球面的表面积, $\omega_2 = 2\pi$, $\omega_3 = 4\pi$.

容易计算, $\mathbb{R}^n$ 中以 R 为半径的球面面积是 $\omega_n R^{n-1}$, 球体体积为 $\dfrac{\omega_n}{n} R^n$. 基本解 $K(\boldsymbol{x})$ 在 $\mathbb{R}^n \backslash \{\boldsymbol{0}\}$ 上是调和函数并且无穷次可微, 直接计算可得如下估计:

$$|\mathrm{D} K(\boldsymbol{x})| \leqslant \frac{C}{|\boldsymbol{x}|^{n-1}}, \quad |\mathrm{D}^2 K(\boldsymbol{x})| \leqslant \frac{C}{|\boldsymbol{x}|^n},$$

其中 C 是与 $\boldsymbol{x}$ 无关的常数. 基本解具有很强的物理意义: 当 $n = 3$ 时, 基本解 $K(\boldsymbol{x})$ 就是放置在原点的单位正点电荷在全空间 $\mathbb{R}^3$ 上产生的静电场的电势分布.

可以看出, 基本解 $K(\boldsymbol{x})$ 是拉普拉斯方程 (5.1) 的一类特殊解, 它在 $\boldsymbol{x} = \boldsymbol{0}$ 处不连续, 具有奇性. 即便如此, 基本解在拉普拉斯方程的研究中担当着非常重要的角色, 我们会在后面逐步看到它的作用. 对于一般的椭圆型方程也可以引入基本解, 它在方程的研究中同样发挥重要作用.

5.1.2 格林公式

高斯公式 设 Ω 是边界足够光滑的有界连通区域，n 是 $\partial\Omega$ 的单位外法向量. 对任一光滑向量场 $\boldsymbol{w} \in C^1(\bar{\Omega})$，有

$$\int_\Omega \operatorname{div} \boldsymbol{w} \mathrm{d}\boldsymbol{x} = \int_{\partial\Omega} \boldsymbol{w} \cdot \boldsymbol{n} \mathrm{d}S. \tag{5.3}$$

高斯公式又称散度定理. 若高斯公式 (5.3) 中 $\boldsymbol{w}$ 为函数 $u(\boldsymbol{x}) \in C^2(\bar{\Omega})$ 的梯度函数 ∇u，则有

$$\int_\Omega \Delta u \mathrm{d}\boldsymbol{x} = \int_{\partial\Omega} \nabla u \cdot \boldsymbol{n} \mathrm{d}S = \int_{\partial\Omega} \frac{\partial u}{\partial \boldsymbol{n}} \mathrm{d}S.$$

设函数 $u, v \in C^2(\bar{\Omega})$，若在高斯公式 (5.3) 中分别取 $\boldsymbol{w}$ 为 $u\nabla v$ 和 $v\nabla u$，则分别有

$$\int_\Omega u \Delta v \mathrm{d}\boldsymbol{x} = \int_{\partial\Omega} u \frac{\partial v}{\partial \boldsymbol{n}} \mathrm{d}S - \int_\Omega \nabla u \cdot \nabla v \mathrm{d}\boldsymbol{x}, \tag{5.4}$$

$$\int_\Omega v \Delta u \mathrm{d}\boldsymbol{x} = \int_{\partial\Omega} v \frac{\partial u}{\partial \boldsymbol{n}} \mathrm{d}S - \int_\Omega \nabla v \cdot \nabla u \mathrm{d}\boldsymbol{x}. \tag{5.5}$$

式 (5.4) 和式 (5.5) 都称为**第一格林公式**. 若将式 (5.4) 与式 (5.5) 相减，得

$$\int_\Omega (u \Delta v - v \Delta u) \mathrm{d}\boldsymbol{x} = \int_{\partial\Omega} \left(u \frac{\partial v}{\partial \boldsymbol{n}} - v \frac{\partial u}{\partial \boldsymbol{n}} \right) \mathrm{d}S, \tag{5.6}$$

称此式为**第二格林公式**.

5.2 调和函数的基本积分公式及性质

5.2.1 调和函数的基本积分公式

微课视频: 定理 5.2.1 的证明讲解

定理 5.2.1 设 $u \in C^2(\Omega) \cap C^1(\bar{\Omega})$，则

$$u(\boldsymbol{x}) = \int_{\partial\Omega} \left[K(\boldsymbol{y}-\boldsymbol{x}) \frac{\partial u(\boldsymbol{y})}{\partial \boldsymbol{n}} - u(\boldsymbol{y}) \frac{\partial K(\boldsymbol{y}-\boldsymbol{x})}{\partial \boldsymbol{n}} \right] \mathrm{d}S_{\boldsymbol{y}} - \int_\Omega K(\boldsymbol{y}-\boldsymbol{x}) \Delta u(\boldsymbol{y}) \mathrm{d}\boldsymbol{y}. \tag{5.7}$$

证明 只证明 $n \geqslant 3$ 的情形，$n = 2$ 时证明类似. 固定 $\boldsymbol{x} \in \Omega$，取充分小 $\varepsilon > 0$，使得 $B_\varepsilon(\boldsymbol{x}) \subset \Omega$. 在区域 $\Omega \setminus B_\varepsilon(\boldsymbol{x})$ 中用

拉普拉斯方程的基本解 $K(\boldsymbol{y}-\boldsymbol{x})$ 代替第二格林公式 (5.6) 中的 v, 得到

$$\int_{\Omega\setminus B_\varepsilon(\boldsymbol{x})} [u(\boldsymbol{y})\Delta K(\boldsymbol{y}-\boldsymbol{x}) - K(\boldsymbol{y}-\boldsymbol{x})\Delta u(\boldsymbol{y})]\,\mathrm{d}\boldsymbol{y}$$

$$= \int_{\partial\Omega} \left[u(\boldsymbol{y})\frac{\partial}{\partial \boldsymbol{n}}K(\boldsymbol{y}-\boldsymbol{x}) - K(\boldsymbol{y}-\boldsymbol{x})\frac{\partial}{\partial \boldsymbol{n}}u(\boldsymbol{y})\right]\mathrm{d}S_{\boldsymbol{y}}+$$

$$\int_{\partial B_\varepsilon(\boldsymbol{x})} \left[u(\boldsymbol{y})\frac{\partial}{\partial \boldsymbol{n}}K(\boldsymbol{y}-\boldsymbol{x}) - K(\boldsymbol{y}-\boldsymbol{x})\frac{\partial}{\partial \boldsymbol{n}}u(\boldsymbol{y})\right]\mathrm{d}S_{\boldsymbol{y}},\tag{5.8}$$

其中在球面 $\partial B_\varepsilon(\boldsymbol{x})$ 上 $\boldsymbol{n}$ 表示单位内法向量, 在边界 $\partial\Omega$ 上 $\boldsymbol{n}$ 表示单位外法向量. 先计算上式等号右边的第二项, 得

$$\int_{\partial B_\varepsilon(\boldsymbol{x})} K(\boldsymbol{y}-\boldsymbol{x})\frac{\partial u(\boldsymbol{y})}{\partial \boldsymbol{n}}\mathrm{d}S_{\boldsymbol{y}} = \frac{\varepsilon^{2-n}}{(n-2)\omega_n}\int_{\partial B_\varepsilon(\boldsymbol{x})} \frac{\partial u(\boldsymbol{y})}{\partial \boldsymbol{n}}\mathrm{d}S_{\boldsymbol{y}}$$

$$= \frac{\varepsilon}{(n-2)}\frac{1}{\omega_n \varepsilon^{n-1}}\int_{\partial B_\varepsilon(\boldsymbol{x})} \frac{\partial u(\boldsymbol{y})}{\partial \boldsymbol{n}}\mathrm{d}S_{\boldsymbol{y}}$$

$$= \frac{\varepsilon}{(n-2)}\fint_{\partial B_\varepsilon(\boldsymbol{x})} \frac{\partial u(\boldsymbol{y})}{\partial \boldsymbol{n}}\mathrm{d}S_{\boldsymbol{y}}$$

$$\to 0\ (\text{当 } \varepsilon\to 0\text{ 时}),$$

$$\int_{\partial B_\varepsilon(\boldsymbol{x})} u(\boldsymbol{y})\frac{\partial}{\partial \boldsymbol{n}}K(\boldsymbol{y}-\boldsymbol{x})\mathrm{d}S_{\boldsymbol{y}} = -\int_{\partial B_\varepsilon(\boldsymbol{x})} u(\boldsymbol{y})\frac{\partial}{\partial r}K(\boldsymbol{y}-\boldsymbol{x})\mathrm{d}S_{\boldsymbol{y}}$$

$$= \frac{1}{\omega_n \varepsilon^{n-1}}\int_{\partial B_\varepsilon(\boldsymbol{x})} u(\boldsymbol{y})\mathrm{d}S_{\boldsymbol{y}}$$

$$= \fint_{\partial B_\varepsilon(\boldsymbol{x})} u(\boldsymbol{y})\mathrm{d}S_{\boldsymbol{y}}$$

$$\to u(\boldsymbol{x})\ (\text{当 } \varepsilon\to 0\text{ 时}).$$

这里积分符号 $\fint$ 表示求平均值, 即

$$\fint_{\partial B_\varepsilon(\boldsymbol{x})} f(\boldsymbol{y})\mathrm{d}S_{\boldsymbol{y}} = \frac{1}{\omega_n \varepsilon^{n-1}}\int_{\partial B_\varepsilon(\boldsymbol{x})} f(\boldsymbol{y})\mathrm{d}S_{\boldsymbol{y}}.$$

于是, 在式 (5.8) 中令 $\varepsilon\to 0$ 即得式 (5.7). ∎

我们称式 (5.7) 为函数 u 的**格林表示**. 若函数 u 是 Ω 内的调和函数, 则有调和函数的基本积分公式

$$u(\boldsymbol{x}) = \int_{\partial\Omega} \left[K(\boldsymbol{y}-\boldsymbol{x})\frac{\partial u(\boldsymbol{y})}{\partial \boldsymbol{n}} - u(\boldsymbol{y})\frac{\partial K(\boldsymbol{y}-\boldsymbol{x})}{\partial \boldsymbol{n}}\right]\mathrm{d}S_{\boldsymbol{y}}.\tag{5.9}$$

上式表明调和函数在 Ω 内任一点 $\boldsymbol{x}$ 的值, 可以用此函数及其外法线方向导数在区域边界 $\partial\Omega$ 上的值通过积分来表示, 这是研究调和函数的基础.

5.2.2 调和函数的基本性质

性质 5.2.1 设函数 $u \in C^2(\Omega) \cap C^1(\bar{\Omega})$ 是泊松方程的诺伊曼边值问题

$$\begin{cases} -\Delta u = f(\boldsymbol{x}), & \boldsymbol{x} \in \Omega, \\ \dfrac{\partial u}{\partial \boldsymbol{n}} = \varphi(\boldsymbol{x}), & \boldsymbol{x} \in \partial\Omega \end{cases}$$

的解, 则

$$\int_\Omega f(\boldsymbol{x})\mathrm{d}\boldsymbol{x} = -\int_{\partial\Omega} \varphi(\boldsymbol{x})\mathrm{d}S. \tag{5.10}$$

如果函数 $u \in C^2(\Omega) \cap C^1(\bar{\Omega})$ 在 Ω 内调和, 则

$$\int_{\partial\Omega} \frac{\partial u}{\partial \boldsymbol{n}} \mathrm{d}S = 0. \tag{5.11}$$

证明 利用第二格林公式 (5.6), 取 $v=1$ 即得式 (5.10). 若 u 调和, 则 $f=0$, 易得式 (5.11). ■

上述性质有比较直观的物理解释, 如果 u 在区域 Ω 的均匀各向同性介质内部给出稳定的温度分布, 那么通过其边界的热流等于零.

性质 5.2.2 (平均值定理) 设 $u \in C^2(\Omega)$ 是 Ω 上的调和函数, 则对任意闭球 $\overline{B_r(\boldsymbol{x})} \subset \Omega$, 有

$$u(\boldsymbol{x}) = \fint_{\partial B_r(\boldsymbol{x})} u(\boldsymbol{y})\mathrm{d}S_{\boldsymbol{y}}, \tag{5.12}$$

称式 (5.12) 为**调和函数的球面平均值公式**.

证明 证明 $n \geqslant 3$ 的情形. 由调和函数的基本积分公式 (5.9) 和式 (5.11), 有

$$\begin{aligned} u(\boldsymbol{x}) &= \frac{1}{(n-2)\omega_n} \int_{\partial B_r(\boldsymbol{x})} \left[|\boldsymbol{y}-\boldsymbol{x}|^{2-n} \frac{\partial u(\boldsymbol{y})}{\partial \boldsymbol{n}} - \right. \\ &\qquad\left. u(\boldsymbol{y}) \frac{\partial |\boldsymbol{y}-\boldsymbol{x}|^{2-n}}{\partial \boldsymbol{n}} \right] \mathrm{d}S_{\boldsymbol{y}} \\ &= \frac{1}{(n-2)\omega_n} \int_{\partial B_r(\boldsymbol{x})} \left[r^{2-n} \frac{\partial u(\boldsymbol{y})}{\partial \boldsymbol{n}} - (2-n)r^{1-n} u(\boldsymbol{y}) \right] \mathrm{d}S_{\boldsymbol{y}} \end{aligned}$$

$$= \frac{1}{\omega_n r^{n-1}} \int_{\partial B_r(\boldsymbol{x})} u(\boldsymbol{y}) \mathrm{d}S_{\boldsymbol{y}}$$

$$= \fint_{\partial B_r(\boldsymbol{x})} u(\boldsymbol{y}) \mathrm{d}S_{\boldsymbol{y}}. \qquad \blacksquare$$

如果 $R > 0$ 满足 $\overline{B_R(\boldsymbol{x})} \subset \Omega$, 则由式 (5.12) 有

$$\omega_n r^{n-1} u(\boldsymbol{x}) = \int_{\partial B_r(\boldsymbol{x})} u(\boldsymbol{y}) \mathrm{d}S_{\boldsymbol{y}}, \quad 0 < r \leqslant R.$$

上式关于 r 从 0 到 R 积分, 可得

$$\omega_n \frac{R^n}{n} u(\boldsymbol{x}) = \int_0^R \mathrm{d}r \int_{\partial B_r(\boldsymbol{x})} u(\boldsymbol{y}) \mathrm{d}S_{\boldsymbol{y}} = \int_{B_R(\boldsymbol{x})} u(\boldsymbol{y}) \mathrm{d}\boldsymbol{y}.$$

因此有

$$u(\boldsymbol{x}) = \frac{n}{\omega_n R^n} \int_{B_R(\boldsymbol{x})} u(\boldsymbol{y}) \mathrm{d}\boldsymbol{y} = \fint_{B_R(\boldsymbol{x})} u(\boldsymbol{y}) \mathrm{d}\boldsymbol{y}. \qquad (5.13)$$

称上式为**调和函数的球平均公式**.

对于二维空间的情形, 调和函数的平均值公式为

$$u(\boldsymbol{x}) = \frac{1}{2\pi r} \int_{\partial B_r(\boldsymbol{x})} u(\boldsymbol{y}) \mathrm{d}s = \frac{1}{\pi r^2} \int_{B_r(\boldsymbol{x})} u(\boldsymbol{y}) \mathrm{d}\boldsymbol{y}. \qquad (5.14)$$

证明留作习题.

【例 5.2.1】 设 $u \in C^2(B_1(\boldsymbol{0})) \cap C(\overline{B_1(\boldsymbol{0})})$ 满足

$$\begin{cases} -\Delta u(\boldsymbol{x}) = 0, & \boldsymbol{x} = (x_1, x_2) \in B_1(\boldsymbol{0}); \\ u(\boldsymbol{x}) = x_2^2, & \boldsymbol{x} \in \partial B_1(\boldsymbol{0}), \ x_2 \geqslant 0; \\ u(\boldsymbol{x}) = x_2, & \boldsymbol{x} \in \partial B_1(\boldsymbol{0}), \ x_2 < 0, \end{cases}$$

试求 $\int_{B_{\frac{1}{2}}(\boldsymbol{0})} u(\boldsymbol{y}) \mathrm{d}\boldsymbol{y}$.

解 根据二维空间调和函数的平均值公式 (5.14), 有

$$u(\boldsymbol{0}) = \frac{1}{2\pi} \int_{\partial B_1(\boldsymbol{0})} u(\boldsymbol{y}) \mathrm{d}s$$

$$= \frac{1}{2\pi} \left(\int_0^\pi \sin^2 \theta \mathrm{d}\theta + \int_\pi^{2\pi} \sin \theta \mathrm{d}\theta \right)$$

$$= \frac{1}{4} - \frac{1}{\pi}.$$

另一方面, 由式 (5.14), 有

$$u(\boldsymbol{0}) = \frac{1}{\pi \left(\frac{1}{2}\right)^2} \int_{B_{\frac{1}{2}}(\boldsymbol{0})} u(\boldsymbol{y}) \mathrm{d}\boldsymbol{y}.$$

所以

$$\int_{B_{\frac{1}{2}}(\boldsymbol{0})} u(\boldsymbol{y}) \mathrm{d}\boldsymbol{y} = \frac{\pi}{16} - \frac{1}{4}.$$

性质 5.2.3 (强极值原理) 设 $u \in C^2(\Omega) \cap C(\bar{\Omega})$ 是 Ω (可微无界) 上的调和函数, 若 u 不恒为常数, 则 u 在 $\bar{\Omega}$ 上的最大值和最小值只能在边界上达到.

证明 用反证法. 记 $M = \max\limits_{\bar{\Omega}} u$. 若调和函数 u 在 $\bar{\Omega}$ 上的最大值不在 $\partial\Omega$ 上达到, 那么在 Ω 内的某点 $\boldsymbol{x}_0$ 有 $u(\boldsymbol{x}_0) = M$, 我们将证明 u 在 Ω 上是常数.

以 $\boldsymbol{x}_0$ 为心, R 为半径作球 $B_R(\boldsymbol{x}_0)$, 使它完全落在 Ω 中. 由调和函数的球平均值公式 (5.13) 可知

$$u(\boldsymbol{x}_0) = \fint_{B_R(\boldsymbol{x})} u(\boldsymbol{y}) \mathrm{d}\boldsymbol{y} \leqslant u(\boldsymbol{x}_0).$$

这表明在 $B_R(\boldsymbol{x}_0)$ 上 $u \equiv u(\boldsymbol{x}_0) = M$.

对于任意的 $\boldsymbol{x}^* \in \Omega$ 可用完全位于 Ω 内的折线 l 将 $\boldsymbol{x}_0$ 和 $\boldsymbol{x}^*$ 连接起来. 设 l 与边界 $\partial\Omega$ 的最短距离为 d, 于是在球 $B_{\frac{d}{2}}(\boldsymbol{x}_0)$ 上 $u \equiv M$. 若球面 $\partial B_{\frac{d}{2}}(\boldsymbol{x}_0)$ 与折线 l 相交于点 $\boldsymbol{x}_1$, 显然在球 $B_{\frac{d}{2}}(\boldsymbol{x}_1)$ 上 $u \equiv M$. 照此做下去, 可用有限个球 $B_{\frac{d}{2}}(\boldsymbol{x}_0)$, $B_{\frac{d}{2}}(\boldsymbol{x}_1), \cdots, B_{\frac{d}{2}}(\boldsymbol{x}_n)$ 将折线 l 完全覆盖, 而且 $\boldsymbol{x}^* \in B_{\frac{d}{2}}(\boldsymbol{x}_n)$, 因为每个球上都有 $u \equiv M$, 所以 $u(\boldsymbol{x}^*) = M$. 由点 $\boldsymbol{x}^*$ 的任意性, 可得在整个区域 Ω 上 $u(\boldsymbol{x}) \equiv M$, 从而 u 是常数.

对于最小值的情况, 同理可证. ∎

推论 5.2.1 (弱极值原理) 设区域 Ω 有界, $u \in C^2(\Omega) \cap C(\bar{\Omega})$ 在 Ω 内调和, 则

$$\max_{\bar{\Omega}} u = \max_{\partial\Omega} u, \quad \min_{\bar{\Omega}} u = \min_{\partial\Omega} u.$$

注 5.2.1 极值原理是调和函数的重要性质. 从物理上看, 一个调和函数可以表示稳定温度场. 当内部无热源时, 物体内部的

温度分布不可能在内部有最高点和最低点. 否则, 热量就要从温度高处向温度低处流动. 这种现象在数学上的反映就是调和函数不可能在区域内部达到极值, 除非它恒等于常数.

推论 5.2.2 (比较原理) 设 $u, v \in C^2(\Omega) \cap C(\bar{\Omega})$ 在 Ω 内调和, 如果在 $\partial\Omega$ 上 $u \leqslant v$, 则在 $\bar{\Omega}$ 上 $u \leqslant v$ 成立.

利用极值原理可以证明狄利克雷内边值问题及外边值问题解的唯一性和稳定性.

推论 5.2.3 设区域 Ω 有界, 则泊松方程的狄利克雷内边值问题

$$\begin{cases} -\Delta u = f(\boldsymbol{x}), & \boldsymbol{x} \in \Omega, \\ u(\boldsymbol{x}) = \varphi(\boldsymbol{x}), & \boldsymbol{x} \in \partial\Omega \end{cases}$$

至多有一个解, 且连续依赖边值 $\varphi(\boldsymbol{x})$.

证明 由叠加原理和推论 5.2.1, 唯一性是显然的. 下证稳定性. 设 u_k 是问题具有边值 $\varphi = \varphi_k$ 时的解 ($k = 1, 2$), 则 $u = u_1 - u_2$ 满足边值问题

$$\begin{cases} -\Delta u = 0, & \boldsymbol{x} \in \Omega, \\ u(\boldsymbol{x}) = \varphi_1(\boldsymbol{x}) - \varphi_2(\boldsymbol{x}), & \boldsymbol{x} \in \partial\Omega. \end{cases}$$

由推论 5.2.1 知, 对任意给定 $\varepsilon > 0$, 只要 $\max\limits_{\partial\Omega} |\varphi_1 - \varphi_2| < \varepsilon$, 则有

$$|u_1(\boldsymbol{x}) - u_2(\boldsymbol{x})| \leqslant \max\limits_{\bar{\Omega}} |u_1 - u_2| = \max\limits_{\partial\Omega} |\varphi_1 - \varphi_2| < \varepsilon.$$

因此狄利克雷内边值问题的解连续依赖于所给边值. ∎

推论 5.2.4 设区域 Ω 有界, 则泊松方程的狄利克雷外边值问题

$$\begin{cases} -\Delta u = f(\boldsymbol{x}), & \boldsymbol{x} \in \mathbb{R}^n \setminus \Omega, \\ u(\boldsymbol{x}) = \varphi(\boldsymbol{x}), & \boldsymbol{x} \in \partial\Omega, \\ \lim\limits_{|\boldsymbol{x}| \to \infty} u(\boldsymbol{x}) = 0 \end{cases}$$

至多有一个解, 且连续依赖边值 $\varphi(\boldsymbol{x})$.

证明 设 $u_k (k = 1, 2)$ 是问题的两个解, 则 $v = u_1 - u_2$ 在 $\mathbb{R}^n \setminus \Omega$ 内调和, 并满足边界条件 $v|_{\partial\Omega} = 0$ 以及

$$\lim\limits_{|\boldsymbol{x}| \to \infty} v(\boldsymbol{x}) = 0,$$

因此, 对任意小正数 ε, 存在正数 r, 使得当 $|\boldsymbol{x}| \geqslant r$ 时有 $|v(\boldsymbol{x})| < \varepsilon$.

在 $\mathbb{R}^n \setminus \Omega$ 中任取一点 $\boldsymbol{x}_0$,一定可以找到一个正数 $R > r$,使得 $\boldsymbol{x}_0$ 及 Ω 包含在球 $B_R(\boldsymbol{0})$ 内. 由强极值原理 (性质 5.2.3) 得,在由 $\partial \Omega$ 与 $\partial B_R(\boldsymbol{0})$ 所围的区域内必有 $|v(\boldsymbol{x})| < \varepsilon$,从而在点 $\boldsymbol{x}_0$ 处有 $|v(\boldsymbol{x}_0)| < \varepsilon$. 由 ε 的任意性,得 $|v(\boldsymbol{x}_0)| = 0$,又因 $\boldsymbol{x}_0$ 是 $\mathbb{R}^n \setminus \Omega$ 中任意一点,所以在 $\mathbb{R}^n \setminus \Omega$ 内 $v(\boldsymbol{x}) = 0$,即 $u_1 = u_2$.

类似可以证明解的稳定性 (留作习题). ∎

5.3 格林函数

5.3.1 格林函数的导出

基本积分公式 (5.9) 表明调和函数在 Ω 内任一点的值可以用它在边界上的值及其外法线方向导数在边界上的值来确定. 对于拉普拉斯方程的狄利克雷问题

$$\begin{cases} -\Delta u = 0, & \boldsymbol{x} \in \Omega, \\ u = \varphi(\boldsymbol{x}), & \boldsymbol{x} \in \partial \Omega, \end{cases} \tag{5.15}$$

由于 $\dfrac{\partial u}{\partial \boldsymbol{n}}$ 在边界 $\partial \Omega$ 的值未知,因此不能直接利用式 (5.9) 给出问题的解. 一个很自然的想法——能否设法将式 (5.9) 中的 $\dfrac{\partial u}{\partial \boldsymbol{n}}$ 项消去?这就需要引入格林函数.

给定一个函数 $g \in C^2(\Omega) \cap C^1(\bar{\Omega})$ 在区域 Ω 内是调和的. 对 u, g 应用第二格林公式,得

$$\int_{\partial \Omega} \left(u \frac{\partial g}{\partial \boldsymbol{n}} - g \frac{\partial u}{\partial \boldsymbol{n}} \right) \mathrm{d} S_{\boldsymbol{y}} = 0. \tag{5.16}$$

用基本积分公式 (5.9) 减去式 (5.16),得

$$u(\boldsymbol{x}) = \int_{\partial \Omega} \left[(K(\boldsymbol{y} - \boldsymbol{x}) + g) \frac{\partial u}{\partial \boldsymbol{n}} - u \frac{\partial}{\partial \boldsymbol{n}} (K(\boldsymbol{y} - \boldsymbol{x}) + g) \right] \mathrm{d} S_{\boldsymbol{y}}. \tag{5.17}$$

如果能够找到一个调和函数 g 满足 $g|_{\boldsymbol{y} \in \partial \Omega} = -K(\boldsymbol{y} - \boldsymbol{x})|_{\boldsymbol{y} \in \partial \Omega}$,即 $g = g(\boldsymbol{x}, \boldsymbol{y})$ 是边值问题

$$\begin{cases} -\Delta_{\boldsymbol{y}} g(\boldsymbol{x}, \boldsymbol{y}) = 0, & \boldsymbol{y} \in \Omega, \\ g(\boldsymbol{x}, \boldsymbol{y}) = -K(\boldsymbol{y} - \boldsymbol{x}), & \boldsymbol{y} \in \partial \Omega \end{cases} \tag{5.18}$$

的解，问题 (5.18) 中 x 可以看成参数. 这时式 (5.17) 右端含有 $\dfrac{\partial u}{\partial n}$ 的项就消去了. 为了便于讨论，记

$$G(x,y) = K(y-x) + g(x,y), \tag{5.19}$$

这样我们就得到狄利克雷问题 (5.15) 的形式解

$$u(x) = -\int_{\partial\Omega} u(y)\frac{\partial}{\partial n}G(x,y)\mathrm{d}S_y = -\int_{\partial\Omega}\varphi(y)\frac{\partial}{\partial n}G(x,y)\mathrm{d}S_y. \tag{5.20}$$

由式 (5.19) 定义的函数 $G(x,y)$ 称为拉普拉斯方程的狄利克雷问题在区域 Ω 上的**格林函数**. 类似的方法可得位势方程的狄利克雷问题

$$\begin{cases} -\Delta u = f(x), & x\in\Omega,\\ u = \varphi(x), & x\in\partial\Omega \end{cases} \tag{5.21}$$

的形式解为

$$u(x) = \int_{\Omega} G(x,y)f(y)\mathrm{d}y - \int_{\partial\Omega}\varphi(y)\frac{\partial G}{\partial n}\mathrm{d}S_y. \tag{5.22}$$

可以看出求解具有任意非齐次项和任意边值的狄利克雷问题 (5.21) 归结为求解一个特定边值的狄利克雷问题 (5.18). 我们把这种求解方法称为**格林函数法**. 对于一些特殊区域，边值问题 (5.18) 可以得到具体表达式. 然而，对于一般的区域，求解边值问题 (5.18) 也是比较困难的. 虽然如此，格林函数法还是很有意义的，这是因为：

(1) 格林函数只依赖于区域，而与边值和非齐次项函数无关，只要求得了某个区域上的格林函数，就确定了这个区域上的一切狄利克雷问题解的存在性，并且还可以用积分表示出它的解.

(2) 对于一些特殊区域，如球、半空间等，可以利用初等方法求出格林函数，而这些特殊区域上的狄利克雷问题在椭圆型偏微分方程的研究中起着重要作用.

(3) 可以利用式 (5.20) 讨论狄利克雷问题解的性质.

(4) 对于半线性方程 $-\Delta u = f(x,u)$ 的齐次狄利克雷问题，可以利用格林函数将其转化为等价的积分方程

$$u(x) = \int_{\Omega} G(x,y)f(y,u(y))\mathrm{d}y$$

来研究，从而可以借助泛函分析获得一些有意义的结果.

注 5.3.1 格林函数在三维空间中的有界域 Ω 上有明显的物理意义. 设 Ω 是封闭的导电面所围的真空区域, 在 Ω 内 $\boldsymbol{x}$ 处放置一单位正电荷, 并将其表面接地, 那么在导体内部所产生的电势分布就是格林函数. 具体来说, 由静电感应性质, 在导电面 $\partial\Omega$ 的内侧感应有一定分布密度的负电荷, 而在导电面 $\partial\Omega$ 的外侧分布有相应的正电荷. 如果把外侧接地, 则外侧正电荷消失, 且电势为零. 现在考察 Ω 内任意一点 $\boldsymbol{y}$, 由 $\boldsymbol{x}$ 处正电荷所产生的电势 (取介电系数为 1) 是

$$\frac{1}{4\pi|\boldsymbol{y}-\boldsymbol{x}|} = K(\boldsymbol{y}-\boldsymbol{x}).$$

由 $\partial\Omega$ 内侧负电荷所产生的电势设为 $g(\boldsymbol{x},\boldsymbol{y})$, 此时在 $\boldsymbol{y}$ 处的电势和是

$$G(\boldsymbol{x},\boldsymbol{y}) = \frac{1}{4\pi|\boldsymbol{y}-\boldsymbol{x}|} + g(\boldsymbol{x},\boldsymbol{y}).$$

而当 $\boldsymbol{y}$ 在 $\partial\Omega$ 上时, 电势为零. 即 $G(\boldsymbol{x},\boldsymbol{y}) = 0$, $\boldsymbol{y} \in \partial\Omega$.

5.3.2 格林函数的性质

性质 5.3.1 在区域 Ω 内, 当 $\boldsymbol{y} \neq \boldsymbol{x}$ 时, 格林函数 $G(\boldsymbol{x},\boldsymbol{y})$ 关于 $\boldsymbol{y}$ 处处是调和的, 且当 $\boldsymbol{y} \to \boldsymbol{x}$ 时 $G(\boldsymbol{x},\boldsymbol{y}) \to \infty$, 且与 $\dfrac{1}{|\boldsymbol{y}-\boldsymbol{x}|^{n-2}}$ 同阶 $(n > 2)$.

性质 5.3.2 在边界 $\partial\Omega$ 上格林函数 $G(\boldsymbol{x},\boldsymbol{y})$ 恒等于零.

性质 5.3.1 和性质 5.3.2 由边值问题 (5.18) 及格林函数的表达式 (5.19) 可以看出.

性质 5.3.3 $\displaystyle\int_{\partial\Omega} \frac{\partial G}{\partial \boldsymbol{n}} \mathrm{d}S = -1.$

证明 在式 (5.20) 中取 $u = 1$ 即得. ∎

性质 5.3.4 在区域 Ω 内的任一点 $\boldsymbol{y} \neq \boldsymbol{x}$, 有

$$0 < G(\boldsymbol{x},\boldsymbol{y}) < K(\boldsymbol{y}-\boldsymbol{x}), \qquad n \neq 2,$$
$$0 < G(\boldsymbol{x},\boldsymbol{y}) < \frac{1}{2\pi}\ln\frac{d}{|\boldsymbol{y}-\boldsymbol{x}|}, \qquad n = 2,$$

其中 $d = \operatorname{diam} \Omega$.

证明 任意固定 $\boldsymbol{x} \in \Omega$, 存在 $r > 0$, 使得球 $B_r(\boldsymbol{x}) \subset \Omega$. 当 $\boldsymbol{y} \in B_r(\boldsymbol{x})$, $\boldsymbol{y} \neq \boldsymbol{x}$ 且 $\boldsymbol{y} \to \boldsymbol{x}$ 时, $G(\boldsymbol{x},\boldsymbol{y}) \to \infty$, 所以存在正数 $\varepsilon < r$, 使得 $G(\boldsymbol{x},\boldsymbol{y})$ 在球 $B_\varepsilon(\boldsymbol{x})$ 内取正值. 在区域 $\Omega \setminus B_\varepsilon(\boldsymbol{x})$ 上

$G(x,y)$ 调和且在 $\partial\Omega$ 上 $G(x,y) = 0$, 由调和函数的强极值原理, 可知在 $\Omega \setminus B_\varepsilon(x)$ 上 $G(x,y) > 0$. 从而在 Ω 内 $G(x,y) > 0$.

当 $n \neq 2$ 时, 函数 $K(y-x) > 0$, 所以调和函数 $g(x,y)$ 在边界 $\partial\Omega$ 上的值 $-K(y-x) < 0$, 由调和函数的极值原理可得 $g(x,y) < 0$, 从而可以推出

$$G(x,y) < K(y-x).$$

当 $n = 2$ 时,

$$-K(y-x) = \frac{1}{2\pi} \ln|y-x| < \frac{1}{2\pi} \ln d,$$

利用边值问题 (5.18), 由调和函数的极值原理可得 $g(x,y) < \frac{1}{2\pi} \ln d$, 从而有

$$G(x,y) < K(y-x) + \frac{1}{2\pi} \ln d = -\frac{1}{2\pi} \ln|y-x| + \frac{1}{2\pi} \ln d$$
$$= \frac{1}{2\pi} \ln \frac{d}{|y-x|}. \quad \blacksquare$$

性质 5.3.5 (格林函数的对称性) 对所有 $x, y \in \Omega, x \neq y$, 有

$$G(x,y) = G(y,x). \tag{5.23}$$

证明 取充分小的 $\varepsilon > 0$, 使得球 $B_\varepsilon(x) \cup B_\varepsilon(y) \subset \Omega$, $B_\varepsilon(x) \cap B_\varepsilon(y) = \varnothing$. 记 $\Omega_\varepsilon = \Omega \setminus \{\overline{B_\varepsilon(x)} \cup \overline{B_\varepsilon(y)}\}$. 在 Ω_ε 上对 $G(x,z)$ 及 $G(y,z)$ 应用第二格林公式, 得

$$\int_{\Omega_\varepsilon} [G(y,z)\Delta_z G(x,z) - G(x,z)\Delta_z G(y,z)] \mathrm{d}z$$
$$= \int_{\partial\Omega_\varepsilon} \left[G(y,z)\frac{\partial G(x,z)}{\partial n} - G(x,z)\frac{\partial G(y,z)}{\partial n} \right] \mathrm{d}S_z.$$

由于在 Ω_ε 内 $\Delta_z G(x,z) = \Delta_z G(y,z) = 0$, 且 $G(x,z)|_{\partial\Omega} = G(y,z)|_{\partial\Omega} = 0$, 从上式推得

$$\int_{\partial B_\varepsilon(x) \cup \partial B_\varepsilon(y)} \left(G(y,z)\frac{\partial G(x,z)}{\partial n} - G(x,z)\frac{\partial G(y,z)}{\partial n} \right) \mathrm{d}S_z = 0,$$

即

$$\int_{\partial B_\varepsilon(x)} \left(G(y,z)\frac{\partial G(x,z)}{\partial n} - G(x,z)\frac{\partial G(y,z)}{\partial n} \right) \mathrm{d}S_z$$

$$= \int_{\partial B_\varepsilon(y)} \left(G(x,z) \frac{\partial G(y,z)}{\partial n} - G(y,z) \frac{\partial G(x,z)}{\partial n} \right) dS_z, \quad (5.24)$$

其中 n 表示 $B_\varepsilon(x) \cup B_\varepsilon(y)$ 上单位内法向量.

考虑式 (5.24) 中等号左端在 $\partial B_\varepsilon(x)$ 上的积分. 由式 (5.19), 有

$$I_1 = \int_{\partial B_\varepsilon(x)} \left(G(y,z) \frac{\partial G(x,z)}{\partial n} - G(x,z) \frac{\partial G(y,z)}{\partial n} \right) dS_z$$

$$= \int_{\partial B_\varepsilon(x)} \left(G(y,z) \frac{\partial K(z-x)}{\partial n} - K(z-x) \frac{\partial G(y,z)}{\partial n} \right) dS_z +$$

$$\int_{\partial B_\varepsilon(x)} \left(G(y,z) \frac{\partial g}{\partial n} - g \frac{\partial G(y,z)}{\partial n} \right) dS_z.$$

在 $B_\varepsilon(x)$ 内, 函数 g 和 $G(y,z)$ 都是调和函数, 由第二格林公式知, 上式第二项积分为零. 于是

$$I_1 = \int_{\partial B_\varepsilon(x)} \left(G(y,z) \frac{\partial K(z-x)}{\partial n} - K(z-x) \frac{\partial G(y,z)}{\partial n} \right) dS_z.$$

函数 $\dfrac{\partial G(y,z)}{\partial n}$ 在球 $B_\varepsilon(x)$ 上无奇性, 根据积分中值定理知, 当 $\varepsilon \to 0^+$ 时,

$$\int_{\partial B_\varepsilon(x)} K(z-x) \frac{\partial G(y,z)}{\partial n} dS_z = \frac{\varepsilon}{n-2} \frac{\partial G(y,\bar z)}{\partial n} \to 0.$$

由 $G(y,z)$ 在球 $B_\varepsilon(x)$ 连续, 所以当 $\varepsilon \to 0^+$ 时,

$$\int_{\partial B_\varepsilon(x)} G(y,z) \frac{\partial K(z-x)}{\partial n} dS_z$$

$$= \frac{1}{\omega_n \varepsilon^{n-1}} \int_{\partial B_\varepsilon(x)} G(y,z) dS_z \to G(y,x),$$

于是得到

$$\lim_{\varepsilon \to 0^+} I_1 = G(y,x).$$

同理可得在 $\partial B_\varepsilon(y)$ 上的积分

$$\int_{\partial B_\varepsilon(y)} \left(G(x,z) \frac{\partial G(y,z)}{\partial n} - G(y,z) \frac{\partial G(x,z)}{\partial n} \right) dS_z$$

$$\to G(x,y), \quad \varepsilon \to 0^+.$$

由式 (5.24) 即可推出式 (5.23). ∎

格林函数对称性的物理意义是在 x 处的单位点电荷在 y 处产生的电势等于在 y 处的单位点电荷在 x 处产生的电势. 这在物理学中叫作互易原理.

5.4 几种特殊区域上的格林函数和狄利克雷问题的解

由格林函数的定义式 (5.19) 可知, 求区域 Ω 上的格林函数归结为求边值问题 (5.18) 的解 g. 由格林函数的物理意义可知, 对于三维区域 Ω, 当 $\partial\Omega$ 有特殊的对称性时, 可以用**镜像法** (或叫作**静电源像法**) 求解函数 g. 所谓镜像法就是: 在区域 Ω 内任意一点 x 处有一个单位正电荷, 在区域 Ω 外找出 x 关于边界 $\partial\Omega$ 的对称点 x^*, 然后在 x^* 处放置适量的负电荷, 它所产生的负电势与 x 在边界 $\partial\Omega$ 上产生的正电势相互抵消. 这两种电荷所形成的电场在 Ω 内的任一点 y 处的电势就是我们要找的格林函数.

5.4.1 上半空间的格林函数

考虑 $\mathbb{R}^3$ 中上半空间 $\mathbb{R}^3_+$ 上拉普拉斯方程的狄利克雷边值问题

$$\begin{cases} -\Delta u(x) = 0, & x \in \mathbb{R}^3_+, \\ u(x) = \varphi(x'), & x_3 = 0, \ x' \in \mathbb{R}^2, \\ \lim_{|x|\to\infty} u(x) = 0, & \end{cases} \quad (5.25)$$

这里 $x = (x', x_3),\ x' = (x_1, x_2)$.

我们首先来求上半空间中的格林函数. 在 $\mathbb{R}^3_+$ 内任一点 $x = (x', x_3)$ 处放置一单位正电荷, 它在点 $y\,(y \neq x)$ 处的电势为 $\dfrac{1}{4\pi|y-x|}$. 在点 x 关于超平面 $y_3 = 0$ 的对称点 $x^* = (x', -x_3)$ 处放置一单位负电荷, 如图 5.1 所示. 从而它与 x 处的单位正电荷所产生电场的电势在 $y_3 = 0$ 上相互抵消, 即当 y 位于超平面 $y_3 = 0$ 上时, 有

$$\left.\dfrac{1}{4\pi|y-x|}\right|_{y_3=0} - \left.\dfrac{1}{4\pi|y-x^*|}\right|_{y_3=0} = 0.$$

微课视频: 上半空间的 Green 函数的构造

因为 $x^* \notin \mathbb{R}^3_+$, 故 $\dfrac{1}{4\pi|y-x^*|}$ 关于 $y \in \mathbb{R}^3_+$ 是调和的, 而且在 $\{x_3 \geqslant 0\}$ 上具有一阶连续偏导数. 因此, 上半空间 $\mathbb{R}^3_+$ 上的格林函数是

$$G(x, y) = \dfrac{1}{4\pi}\left(\dfrac{1}{|y-x|} - \dfrac{1}{|y-x^*|}\right).$$

于是, 由积分表达式 (5.20) 知, 问题 (5.25) 的形式解为

$$u(\boldsymbol{x}) = -\int_{y_3=0} \varphi(\boldsymbol{y}) \frac{\partial G(\boldsymbol{x},\boldsymbol{y})}{\partial \boldsymbol{n}} \mathrm{d}S_{\boldsymbol{y}} = -\int_{\mathbb{R}^2} \varphi(\boldsymbol{y}') \frac{\partial G(\boldsymbol{x},(\boldsymbol{y}',0))}{\partial \boldsymbol{n}} \mathrm{d}S_{\boldsymbol{y}'}.$$
(5.26)

注意到格林函数是基于基本积分公式 (5.9) 求出的. 为使式 (5.9) 在无界区域 $\mathbb{R}^3_+$ 上成立, 要求调和函数 u 在无穷远处满足

$$|u(\boldsymbol{x})| \leqslant \frac{C}{|\boldsymbol{x}|}, \quad \left|\frac{\partial u}{\partial \boldsymbol{n}}\right| \leqslant \frac{C}{|\boldsymbol{x}|^2}.$$

另外要求 $\varphi(\boldsymbol{x}')$ 满足

$$\varphi(\boldsymbol{x}') \leqslant \frac{C}{|\boldsymbol{x}'|^3}, \quad \text{当}|\boldsymbol{x}'|\text{充分大时},$$

这里 C 是正常数.

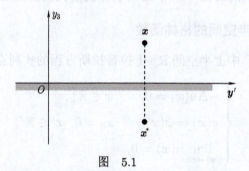

图 5.1

为了写出解析表达式, 必须先计算 $\dfrac{\partial G}{\partial \boldsymbol{n}}$ 在超平面 $y_3 = 0$ 上的值, 直接计算可得

$$\left.\frac{\partial G}{\partial \boldsymbol{n}}\right|_{y_3=0} = -\left.\frac{\partial G}{\partial y_3}\right|_{y_3=0} = \left.\frac{1}{4\pi}\left(\frac{y_3-x_3}{|\boldsymbol{y}-\boldsymbol{x}|^3} - \frac{y_3+x_3}{|\boldsymbol{y}-\boldsymbol{x}^*|^3}\right)\right|_{y_3=0}$$

$$= -\frac{1}{2\pi}\frac{x_3}{(|\boldsymbol{y}'-\boldsymbol{x}'|^2+x_3^2)^{\frac{3}{2}}}.$$

将上式代入式 (5.26), 即得

$$u(\boldsymbol{x}) = \frac{x_3}{2\pi}\int_{\mathbb{R}^2} \frac{\varphi(\boldsymbol{y}')}{(|\boldsymbol{y}'-\boldsymbol{x}'|^2+x_3^2)^{\frac{3}{2}}} \mathrm{d}\boldsymbol{y}'$$

$$= \frac{x_3}{2\pi}\int_{-\infty}^{+\infty}\int_{-\infty}^{+\infty} \frac{\varphi(y_1,y_2)}{((y_1-x_1)^2+(y_2-x_2)^2+x_3^2)^{\frac{3}{2}}} \mathrm{d}y_1 \mathrm{d}y_2.$$
(5.27)

此式称为上半空间中调和函数的狄利克雷问题的**泊松公式**.

容易证明下面的定理:

定理 5.4.1 设函数 $\varphi(\boldsymbol{x}')$ 在 $\mathbb{R}^2$ 中连续有界, 则由泊松公式 (5.27) 确定的函数 u 是定解问题 (5.25) 的解.

类似地, 二维上半平面拉普拉斯方程的狄利克雷边值问题

$$\begin{cases} u_{xx} + u_{yy} = 0, & x \in \mathbb{R}, y > 0, \\ u(x,0) = \varphi(x), & x \in \mathbb{R}, \\ \lim_{(x,y) \to \infty} u(x,y) = 0 \end{cases} \quad (5.28)$$

的泊松公式为

$$u(x,y) = \frac{y}{\pi} \int_{-\infty}^{+\infty} \frac{\varphi(z)}{(z-x)^2 + y^2} \mathrm{d}z. \quad (5.29)$$

5.4.2 球上的格林函数

考虑 $\mathbb{R}^3$ 中三维球 $B_R(\boldsymbol{0})$ 上的拉普拉斯方程的狄利克雷问题

$$\begin{cases} -\Delta u = 0, & \boldsymbol{x} \in B_R(\boldsymbol{0}), \\ u = \varphi(\boldsymbol{x}), & \boldsymbol{x} \in \partial B_R(\boldsymbol{0}). \end{cases} \quad (5.30)$$

首先求球 $B_R(\boldsymbol{0})$ 上的格林函数. 在球 $B_R(\boldsymbol{0}) \subset \mathbb{R}^3$ 内任取一点 $\boldsymbol{x}$, 在 $\boldsymbol{x}$ 点放置一单位正电荷, 它在点 $\boldsymbol{y}(\boldsymbol{y} \neq \boldsymbol{x})$ 处的电势为 $\dfrac{1}{4\pi|\boldsymbol{y} - \boldsymbol{x}|}$. 为了实现物理意义上的接地效应, 在点 $\boldsymbol{x}$ 关于球面的对称点 $\boldsymbol{x}^*$ 处放置 q 单位的负电荷 (q 待定) (见图 5.2), 它所产生的静电场在 $\boldsymbol{y} \in \partial B_R(\boldsymbol{0})$ 点的电势为

微课视频: 球上的 Green 函数的构造

$$g(\boldsymbol{x}, \boldsymbol{y}) = -\frac{q}{4\pi|\boldsymbol{y} - \boldsymbol{x}^*|} = -\frac{1}{4\pi|\boldsymbol{y} - \boldsymbol{x}|}.$$

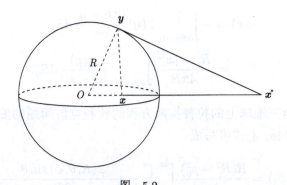

图 5.2

可以解得
$$q = \frac{|\boldsymbol{y} - \boldsymbol{x}^*|}{|\boldsymbol{y} - \boldsymbol{x}|}, \quad \boldsymbol{y} \in \partial B_R(\boldsymbol{0}),$$

由于 $\triangle O\boldsymbol{y}\boldsymbol{x}$ 与 $\triangle O\boldsymbol{x}^*\boldsymbol{y}$ 相似, 便知

$$\frac{|\boldsymbol{y} - \boldsymbol{x}^*|}{|\boldsymbol{y} - \boldsymbol{x}|} = \frac{R}{|\boldsymbol{x}|}, \quad \boldsymbol{y} \in \partial B_R(\boldsymbol{0}).$$

由上面这两个等式得 $q = \dfrac{R}{|\boldsymbol{x}|}$. 从而

$$g(\boldsymbol{x}, \boldsymbol{y}) = -\frac{R/|\boldsymbol{x}|}{4\pi|\boldsymbol{y} - \boldsymbol{x}^*|}, \quad \boldsymbol{y} \in \mathbb{R}^3, \ \boldsymbol{y} \neq \boldsymbol{x}^*.$$

所以, 三维球域 $B_R(\boldsymbol{0})$ 上的格林函数为

$$\begin{aligned}
G(\boldsymbol{x}, \boldsymbol{y}) &= K(\boldsymbol{y} - \boldsymbol{x}) + g(\boldsymbol{x}, \boldsymbol{y}) \\
&= \frac{1}{4\pi}\left(\frac{1}{|\boldsymbol{y} - \boldsymbol{x}|} - \frac{R}{|\boldsymbol{x}| \cdot |\boldsymbol{y} - \boldsymbol{x}^*|}\right), \quad \boldsymbol{x}^* = \frac{R^2}{|\boldsymbol{x}|^2}\boldsymbol{x}. \quad (5.31)
\end{aligned}$$

根据式 (5.20), 需要计算 $\dfrac{\partial G}{\partial \boldsymbol{n}}$ 在球面 $\partial B_R(\boldsymbol{0})$ 上的值. 当 $\boldsymbol{y} \in \partial B_R(\boldsymbol{0})$ 时, G 的外法向微商为

$$\begin{aligned}
\frac{\partial G}{\partial \boldsymbol{n}} &= \frac{\partial G}{\partial r}\bigg|_{r=R} = \sum_{i=1}^{3} G_{y_i} \frac{y_i}{R} = \sum_{i=1}^{3} \frac{y_i}{4\pi R}\left(-\frac{y_i - x_i}{|\boldsymbol{y} - \boldsymbol{x}|^3} + \frac{R}{|\boldsymbol{x}|}\frac{y_i - x_i^*}{|\boldsymbol{y} - \boldsymbol{x}^*|^3}\right) \\
&= \frac{1}{4\pi R} \cdot \frac{1}{|\boldsymbol{y} - \boldsymbol{x}|^3} \sum_{i=1}^{3}\left(-y_i^2 + y_i x_i + \frac{|\boldsymbol{x}|^2}{R^2}(y_i^2 - y_i x_i^*)\right) \\
&= -\frac{R^2 - |\boldsymbol{x}|^2}{4\pi R|\boldsymbol{y} - \boldsymbol{x}|^3}.
\end{aligned}$$

再利用式 (5.20), 可得问题 (5.30) 的形式解为

$$\begin{aligned}
u(\boldsymbol{x}) &= -\int_{\partial B_R(\boldsymbol{0})} \varphi(\boldsymbol{y}) \frac{\partial G(\boldsymbol{x}, \boldsymbol{y})}{\partial \boldsymbol{n}} \mathrm{d}S_{\boldsymbol{y}} \\
&= \frac{R^2 - |\boldsymbol{x}|^2}{4\pi R} \int_{\partial B_R(\boldsymbol{0})} \frac{\varphi(\boldsymbol{y})}{|\boldsymbol{y} - \boldsymbol{x}|^3} \mathrm{d}S_{\boldsymbol{y}}. \quad (5.32)
\end{aligned}$$

此式称为三维球上的拉普拉斯方程的狄利克雷问题的**泊松公式**. 利用球坐标, 上式可写成

$$u(\rho_0, \theta_0, \phi_0) = \frac{R(R^2 - \rho_0^2)}{4\pi} \int_0^{2\pi} \int_0^{\pi} \frac{\varphi(R, \theta, \phi)\sin\theta}{(R^2 + \rho_0^2 - 2R\rho_0\cos\gamma)^{3/2}} \mathrm{d}\theta\mathrm{d}\phi,$$

其中 $(\rho_0, \theta_0, \phi_0)$ 为点 $\boldsymbol{x}$ 的球坐标, (R, θ, ϕ) 为球面 $\partial B_R(\boldsymbol{0})$ 上动点 $\boldsymbol{y}$ 的坐标, γ 为向量 $\boldsymbol{y}$ 与 $\boldsymbol{x}$ 的夹角. 由三角学知识易得

$$\cos\gamma = \cos\theta\cos\theta_0 + \sin\theta\sin\theta_0\cos(\phi - \phi_0).$$

如果 $\boldsymbol{x} = \boldsymbol{0}$, 即 $\rho_0 = 0$, 则得到调和函数的球面平均公式

$$u(\boldsymbol{0}) = \frac{1}{4\pi R^2}\int_{\partial B_R(\boldsymbol{0})} \varphi(\boldsymbol{y})\mathrm{d}S_{\boldsymbol{y}} = \frac{1}{4\pi}\int_0^{2\pi}\int_0^{\pi} \varphi(R,\theta,\phi)\sin\theta\mathrm{d}\theta\mathrm{d}\phi.$$

下面证明由式 (5.32) 确定的函数 u 是定解问题 (5.30) 的解.

定理 5.4.2 设函数 $\varphi \in C(\partial B_R(\boldsymbol{0}))$, 则由式 (5.32) 确定的函数 u 是定解问题 (5.30) 的解.

微课视频: 定理 5.4.2 的证明讲解

证明 由于函数 $\dfrac{1}{|\boldsymbol{y}-\boldsymbol{x}|^3}$ 只有在 $\boldsymbol{x}=\boldsymbol{y}$ 时有奇性, 所以当 $\boldsymbol{y} \in \partial B_R(\boldsymbol{0})$ 时, 函数 $\dfrac{R^2-|\boldsymbol{x}|^2}{|\boldsymbol{y}-\boldsymbol{x}|^3}$ 在球 $B_R(\boldsymbol{0})$ 内关于 $\boldsymbol{x}$ 调和. 因此由式 (5.32) 确定的函数 $u(\boldsymbol{x})$ 满足方程 $-\Delta u(\boldsymbol{x}) = 0$, $\boldsymbol{x} \in B_R(\boldsymbol{0})$.

下证 $u(\boldsymbol{x})$ 满足定解问题 (5.30) 中的边界条件, 即对任意给定 $\boldsymbol{x}_0 \in \partial B_R(\boldsymbol{0})$ 且 $\boldsymbol{x} \to \boldsymbol{x}_0$ 时, $u(\boldsymbol{x}) \to \varphi(\boldsymbol{x}_0)$. 由格林函数的性质 5.3.3, 有

$$\begin{aligned}
1 &= -\int_{\partial B_R(\boldsymbol{0})} \frac{\partial G}{\partial \boldsymbol{n}}\mathrm{d}S_{\boldsymbol{y}} \\
&= \frac{R^2-|\boldsymbol{x}|^2}{4\pi R}\int_{\partial B_R(\boldsymbol{0})} \frac{1}{|\boldsymbol{y}-\boldsymbol{x}|^3}\mathrm{d}S_{\boldsymbol{y}}, \quad \boldsymbol{x} \in B_R(\boldsymbol{0}). \quad (5.33)
\end{aligned}$$

由式 (5.32) 和式 (5.33), 有

$$|u(\boldsymbol{x}) - \varphi(\boldsymbol{x}_0)| \leqslant \frac{R^2-|\boldsymbol{x}|^2}{4\pi R}\int_{\partial B_R(\boldsymbol{0})} \frac{1}{|\boldsymbol{y}-\boldsymbol{x}|^3}|\varphi(\boldsymbol{y}) - \varphi(\boldsymbol{x}_0)|\,\mathrm{d}S_{\boldsymbol{y}}.$$

因为 $\boldsymbol{x}_0 \in \partial B_R(\boldsymbol{0})$, 所以当积分变量 $\boldsymbol{y} = \boldsymbol{x}_0$ 而 $\boldsymbol{x} \to \boldsymbol{x}_0$ 时, 被积函数有奇性. 由于 $\varphi \in C(\partial B_R(\boldsymbol{0}))$, 对任意的 $\varepsilon > 0$, 存在充分小的 $\delta > 0$, 使得 $\boldsymbol{y} \in \partial B_R(\boldsymbol{0})$ 且 $|\boldsymbol{y} - \boldsymbol{x}_0| < \delta$ 时, $|\varphi(\boldsymbol{y}) - \varphi(\boldsymbol{x}_0)| < \varepsilon$. 因此, 当 $\boldsymbol{x} \in B_R(\boldsymbol{0})$ 且 $|\boldsymbol{x} - \boldsymbol{x}_0| < \dfrac{\delta}{2}$ 时, 有

$$\begin{aligned}
&|u(\boldsymbol{x}) - \varphi(\boldsymbol{x}_0)| \\
&\leqslant \frac{R^2-|\boldsymbol{x}|^2}{4\pi R}\int_{\partial B_R(\boldsymbol{0})\cap\{|\boldsymbol{y}-\boldsymbol{x}_0|<\delta\}} \frac{1}{|\boldsymbol{y}-\boldsymbol{x}|^3}|\varphi(\boldsymbol{y}) - \varphi(\boldsymbol{x}_0)|\,\mathrm{d}S_{\boldsymbol{y}} +
\end{aligned}$$

$$\frac{R^2 - |\boldsymbol{x}|^2}{4\pi R} \int_{\partial B_R(\boldsymbol{0}) \cap \{|\boldsymbol{y}-\boldsymbol{x}_0| \geqslant \delta\}} \frac{1}{|\boldsymbol{y}-\boldsymbol{x}|^3} |\varphi(\boldsymbol{y}) - \varphi(\boldsymbol{x}_0)| \, \mathrm{d}S_{\boldsymbol{y}}$$

$$\leqslant \varepsilon + 2 \max_{\partial B_R(\boldsymbol{0})} |\varphi(\boldsymbol{x})| \frac{R^2 - |\boldsymbol{x}|^2}{4\pi R} \int_{\partial B_R(\boldsymbol{0}) \cap \{|\boldsymbol{y}-\boldsymbol{x}_0| \geqslant \delta\}} \frac{1}{|\boldsymbol{y}-\boldsymbol{x}|^3} \mathrm{d}S_{\boldsymbol{y}}.$$

当 $\boldsymbol{y} \in \partial B_R(\boldsymbol{0})$ 且 $|\boldsymbol{y}-\boldsymbol{x}_0| \geqslant \delta$ 时, 有 $|\boldsymbol{y}-\boldsymbol{x}| \geqslant |\boldsymbol{y}-\boldsymbol{x}_0| - |\boldsymbol{x}-\boldsymbol{x}_0| \geqslant \delta - \frac{\delta}{2} \geqslant \frac{\delta}{2}$, 所以

$$|u(\boldsymbol{x}) - \varphi(\boldsymbol{x}_0)| \leqslant \varepsilon + 2 \max_{\partial B_R(\boldsymbol{0})} |\varphi(\boldsymbol{x})| \left(\frac{2}{\delta}\right)^3 R(R^2 - |\boldsymbol{x}|^2).$$

当 $\boldsymbol{x} \to \boldsymbol{x}_0$ 时, $|\boldsymbol{x}| \to |\boldsymbol{x}_0| = R$, 于是得到

$$|u(\boldsymbol{x}) - \varphi(\boldsymbol{x}_0)| < 2\varepsilon.$$

由 ε 的任意性, 有

$$\lim_{\boldsymbol{x} \to \boldsymbol{x}_0} u(\boldsymbol{x}) = \varphi(\boldsymbol{x}_0). \qquad \blacksquare$$

事实上, 当 $n \geqslant 2$ 时,

$$G(\boldsymbol{x}, \boldsymbol{y}) = K(\boldsymbol{y} - \boldsymbol{x}) - K\left(\frac{|\boldsymbol{x}|}{R}(\boldsymbol{y} - \boldsymbol{x}^*)\right), \quad \boldsymbol{x} \neq \boldsymbol{0}, \boldsymbol{x}^* = \frac{R^2}{|\boldsymbol{x}|^2}\boldsymbol{x} \tag{5.34}$$

也是 n 维球 $B_R(\boldsymbol{0})$ 上的格林函数. 为了验证这个结论, 只要说明式 (5.34) 中的第二项就是格林函数定义式中的函数 $g(\boldsymbol{x}, \boldsymbol{y})$, 即是问题 (5.18) 的解. 首先, 当 $\boldsymbol{x} \in B_R(\boldsymbol{0})$ 时, $\boldsymbol{x}^*$ 位于球 $B_R(\boldsymbol{0})$ 的外部, 所以函数 $K\left(\frac{|\boldsymbol{x}|}{R}(\boldsymbol{y} - \boldsymbol{x}^*)\right)$ 在 $B_R(\boldsymbol{0})$ 内关于 $\boldsymbol{y}$ 调和. 另外, 当 $\boldsymbol{y} \in \partial B_R(\boldsymbol{0})$ 时,

$$\left(\frac{|\boldsymbol{x}|}{R}|\boldsymbol{y} - \boldsymbol{x}^*|\right)^2 = \frac{|\boldsymbol{x}|^2}{R^2}(|\boldsymbol{y}|^2 - 2\boldsymbol{y}\cdot\boldsymbol{x}^* + |\boldsymbol{x}^*|^2)$$

$$= \frac{|\boldsymbol{x}|^2}{R^2}\left(R^2 - 2\frac{R^2}{|\boldsymbol{x}|^2}\boldsymbol{y}\cdot\boldsymbol{x} + \frac{R^4}{|\boldsymbol{x}|^2}\right)$$

$$= |\boldsymbol{x}|^2 - 2\boldsymbol{y}\cdot\boldsymbol{x} + R^2$$

$$= |\boldsymbol{y} - \boldsymbol{x}|^2,$$

即 $|\boldsymbol{y} - \boldsymbol{x}| = \frac{|\boldsymbol{x}|}{R}|\boldsymbol{y} - \boldsymbol{x}^*|$. 因此, 在 $\partial B_R(\boldsymbol{0})$ 上 $K(\boldsymbol{y} - \boldsymbol{x}) = K\left(\frac{|\boldsymbol{x}|}{R}(\boldsymbol{y} - \boldsymbol{x}^*)\right)$, 从而式 (5.34) 中的 $G(\boldsymbol{x}, \boldsymbol{y})$ 是 $n(n \geqslant 2)$ 维球 $B_R(\boldsymbol{0})$ 上的格林函数.

当 $n > 3$ 时, n 维球域上的狄利克雷问题

$$\begin{cases} -\Delta u = 0, & \boldsymbol{x} \in B_R(\boldsymbol{0}), \\ u = \varphi(\boldsymbol{x}), & \boldsymbol{x} \in \partial B_R(\boldsymbol{0}) \end{cases} \quad (5.35)$$

的求解公式为

$$u(\boldsymbol{x}) = \frac{R^2 - |\boldsymbol{x}|^2}{\omega_n R} \int_{\partial B_R(\boldsymbol{0})} \frac{\varphi(\boldsymbol{y})}{|\boldsymbol{x} - \boldsymbol{y}|^n} \mathrm{d}S_{\boldsymbol{y}}. \quad (5.36)$$

此式称为 n 维球上拉普拉斯方程的狄利克雷问题的**泊松公式**.

类似于定理 5.4.2, 我们有:

定理 5.4.3 如果函数 φ 在 $\partial B_R(\boldsymbol{0})$ 上连续, 则泊松公式 (5.36) 确定的函数 u 是定解问题 (5.35) 的解.

5.4.3 圆域上的格林函数

用类似于 5.4.1 小节中寻求球域上格林函数的方法, 我们还可以求得圆域 $\Omega = \{(x_1, x_2) | x_1^2 + x_2^2 < R^2\}$ 上拉普拉斯方程的狄利克雷问题

$$\begin{cases} \Delta u = u_{x_1 x_1} + u_{x_2 x_2} = 0, & (x_1, x_2) \in \Omega, \\ u = \varphi(\theta), & (x_1, x_2) \in \partial \Omega \end{cases} \quad (5.37)$$

的解, 其中 θ 是极坐标的极角.

对于 Ω 中任意的点 $\boldsymbol{x} = (x_1, x_2)$, 设 $\boldsymbol{x}^*$ 是 $\boldsymbol{x}$ 关于圆周 $\partial \Omega$ 的对称点, 则圆域 Ω 上的格林函数为

$$G(\boldsymbol{x}, \boldsymbol{y}) = \frac{1}{2\pi} \left(\ln \frac{1}{|\boldsymbol{y} - \boldsymbol{x}|} - \ln \frac{R}{|\boldsymbol{x}||\boldsymbol{y} - \boldsymbol{x}^*|} \right), \boldsymbol{x}^* = \frac{R^2}{|\boldsymbol{x}|^2} \boldsymbol{x}.$$

于是可得到圆域上狄利克雷边值问题 (5.37) 的解为

$$u(\boldsymbol{x}) = u(r, \theta) = \frac{1}{2\pi} \int_0^{2\pi} \frac{(R^2 - r^2) \varphi(\phi)}{R^2 + r^2 - 2Rr \cos(\theta - \phi)} \mathrm{d}\phi, \quad (5.38)$$

其中 (r, θ) 是圆域 Ω 内点的极坐标, (R, ϕ) 是圆周 $\partial \Omega$ 上动点的极坐标. 式 (5.38) 的详细推导留作习题.

注 5.4.1 至此, 我们导出了上半空间、球、圆域上的拉普拉斯方程狄利克雷问题的解的表达式. 但它究竟是不是相应问题的真正的解还需加以验证. 镜像法只能用于边界是简单几何形状的拉普拉斯方程狄利克雷问题的格林函数求解. 除此之外, 还有其他求格林函数的方法, 如分离变量法、傅里叶变换法等.

下面，我们利用分离变量法求解圆域上狄利克雷边值问题 (5.37). 利用极坐标变换 $x_1 = r\cos\theta$, $x_2 = r\sin\theta$, 二维拉普拉斯方程可写成下面的形式

$$u_{rr} + \frac{1}{r}u_r + \frac{1}{r^2}u_{\theta\theta} = 0, \qquad (5.39)$$

边界条件为

$$u(R, \theta) = \varphi(\theta). \qquad (5.40)$$

考虑分离变量形式的非零解 $u(r, \theta) = R(r)\Theta(\theta)$，将其代入方程 (5.39) 得到

$$R''\Theta + \frac{R'}{r}\Theta + \frac{R}{r^2}\Theta'' = 0,$$

即

$$-\frac{r^2 R'' + rR'}{R} = \frac{\Theta''}{\Theta} = -\lambda \quad (\lambda \text{ 为常数}).$$

从而

$$\Theta'' + \lambda\Theta = 0,$$

$$r^2 R'' + rR' - \lambda R = 0.$$

由 u 的单值性，$\Theta(\theta)$ 必须是 θ 的以 2π 为周期的周期函数，即 $\Theta(0) = \Theta(2\pi)$. 由此可得 $\lambda = n^2$，可取

$$\Theta_n(\theta) = a_n \cos n\theta + b_n \sin n\theta.$$

故 $R_n(r)$ 满足欧拉方程 $r^2 R'' + rR' - n^2 R = 0$，它的解为

$$R_n(r) = \begin{cases} c_{1n} r^n + c_{2n} r^{-n}, & n \neq 0, \\ c_{10} + c_{20} \ln r, & n = 0. \end{cases}$$

要使 u 在原点不出现奇性，必须 c_{20} 与 c_{2n} 都为零，从而

$$u_n(r, \theta) = \begin{cases} r^n(a_n \cos n\theta + b_n \sin n\theta), & n \neq 0, \\ \dfrac{a_0}{2}, & n = 0, \end{cases}$$

即

$$u(r, \theta) = \frac{a_0}{2} + \sum_{n=1}^{\infty} r^n(a_n \cos n\theta + b_n \sin n\theta). \qquad (5.41)$$

为了确定系数 a_0, a_n, b_n，利用边界条件 (5.40)，得

$$\varphi(\theta) = \frac{a_0}{2} + \sum_{n=1}^{\infty} R^n (a_n \cos n\theta + b_n \sin n\theta).$$

因此，$a_0, R^n a_n, R^n b_n$ 恰为 $\varphi(\theta)$ 展开成傅里叶级数时的系数，即

$$\begin{cases} a_n = \dfrac{1}{R^n \pi} \displaystyle\int_0^{2\pi} \varphi(s) \cos ns \, ds, & n = 0, 1, 2, \cdots, \\ b_n = \dfrac{1}{R^n \pi} \displaystyle\int_0^{2\pi} \varphi(s) \sin ns \, ds, & n = 1, 2, \cdots. \end{cases}$$

将 a_0, a_n, b_n 的表达式代入式 (5.41)，可得

$$\begin{aligned} u(r,\theta) &= \frac{1}{2\pi} \int_0^{2\pi} \varphi(s) ds + \sum_{n=1}^{\infty} \frac{1}{\pi} \left(\frac{r}{R}\right)^n \cdot \\ &\quad \left(\cos n\theta \int_0^{2\pi} \varphi(s) \cos ns \, ds + \sin n\theta \int_0^{2\pi} \varphi(s) \sin ns \, ds \right) \\ &= \frac{1}{2\pi} \int_0^{2\pi} \left[1 + 2 \sum_{n=1}^{\infty} \left(\frac{r}{R}\right)^n (\cos n\theta \cos ns + \sin n\theta \sin ns) \right] \varphi(s) ds \\ &= \frac{1}{2\pi} \int_0^{2\pi} \left(1 + 2 \sum_{n=1}^{\infty} \left(\frac{r}{R}\right)^n \cos n(\theta - s) \right) \varphi(s) ds. \end{aligned} \tag{5.42}$$

当 $r < R$ 时，

$$\begin{aligned} 1 + 2 \sum_{n=1}^{\infty} \left(\frac{r}{R}\right)^n \cos n\omega &= 1 + 2 \mathrm{Re} \left(\sum_{n=1}^{\infty} \left(\frac{r}{R}\right)^n e^{in\omega} \right) \\ &= 1 + 2 \mathrm{Re} \left(\frac{r e^{i\omega}}{R - r e^{i\omega}} \right) \\ &= \frac{R^2 - r^2}{R^2 + r^2 - 2Rr \cos \omega}. \end{aligned}$$

因此

$$u(r,\theta) = \frac{1}{2\pi} \int_0^{2\pi} \frac{(R^2 - r^2)\varphi(s)}{R^2 + r^2 - 2Rr \cos(\theta - s)} ds.$$

【例 5.4.1】 求解狄利克雷问题

$$\begin{cases} u_{rr} + \dfrac{1}{r} u_r + \dfrac{1}{r^2} u_{\theta\theta} = 0, & 0 < r < 1, \\ u(1, \theta) = A \sin^2 \theta + B \cos^2 \theta, & \theta \in [0, 2\pi), \end{cases}$$

其中 A, B 为已知常数.

解 直接计算有

$$A\sin^2\theta + B\cos^2\theta = \frac{A+B}{2} + \frac{B-A}{2}\cos 2\theta,$$

利用式 (5.42) 可得

$$u(r,\theta) = \frac{1}{2\pi}\int_0^{2\pi}\left(\frac{A+B}{2} + \frac{B-A}{2}\cos 2s\right)$$

$$\left(1 + 2\sum_{n=1}^{\infty} r^n \cos n(\theta-s)\right)\mathrm{d}s$$

$$= \frac{A+B}{2} + \frac{B-A}{2}r^2\cos 2\theta.$$

5.5 调和函数的进一步性质

我们通过泊松公式 (5.36) 可以构造在一个球内调和的函数, 使它在球面上等于一个已知的函数. 基于此, 本节我们利用泊松公式获得调和函数的另外一些重要性质.

由性质 5.2.2 可知调和函数具有平均值性质, 下面给出平均值公式 (5.12) 的逆定理.

定理 5.5.1 (逆平均值定理) 设函数 u 在 Ω 内连续且对任一闭球 $B_R(\boldsymbol{x}) \subset \Omega$ 满足平均值公式

$$u(\boldsymbol{x}) = \fint_{\partial B_R(\boldsymbol{x})} u(\boldsymbol{y})\mathrm{d}S_{\boldsymbol{y}} = \frac{1}{\omega_n R^{n-1}}\int_{\partial B_R(\boldsymbol{x})} u(\boldsymbol{y})\mathrm{d}S_{\boldsymbol{y}},$$

则 u 在 Ω 内调和.

证明 任取一个闭球 $B \subset \Omega$. 因为 u 在 ∂B 上连续, 根据定理 5.4.3 可知, 存在 B 中的调和函数 v, 使得在 ∂B 上 $v = u$. 因此, v 在 B 中的任一球面上满足平均值公式. 令 $w = v - u$, 则 w 在 $\bar{B}$ 上连续且在 ∂B 上等于零. 类似于强极值原理 (性质 5.2.3) 的证明, 易得 $\max_{\bar{B}}|w| = 0$. 于是在 $\bar{B}$ 上 $w \equiv 0$, 即 $v \equiv u$ 在 $\bar{B}$ 上成立. 从而, u 在 B 内调和. 由 $B \subset \Omega$ 的任意性, u 在 Ω 内调和. ∎

定理 5.5.2 (哈纳克不等式) 设 u 是 Ω 内的非负调和函数,则对于任一有界子区域 $\Omega' \subset \Omega$, 存在只依赖于 n, Ω' 和 Ω 的正常数 C, 使得
$$\max_{\bar{\Omega}'} u \leqslant C \min_{\bar{\Omega}'} u.$$

微课视频：Harnack 不等式的证明讲解

证明 当 u 为常数时,结论显然成立. 下面讨论 u 不恒为常数的情况.

取 $\boldsymbol{y} \in \Omega$, 选取 R 使得球 $B_{4R}(\boldsymbol{y}) \subset \Omega$. 任取两点 $\boldsymbol{y}_1, \boldsymbol{y}_2 \in B_R(\boldsymbol{y})$, 利用球上的平均值公式 (5.13), 得
$$u(\boldsymbol{y}_1) = \frac{n}{\omega_n R^n} \int_{B_R(\boldsymbol{y}_1)} u(\boldsymbol{y}) \mathrm{d}\boldsymbol{y},$$
$$u(\boldsymbol{y}_2) = \frac{n}{\omega_n (3R)^n} \int_{B_{3R}(\boldsymbol{y}_2)} u(\boldsymbol{y}) \mathrm{d}\boldsymbol{y}$$
$$\geqslant \frac{n}{\omega_n (3R)^n} \int_{B_R(\boldsymbol{y}_1)} u(\boldsymbol{y}) \mathrm{d}\boldsymbol{y}.$$

于是, $u(\boldsymbol{y}_1) \leqslant 3^n u(\boldsymbol{y}_2)$. 由 $\boldsymbol{y}_1, \boldsymbol{y}_2$ 的任意性知
$$\max_{B_R(\boldsymbol{y})} u \leqslant 3^n \min_{B_R(\boldsymbol{y})} u. \tag{5.43}$$

因 $\Omega' \subset \Omega$, 所以存在 $\boldsymbol{x}_1, \boldsymbol{x}_2 \in \bar{\Omega}'$, 使得
$$u(\boldsymbol{x}_1) = \max_{\bar{\Omega}'} u, \quad u(\boldsymbol{x}_2) = \min_{\bar{\Omega}'} u.$$

令 $l \subset \bar{\Omega}'$ 是连接 $\boldsymbol{x}_1$ 和 $\boldsymbol{x}_2$ 的简单曲线, 选取 R 使得 $4R < \mathrm{dist}(\partial\Omega', \partial\Omega)$. 根据有限覆盖定理, l 被 N 个半径为 R 且完全属于 Ω 的球覆盖. 从第一个覆盖 l 的球开始, 依次在每一个球中利用估计式 (5.43), 并通过相邻两球的公共点过渡到下一个球, 直到第 N 个球, 最后得到
$$\max_{\bar{\Omega}'} u = u(\boldsymbol{x}_1) \leqslant 3^{nN} u(\boldsymbol{x}_2) = 3^{nN} \min_{\bar{\Omega}'} u. \quad \blacksquare$$

哈纳克不等式指出：一个非负调和函数在其调和区域内一个紧上的最大值可以被最小值乘以一个与函数无关的常数所确定. 下面定理是哈纳克不等式的一个应用.

定理 5.5.3 (刘维尔定理)　全空间上有界的调和函数一定是常数.

证明　设存在正数 M, 使得 $|u(\boldsymbol{x})| \leqslant M$ 在 $\mathbb{R}^n$ 上成立. 任意取定 $\boldsymbol{x} \in \mathbb{R}^n$, 取正数 R 充分大, 使得 $R > |\boldsymbol{x}|$. 利用调和函数的平均值公式 (5.13), 有

$$
\begin{aligned}
& |u(\boldsymbol{x}) - u(\boldsymbol{0})| \\
&= \frac{n}{\omega_n R^n} \left| \int_{B_R(\boldsymbol{x})} u(\boldsymbol{y}) \mathrm{d}\boldsymbol{y} - \int_{B_R(\boldsymbol{0})} u(\boldsymbol{y}) \mathrm{d}\boldsymbol{y} \right| \\
&= \frac{n}{\omega_n R^n} \left| \int_{B_R(\boldsymbol{x}) \setminus B_R(\boldsymbol{0})} u(\boldsymbol{y}) \mathrm{d}\boldsymbol{y} - \int_{B_R(\boldsymbol{0}) \setminus B_R(\boldsymbol{x})} u(\boldsymbol{y}) \mathrm{d}\boldsymbol{y} \right| \\
&\leqslant \frac{nM}{\omega_n R^n} \int_{R-|\boldsymbol{x}|<|\boldsymbol{y}|<R+|\boldsymbol{x}|} \mathrm{d}\boldsymbol{y} \\
&= \frac{nM}{\omega_n R^n} \cdot \frac{\omega_n}{n} [(R+|\boldsymbol{x}|)^n - (R-|\boldsymbol{x}|)^n] \\
&= O(R^{-1}), \quad \text{当 } R \to \infty \text{ 时}.
\end{aligned}
$$

令 $R \to \infty$, 得到 $u(\boldsymbol{x}) = u(\boldsymbol{0})$. ∎

定理 5.5.4 (调和函数的可微性)　区域 Ω 内的调和函数在 Ω 内无穷次连续可微.

证明　设函数 u 在 Ω 内调和. 对于任意的 $\boldsymbol{x} \in \Omega$ 及满足 $B_R(\boldsymbol{x}) \subset \Omega$ 的 $R(R > 0)$, 根据调和函数的平均值公式 (5.13), 有

$$
u(\boldsymbol{x}) = \frac{n}{\omega_n R^n} \int_{B_R(\boldsymbol{x})} u(\boldsymbol{y}) \mathrm{d}\boldsymbol{y} = \frac{n}{\omega_n R^n} \int_{B_R(\boldsymbol{0})} u(\boldsymbol{x} + \boldsymbol{z}) \mathrm{d}\boldsymbol{z}.
$$

由于 $u \in C^2(\Omega)$, 则上式右端关于 $\boldsymbol{x}$ 可微, 并且可以在积分号下求导数. 上式两端关于 x_i 求导, 得

$$
\begin{aligned}
u_{x_i}(\boldsymbol{x}) &= \frac{n}{\omega_n R^n} \int_{B_R(\boldsymbol{0})} u_{x_i}(\boldsymbol{x} + \boldsymbol{z}) \mathrm{d}\boldsymbol{z} \\
&= \frac{n}{\omega_n R^n} \int_{B_R(\boldsymbol{x})} u_{x_i}(\boldsymbol{y}) \mathrm{d}\boldsymbol{y}, \quad i = 1, 2, \cdots, n,
\end{aligned}
$$

即 u_{x_i} 满足平均值公式, 于是 u_{x_i} 是调和函数, 用归纳法可以证得所要的结论. ∎

定理 5.5.5 (调和函数的解析性) 区域 Ω 内的调和函数在 Ω 内解析.

5.6 极值原理与位势方程解的适定性

5.6.1 极值原理

我们讨论比位势方程更一般的二阶椭圆型方程

$$\mathcal{L}u = -\Delta u + \sum_{i=1}^{n} b_i(\boldsymbol{x}) u_{x_i} + c(\boldsymbol{x}) u = f(\boldsymbol{x}), \quad \boldsymbol{x} \in \Omega, \quad (5.44)$$

其中 $\Omega \subset \mathbb{R}^n$ 为有界开集.

定理 5.6.1 假设 $c(\boldsymbol{x}) \geqslant 0$, $f(\boldsymbol{x}) < 0$ 且 $u \in C^2(\Omega) \cap C(\bar{\Omega})$ 是方程 (5.44) 的解, 则 u 不能在 Ω 上达到它在 $\bar{\Omega}$ 上的非负最大值, 即 u 只能在 $\partial \Omega$ 上达到它的非负最大值.

证明 用反证法. 若 u 在某点 $M_0 \in \Omega$ 达到非负最大值, 则有

$$u(M_0) \geqslant 0, \quad u_{x_i}(M_0) = 0, \quad u_{x_i x_i}(M_0) \leqslant 0, \quad i = 1, 2, \cdots, n,$$

于是

$$f(M_0) = -\Delta u(M_0) + c(M_0) u(M_0) \geqslant 0.$$

与假设 $f(\boldsymbol{x}) < 0$ 矛盾, 因此 $u(\boldsymbol{x})$ 不能在 Ω 上达到它的非负最大值. ∎

定理 5.6.2 (弱极值原理) 假设 $b_i(\boldsymbol{x})$, $c(\boldsymbol{x})$ 有界, $c(\boldsymbol{x}) \geqslant 0$ 且 $f(\boldsymbol{x}) \leqslant 0$. $u \in C^2(\Omega) \cap C(\bar{\Omega})$ 是方程 (5.44) 的解, 则 u 在 $\bar{\Omega}$ 上的非负最大值 (如果存在的话) 必在 $\partial \Omega$ 上达到, 即

$$\max_{\bar{\Omega}} u(\boldsymbol{x}) \leqslant \max_{\partial \Omega} u^+(\boldsymbol{x}), \quad \text{其中} \, u^+(\boldsymbol{x}) = \max\{u(\boldsymbol{x}), 0\}.$$

证明 通过构造合适的辅助函数 w 把问题转化为 $\mathcal{L}w < 0$ 的情形. 对任意的 $\varepsilon > 0$ 作辅助函数

$$w(\boldsymbol{x}) = u(\boldsymbol{x}) + \varepsilon \mathrm{e}^{a x_1} \quad a > 0, \text{为待定常数}.$$

计算得到

$$\mathcal{L}w = \mathcal{L}u + \varepsilon\mathcal{L}(\mathrm{e}^{ax_1}) = f(\boldsymbol{x}) + \varepsilon\mathrm{e}^{ax_1}(-a^2 + ab_1(\boldsymbol{x}) + c(\boldsymbol{x})),$$

因为 $b_i(\boldsymbol{x})$, $c(\boldsymbol{x})$ 有界, 可选取足够大的 a, 使得

$$-a^2 + a\max_{\bar{\Omega}}|b_i(\boldsymbol{x})| + \max_{\bar{\Omega}}|c(\boldsymbol{x})| < 0.$$

由定理 5.6.1 可得 w 只能在 $\partial\Omega$ 上达到它的非负最大值, 因此

$$\max_{\bar{\Omega}} w \leqslant \max_{\partial\Omega} w^+.$$

于是,

$$\max_{\bar{\Omega}} u \leqslant \max_{\bar{\Omega}} w \leqslant \max_{\partial\Omega} w^+ \leqslant \max_{\partial\Omega} u^+ + \varepsilon \max_{\partial\Omega} \mathrm{e}^{ax_1}.$$

令 $\varepsilon \to 0$, 便有 $\max_{\bar{\Omega}} u(\boldsymbol{x}) \leqslant \max_{\partial\Omega} u^+(\boldsymbol{x})$. ∎

注 5.6.1 $\mathcal{L}u = f(\boldsymbol{x})$ 表示有源稳定温度场内的温度分布. $f(\boldsymbol{x}) \leqslant 0$ 表示 Ω 内有热汇. 定理 5.6.2 的物理意义为如果稳定温度场内有热汇, 那么非负最高温度一定在边界上达到.

微课视频: Hopf 引理的证明讲解

定理 5.6.3 [霍普夫 (Hopf) 引理] 设 B_R 是 $\mathbb{R}^n(n \geqslant 2)$ 上的一个以 R 为半径的球, 在 B_R 上 $b_i(\boldsymbol{x})$, $c(\boldsymbol{x})$ 有界且 $c(\boldsymbol{x}) \geqslant 0$. 如果 $u \in C^2(B_R) \cap C^1(\overline{B_R})$ 满足

(1) $\mathcal{L}u \leqslant 0$;

(2) 存在 $\boldsymbol{x}_0 \in \partial B_R$ 使得 u 在 $\boldsymbol{x}_0$ 点达到在 $\overline{B_R}$ 上严格的非负最大值, 即 $u(\boldsymbol{x}_0) = \max_{\overline{B_R}} u(\boldsymbol{x}) \geqslant 0$, 且当 $\boldsymbol{x} \in B_R$ 时, $u(\boldsymbol{x}) < u(\boldsymbol{x}_0)$.

如果 $\left.\dfrac{\partial u}{\partial \boldsymbol{\nu}}\right|_{\boldsymbol{x}=\boldsymbol{x}_0}$ 存在, 则

$$\left.\frac{\partial u}{\partial \boldsymbol{\nu}}\right|_{\boldsymbol{x}=\boldsymbol{x}_0} > 0, \tag{5.45}$$

其中方向 $\boldsymbol{\nu}$ 与 ∂B_R 在 $\boldsymbol{x}_0$ 点的单位外法向量 $\boldsymbol{n}$ 的夹角小于 $\dfrac{\pi}{2}$.

证明 由定理假设 $\left.\dfrac{\partial u}{\partial \boldsymbol{\nu}}\right|_{\boldsymbol{x}=\boldsymbol{x}_0} \geqslant 0$ 是显然的. 我们需要证明它严格大于 0. 不妨假设球 B_R 的球心是原点, 在球壳 $B_R^* = \left\{\boldsymbol{x} \in B_R \,\middle|\, \dfrac{R}{2} < |\boldsymbol{x}| < R\right\}$ 上考虑辅助函数

$$v(\boldsymbol{x}) = \mathrm{e}^{-a|\boldsymbol{x}|^2} - \mathrm{e}^{-aR^2},$$

其中 a 是待定常数. 显然函数 v 具有如下性质:

(1) 在 ∂B_R 上, $v = 0$.

(2) 在 B_R^* 内

$$\mathcal{L}v = \left(-4a^2|\boldsymbol{x}|^2 + 2na - 2a\sum_{i=1}^n b_i(\boldsymbol{x})x_i + c(\boldsymbol{x})\right)\mathrm{e}^{-a|\boldsymbol{x}|^2} - c(\boldsymbol{x})\mathrm{e}^{-aR^2}$$

$$\leqslant \left(-a^2R^2 + 2na + a\left(\sum_{i=1}^n b_i^2(\boldsymbol{x}) + |\boldsymbol{x}|^2\right) + c(\boldsymbol{x})\right)\mathrm{e}^{-a|\boldsymbol{x}|^2}$$

$$\leqslant \left(-a^2R^2 + 2na + aA + C\right)\mathrm{e}^{-a|\boldsymbol{x}|^2},$$

其中 $A = \max\limits_{B_R^*} \sum\limits_{i=1}^n b_i^2(\boldsymbol{x}) + R^2$, $C = \max\limits_{B_R^*} c(\boldsymbol{x})$. 因此可选 $a > 0$ 充分大, 使得在 B_R^* 内有 $\mathcal{L}v < 0$.

(3) 沿 ∂B_R 的外法向量的方向导数

$$\frac{\partial v}{\partial \boldsymbol{n}} = -2a|\boldsymbol{x}|\mathrm{e}^{-a|\boldsymbol{x}|^2} < 0.$$

从而在球面 ∂B_R 上, 有

$$\frac{\partial v}{\partial \boldsymbol{\nu}} = \frac{\partial v}{\partial \boldsymbol{n}} \cos(\boldsymbol{\nu}, \boldsymbol{n}) < 0.$$

我们再引入函数

$$w(\boldsymbol{x}) = u(\boldsymbol{x}) - u(\boldsymbol{x}_0) + \varepsilon v(\boldsymbol{x}),$$

其中 $\varepsilon > 0$ 为待定常数. 显然 $w(\boldsymbol{x}_0) = 0$, 因而 $w(\boldsymbol{x})$ 在 $\overline{B_R^*}$ 上的非负最大值存在. 当 $\varepsilon > 0$ 充分小时, 在球壳 B_R^* 内有

$$\mathcal{L}w = \mathcal{L}u - c(\boldsymbol{x})u(\boldsymbol{x}_0) + \varepsilon\mathcal{L}v < 0.$$

由定理 5.6.2 知, w 必在球壳 B_R^* 的边界上达到非负最大值. 在球壳的内球面 $\partial B_{\frac{R}{2}}$ 上, $u(\boldsymbol{x}) - u(\boldsymbol{x}_0) < 0$, 又因为 $\partial B_{R/2}$ 是闭集, 所以

$$\max_{\partial B_{R/2}}(u(\boldsymbol{x}) - u(\boldsymbol{x}_0)) = \beta < 0.$$

取 ε 充分小, 使得

$$w|_{\partial B_{R/2}} \leqslant \beta + \varepsilon(\mathrm{e}^{-aR^2/4} - \mathrm{e}^{-aR^2}) < 0.$$

在球壳的外球面 ∂B_R 上, $w(\boldsymbol{x}) \leqslant 0$, $w(\boldsymbol{x}_0) = 0$, 所以 $w(\boldsymbol{x})$ 在 $\boldsymbol{x}_0$ 处达到非负最大值. 于是

$$\left.\frac{\partial w}{\partial \boldsymbol{\nu}}\right|_{\boldsymbol{x}=\boldsymbol{x}_0} = \left(\left.\frac{\partial u}{\partial \boldsymbol{\nu}}\right|_{\boldsymbol{x}=\boldsymbol{x}_0} + \varepsilon \left.\frac{\partial v}{\partial \boldsymbol{\nu}}\right|_{\boldsymbol{x}=\boldsymbol{x}_0}\right) \geqslant 0,$$

即

$$\left.\frac{\partial u}{\partial \boldsymbol{\nu}}\right|_{\boldsymbol{x}=\boldsymbol{x}_0} \geqslant -\varepsilon \left.\frac{\partial v}{\partial \boldsymbol{\nu}}\right|_{\boldsymbol{x}=\boldsymbol{x}_0} > 0.$$

上式即为所证. ∎

由定理 5.6.3 (霍普夫引理) 我们容易证明下面的强极值原理.

微课视频: 强极值原理的证明讲解

定理 5.6.4 (强极值原理) 假设 $b_i(\boldsymbol{x}), c(\boldsymbol{x})$ 有界且 $c(\boldsymbol{x}) \geqslant 0$. 如果 $u \in C^2(\Omega) \cap C(\bar{\Omega})$ 满足 $\mathcal{L}u \leqslant 0 (\geqslant 0)$, 且 u 在 Ω 内取到在 $\bar{\Omega}$ 上的非负最大值 (非正最小值), 则 $u \equiv$ 常数. 换言之, 如果 u 不是常数, 那么 u 在 Ω 的内部取不到非负最大值 (非正最小值).

微课视频: 强弱极值原理的比较

证明 假设存在 $\boldsymbol{x}^* \in \Omega$, 使得 $u(\boldsymbol{x}^*) = \max_{\bar{\Omega}} u(\boldsymbol{x}) = M \geqslant 0$. 记 $O = \{\boldsymbol{x} \in \Omega | u(\boldsymbol{x}) = M\}$, 显然 $O \neq \varnothing$. 我们只要证明 O 相对于 Ω 既开又闭, 利用 Ω 的连通性就可以得到 $O = \Omega$, 从而 u 是常数.

由函数 u 的连续性, O 相对于 Ω 显然是闭的. 下面我们证明 O 相对于 Ω 是开的. 设 $\boldsymbol{x}_0$ 是 O 上任意一点, 则存在球 $B_{2r}(\boldsymbol{x}_0) \subset \Omega$. 如果 $\boldsymbol{x}_0$ 不是 O 的内点, 则存在 $\tilde{\boldsymbol{x}} \in (\Omega \setminus O) \cap B_r(\boldsymbol{x}_0)$. 记

$$d = \min\{|\boldsymbol{x} - \tilde{\boldsymbol{x}}| : \boldsymbol{x} \in \bar{O}\}.$$

显然 $d \leqslant r$, 因此 $B_d(\tilde{\boldsymbol{x}}) \subset B_{2r}(\boldsymbol{x}_0) \subset \Omega$, $B_d(\tilde{\boldsymbol{x}})$ 与 O 相切. 存在 $\boldsymbol{y}_0 \in \partial B_d(\tilde{\boldsymbol{x}}) \cap O$. 因为 $B_d(\tilde{\boldsymbol{x}})$ 内没有 O 的点, 所以在 $B_d(\tilde{\boldsymbol{x}})$ 内 $u(\boldsymbol{x}) < M = u(\boldsymbol{y}_0)$. 在球 $B_d(\tilde{\boldsymbol{x}})$ 上应用定理 5.6.3, 至少存在一个方向 $\boldsymbol{\nu}$ 使得 $\left.\frac{\partial u}{\partial \boldsymbol{\nu}}\right|_{\boldsymbol{x}=\boldsymbol{y}_0} > 0$. 另一方面, 由于最大值点 $\boldsymbol{y}_0$ 是 Ω 的内点, 因此 $u_{x_i}|_{\boldsymbol{x}=\boldsymbol{y}_0} = 0, i = 1, 2, \cdots, n$, 故 $\left.\frac{\partial u}{\partial \boldsymbol{\nu}}\right|_{\boldsymbol{x}=\boldsymbol{y}_0} = 0$, 而这就导致矛盾. 因而 $\boldsymbol{x}_0$ 是 O 的内点. 从而 O 相对于 Ω 是开的. 定理得证. ∎

【例 5.6.1】 设 $u \in C^2(\Omega) \cap C(\bar{\Omega})$ 是定解问题

$$\begin{cases} -\Delta u = u^2(1-u), & \boldsymbol{x} \in \Omega, \\ u(\boldsymbol{x}) = 0, & \boldsymbol{x} \in \partial\Omega \end{cases}$$

的解. 试证明: $u \equiv 0$, 或者在 Ω 内, $0 < u(\boldsymbol{x}) < 1$.

证明 记 $c(\boldsymbol{x}) = u^2(\boldsymbol{x})$, 则原问题可以写成

$$\begin{cases} -\Delta u + c(\boldsymbol{x})u = u^2 \geqslant 0, & \boldsymbol{x} \in \Omega, \\ u(\boldsymbol{x}) = 0, & \boldsymbol{x} \in \partial\Omega. \end{cases}$$

如果 $u \not\equiv 0$, 由强极值原理知, 在 Ω 内, $u(\boldsymbol{x}) > 0$. 取 $\boldsymbol{x}_0 \in \Omega$ 满足 $u(\boldsymbol{x}_0) = \max_{\bar{\Omega}} u(\boldsymbol{x})$, 则

$$u^2(\boldsymbol{x}_0)(1 - u(\boldsymbol{x}_0)) = -\Delta u(\boldsymbol{x}_0) \geqslant 0,$$

故 $u(\boldsymbol{x}_0) \leqslant 1$, 从而在 Ω 内 $u(\boldsymbol{x}) \leqslant 1$. 令 $v(\boldsymbol{x}) = 1 - u(\boldsymbol{x})$, 则 $v(\boldsymbol{x}) \geqslant 0$, 且有

$$\begin{cases} -\Delta v + u^2 v = 0, & \boldsymbol{x} \in \Omega, \\ v(\boldsymbol{x}) = 1, & \boldsymbol{x} \in \partial\Omega, \end{cases}$$

由强极值原理知, $\min_{\bar{\Omega}} v(\boldsymbol{x}) > 0$, 即 $v(\boldsymbol{x}) > 0$ 在 $\bar{\Omega}$ 上成立. 故 $u(\boldsymbol{x}) < 1$ 在 $\bar{\Omega}$ 上成立. ∎

5.6.2 最大模估计

这一节, 我们研究位势方程的边值问题的最大模估计. 以下面的简单狄利克雷边值问题为例

$$\begin{cases} \mathcal{L}u = -\Delta u + c(\boldsymbol{x})u = f(\boldsymbol{x}), & \boldsymbol{x} \in \Omega, \\ u(\boldsymbol{x}) = \varphi(\boldsymbol{x}), & \boldsymbol{x} \in \partial\Omega \end{cases} \quad (5.46)$$

其中 Ω 是 $\mathbb{R}^n$ 中的具有光滑边界的有界开区域.

定理 5.6.5 设 $c(\boldsymbol{x}) \geqslant 0$ 且有界, $u \in C^2(\Omega) \cap C(\bar{\Omega})$ 是问题 (5.46) 的解, 则存在 $C > 0$, 使得

$$\max_{\bar{\Omega}} |u| \leqslant \Phi + CF,$$

其中 $\Phi = \max_{\partial\Omega} |\varphi|$, $F = \sup_{\Omega} |f|$, 常数 C 只依赖于 Ω 的直径

$$d = \sup_{\boldsymbol{x},\boldsymbol{y} \in \Omega} |\boldsymbol{x} - \boldsymbol{y}|.$$

证明 不妨设 Ω 包含原点 $\boldsymbol{x} = \boldsymbol{0}$, 令 $w^{\pm}(\boldsymbol{x}) = \pm u(\boldsymbol{x}) - (\Phi + F\mathrm{e}^d(\mathrm{e}^d - \mathrm{e}^{x_1}))$. 容易验证

$$\mathcal{L}w^{\pm} = \pm\mathcal{L}u - c(\boldsymbol{x})\Phi - F\mathrm{e}^d \mathcal{L}(\mathrm{e}^d - \mathrm{e}^{x_1})$$

$$= \pm f - c(\boldsymbol{x})\Phi - F\mathrm{e}^d \left(\mathrm{e}^{x_1} + c(\boldsymbol{x})(\mathrm{e}^d - \mathrm{e}^{x_1})\right).$$

因为 $c(\boldsymbol{x}) \geqslant 0, |x_1| \leqslant d$, 故 $\mathcal{L}w^{\pm} \leqslant 0$. 又因为 $w^{\pm}|_{\partial\Omega} \leqslant 0$, 由强极值原理知, 在 $\bar{\Omega}$ 上 $w^{\pm} \leqslant 0$, 即

$$|u(\boldsymbol{x})| \leqslant \Phi + F\mathrm{e}^d(\mathrm{e}^d - \mathrm{e}^{x_1}) \leqslant \Phi + F\mathrm{e}^{2d} \leqslant \Phi + CF. \quad \blacksquare$$

推论 5.6.1 设 $c(\boldsymbol{x}) \geqslant 0$ 且有界, 则问题 (5.46) 在 $C^2(\Omega) \cap C(\bar{\Omega})$ 中至多有一个解.

现在考虑罗宾边值问题

$$\begin{cases} -\Delta u + c(\boldsymbol{x})u = f(\boldsymbol{x}), & \boldsymbol{x} \in \Omega, \\ \left(\dfrac{\partial u}{\partial \boldsymbol{n}} + \alpha(\boldsymbol{x})u\right)\bigg|_{\partial\Omega} = \varphi, & \end{cases} \tag{5.47}$$

其中 $\boldsymbol{n}$ 是 $\partial\Omega$ 的单位外法向量, $\alpha(\boldsymbol{x}) \geqslant 0$, Ω 为有界区域.

定理 5.6.6 设 $c(\boldsymbol{x}) \geqslant 0$ 且有界, $\alpha(\boldsymbol{x}) \geqslant \alpha_0 > 0$. 若 $u \in C^2(\Omega) \cap C^1(\bar{\Omega})$ 是问题 (5.47) 的解, 则存在 $C > 0$, 使得

$$\max_{\bar{\Omega}} |u| \leqslant C(\Phi + F),$$

其中 $\Phi = \max_{\partial\Omega} |\varphi|, F = \sup_{\Omega} |f|$, 常数 C 只依赖于空间维数 n, α_0 和 Ω 的直径 d.

证明 不妨设 Ω 包含原点 $\boldsymbol{x} = \boldsymbol{0}$. 令

$$w^{\pm}(\boldsymbol{x}) = \pm u(\boldsymbol{x}) - \left(\frac{\Phi}{\alpha_0} + \frac{F}{2n}\left(\frac{1+d^2}{\alpha_0} + d^2 - |\boldsymbol{x}|^2\right)\right).$$

容易验证, 在 Ω 上,

$$\mathcal{L}w^{\pm} = \pm\mathcal{L}u - c(\boldsymbol{x})\frac{\Phi}{\alpha_0} - \frac{F}{2n}\mathcal{L}\left(\frac{1+d^2}{\alpha_0} + d^2 - |\boldsymbol{x}|^2\right)$$

$$= \pm f - c(\boldsymbol{x})\frac{\Phi}{\alpha_0} - \frac{F}{2n}\left(2n + c(\boldsymbol{x})\left(\frac{1+d^2}{\alpha_0} + d^2 - |\boldsymbol{x}|^2\right)\right).$$

因为 $c(\boldsymbol{x}) \geqslant 0, |\boldsymbol{x}| \leqslant d$, 则有 $\mathcal{L}w^{\pm} \leqslant 0$. 当 $\boldsymbol{x} \in \partial\Omega$ 时,

$$\frac{\partial w^{\pm}}{\partial \boldsymbol{n}} + \alpha(\boldsymbol{x})w^{\pm}$$

$$= \pm\varphi - \left(\alpha(\boldsymbol{x})\frac{\Phi}{\alpha_0} + \frac{F}{2n}\left(-2\boldsymbol{x}\cdot\boldsymbol{n} + \alpha(\boldsymbol{x})\left(\frac{1+d^2}{\alpha_0} + d^2 - |\boldsymbol{x}|^2\right)\right)\right)$$

$$\leqslant \pm\varphi - \left(\Phi + \frac{F}{2n}\left(-|\boldsymbol{x}|^2 - 1 + 1 + d^2\right)\right)$$

$$\leqslant 0.$$

由强极值原理知, $w^{\pm}$ 在 $\bar{\Omega}$ 上的非负最大值在边界 $\partial\Omega$ 上达到. 设在点 $\boldsymbol{x}_0 \in \partial\Omega$ 处达到正的最大值, 于是 $\left.\frac{\partial w^{\pm}}{\partial \boldsymbol{n}}\right|_{\boldsymbol{x}=\boldsymbol{x}_0} \geqslant 0$, 从而

$$\left.\frac{\partial w^{\pm}}{\partial \boldsymbol{n}}\right|_{\boldsymbol{x}=\boldsymbol{x}_0} + \alpha(\boldsymbol{x}_0)w^{\pm}(\boldsymbol{x}_0) \geqslant \alpha(\boldsymbol{x}_0)w^{\pm}(\boldsymbol{x}_0) > 0.$$

这与上式矛盾. 说明在 $\bar{\Omega}$ 上 $w^{\pm} \leqslant 0$, 即

$$|u(\boldsymbol{x})| \leqslant \frac{\Phi}{\alpha_0} + \frac{F}{2n}\left(\frac{1+d^2}{\alpha_0} + d^2 - |\boldsymbol{x}|^2\right) \leqslant C(\Phi + F),$$

其中

$$C = \max\left\{\frac{1}{\alpha_0}, \frac{1}{2n}\left(\frac{1+d^2}{\alpha_0} + d^2 - |\boldsymbol{x}|^2\right)\right\}. \qquad \blacksquare$$

注 5.6.2 如果 $c(\boldsymbol{x}) \equiv \alpha(\boldsymbol{x}) \equiv f(\boldsymbol{x}) \equiv 0$, 齐次诺伊曼问题 (5.47) 的解不唯一, 若函数 $u(\boldsymbol{x})$ 是它的解, 则对任意常数 $c, u+c$ 也是它的解. 因此最大模估计定理 5.6.6 不成立.

定理 5.6.5 和定理 5.6.6 的最大模估计蕴含着第一边值问题 (5.46) 和第三边值问题 (5.47) 的解的唯一性和稳定性. 我们考虑较为复杂的第三边值问题.

定理 5.6.7 设 $u_i \in C^2(\Omega) \cap C^1(\bar{\Omega})(i=1,2)$ 满足第三边值问题

$$\begin{cases} -\Delta u_i + c_i(\boldsymbol{x})u_i = f_i(\boldsymbol{x}), & \boldsymbol{x} \in \Omega, \\ \left.\left(\frac{\partial u_i}{\partial \boldsymbol{n}} + \alpha_i(\boldsymbol{x})u_i\right)\right|_{\partial\Omega} = \varphi_i, \end{cases}$$

其中 $\boldsymbol{n}$ 是 $\partial\Omega$ 的单位外法向量. 如果 $c_i(\boldsymbol{x}) \geqslant 0$ 且有界,

$\alpha_i(\boldsymbol{x}) \geqslant \alpha_0 > 0$，则

$$\max_{\bar{\Omega}} |u_1 - u_2| \leqslant C \Big(\max_{\partial\Omega} |\varphi_1 - \varphi_2| + \sup_{\Omega} |f_1 - f_2| +$$

$$\max_{\partial\Omega} |\alpha_1 - \alpha_2| + \sup_{\Omega} |c_1 - c_2| \Big) \quad (5.48)$$

成立，其中常数 C 只依赖于空间维数 n，α_0，Ω 的直径 d 和 $\max_{\partial\Omega} |\varphi_i(\boldsymbol{x})|$，$\sup_{\Omega} |f_i(\boldsymbol{x})|$，$i = 1, 2$.

证明 由定理 5.6.6 有

$$\max_{\bar{\Omega}} |u_i| \leqslant C_1 \Big(\max_{\partial\Omega} |\varphi_i(\boldsymbol{x})| + \sup_{\Omega} |f_i(\boldsymbol{x})| \Big), \quad i = 1, 2. \quad (5.49)$$

设 $w = u_1 - u_2$，则 w 满足边值问题

$$\begin{cases} -\Delta w + c_1(\boldsymbol{x})w = f_1 - f_2 + (c_2 - c_1)u_2, & \boldsymbol{x} \in \Omega, \\ \left(\dfrac{\partial w}{\partial \boldsymbol{n}} + \alpha_1(\boldsymbol{x})w\right)\bigg|_{\partial\Omega} = \varphi_1 - \varphi_2 + (\alpha_2 - \alpha_1)u_2. \end{cases}$$

由定理 5.6.6 有

$$\max_{\bar{\Omega}} |w| \leqslant C_1 \Big(\max_{\partial\Omega} |\varphi_1 - \varphi_2| + \max_{\partial\Omega} |(\alpha_1 - \alpha_2)u_2| +$$

$$\sup_{\Omega} |f_1 - f_2| + \sup_{\Omega} |(c_1 - c_2)u_2| \Big)$$

$$\leqslant C_1 \Big(\max_{\partial\Omega} |\varphi_1 - \varphi_2| + \max_{\partial\Omega} |\alpha_1 - \alpha_2| \max_{\bar{\Omega}} |u_2| +$$

$$\sup_{\Omega} |f_1 - f_2| + \sup_{\Omega} |c_1 - c_2| \max_{\bar{\Omega}} |u_2| \Big),$$

由不等式 (5.49) 我们可以得到估计式 (5.48). ∎

习题五

1. 证明下列函数是调和函数.
   (1) $x^2 - y^2$ 和 $2xy$.
   (2) $\sinh(ny)\sin(nx)$ 和 $\sinh(ny)\cos(nx)$.
   (3) $x^3 - 3xy^2$ 和 $3x^2y - y^3$.
2. 证明用极坐标表示的下列函数是调和函数.
   (1) $\ln r$ 和 θ.
   (2) $r^n \sin(n\theta)$ 和 $r^n \cos(n\theta)$.
   (3) $r\ln r \cos\theta - r\theta\sin\theta$ 和 $r\ln r \sin\theta + r\theta\cos\theta$.
3. 证明二维拉普拉斯方程在极坐标 (r, θ) 下可以写成

$$\Delta u = \frac{1}{r}(ru_r)_r + \frac{1}{r^2}u_{\theta\theta}.$$

4. 证明三维拉普拉斯方程在球坐标 (r,θ,ϕ) 下可以写成

$$\Delta u = \frac{1}{r^2}\frac{\partial}{\partial r}\left(r^2\frac{\partial u}{\partial r}\right) + \frac{1}{r^2\sin\theta}\frac{\partial}{\partial \theta}\left(\sin\theta\frac{\partial u}{\partial \theta}\right) + \frac{1}{r^2\sin^2\theta}\frac{\partial^2 u}{\partial \phi^2}.$$

5. 推导平面上的第一、第二格林公式以及调和函数的基本积分公式.

6. 利用第一格林公式证明三维拉普拉斯方程的罗宾边值问题

$$\begin{cases}\Delta u = 0, & \boldsymbol{x}\in\Omega,\\ \left.\left(\dfrac{\partial u}{\partial \boldsymbol{n}}+\sigma u\right)\right|_{\partial\Omega} = f, & \sigma>0 \text{ 为常数}\end{cases}$$

解的唯一性.

7. 证明二维空间中的基本积分公式,设 $\Omega\in\mathbb{R}^2$, $u\in C^2(\Omega)\cap C^1(\bar{\Omega})$,则当 $(x_0,y_0)\in\Omega$ 时,有

$$u(x_0,y_0) = \frac{1}{2\pi}\int_{\partial\Omega}\left(\ln\frac{1}{r}\frac{\partial u}{\partial \boldsymbol{n}}-u\frac{\partial}{\partial \boldsymbol{n}}\ln\frac{1}{r}\right)\mathrm{d}s,$$

其中 $r=\sqrt{(x-x_0)^2+(y-y_0)^2}$, $\mathrm{d}s$ 表示 $\partial\Omega$ 上的线元素.

8. 证明二维球(面)平均值公式 (5.14).

9. 利用球面平均值定理计算曲面积分 $\int_\Gamma\dfrac{1}{|\boldsymbol{x}-\boldsymbol{x}_0|}\mathrm{d}S$,其中 Γ 是 $\mathbb{R}^3$ 中的单位球面,$\boldsymbol{x}_0\in\mathbb{R}^3$ 是固定点,且 $|\boldsymbol{x}_0|>1$.

10. 设 $\Omega=\{(x,y)|x^2+y^2<R\}$, $u\in C^2(\Omega)\cap C(\bar{\Omega})$ 在 Ω 上调和. 记 $M=\int_\Omega u^2\mathrm{d}\boldsymbol{x}$. 试证明:

(1) $|u(\boldsymbol{0})|\leqslant\dfrac{1}{R}\left(\dfrac{M}{\pi}\right)^{\frac{1}{2}}$.

(2) $|u(\boldsymbol{x})|\leqslant\dfrac{1}{R-|\boldsymbol{x}|}\left(\dfrac{M}{\pi}\right)^{\frac{1}{2}}$, $\boldsymbol{x}\in\Omega$.

11. 设 $\Omega=\{(x,y)|x^2+y^2<1\}$, $u(x,y)$ 是 Ω 的调和函数,且在 $\partial\Omega$ 上满足 $u=\sin\theta$,求函数 u 在原点的值以及 u 在 $\bar{\Omega}$ 上的最大值和最小值.

12. 证明推论 5.2.4.

13. 推导边值问题 (5.21) 的形式解 (5.22).

14. 求三维方程 $\Delta u = u$ 的径向对称解 $u(r)$. (提示: 作变换 $v(r)=ru(r)$.)

15. 在三维区域 Ω 上,利用第二格林公式和上题结论,求出方程

$$\Delta u - u = f$$

的解的积分表达式.

16. 证明定理 5.4.1.

17. 用镜像法推导上半平面内的拉普拉斯方程狄利克雷边值问题 (5.28) 的解 (5.29),并求解 $\varphi(x)$ 是下列函数:

(1) $\varphi(x)=\begin{cases}1, & x\in[a,b],\\ 0, & x\notin[a,b].\end{cases}$

(2) $\varphi(x)=\dfrac{1}{1+x^2}$.

18. 三维球域上拉普拉斯方程狄利克雷边值问题

$$\begin{cases}-\Delta u = 0, & \boldsymbol{x}\in B_R(\boldsymbol{0}),\\ u=\phi(\boldsymbol{x}), & |\boldsymbol{x}|=R,\end{cases}$$

其中 ϕ 限制在 $B_R(\boldsymbol{0})$ 上时是一个多项式 $P(\boldsymbol{x})$.

(1) 如果 $\Delta P=$ 常数,证明上述问题的解为

$$u(\boldsymbol{x}) = P(\boldsymbol{x}) + \frac{1}{6}(R^2-|\boldsymbol{x}|^2)\Delta P.$$

(2) 求边值问题

$$\begin{cases}-\Delta u = 0, & \boldsymbol{x}\in B_1(\boldsymbol{0}),\\ u(r,\theta,\phi)=3\cos 2\theta+1, & |\boldsymbol{x}|=1\end{cases}$$

的解,其中 (r,θ,ϕ) 表示球坐标.

19. 用镜像法推导圆域 $\Omega=\{(x,y)|x^2+y^2<R^2\}$ 内的拉普拉斯方程狄利克雷边值问题 (5.37) 的解 (5.38).

20. 用镜像法求拉普拉斯方程在单位圆外部区域 $\Omega=\mathbb{R}^2\setminus\overline{B}_1(\boldsymbol{0})$ 上的格林函数.

21. 设 $u(r,\theta)$ 是圆 $B_R(\boldsymbol{0})$ 外的有界调和函数,令 $v(r,\theta)=u(R^2/r,\theta)$. 证明 $v(r,\theta)$ 是圆 $B_R(\boldsymbol{0})$ 内的调和函数,并由此求狄利克雷外边值问题

$$\begin{cases}\Delta u = 0, & x^2+y^2>R^2,\\ u=f(\theta), & x^2+y^2=R^2\end{cases}$$

的有界解.

22. 如果 $u = u(r,\theta)$ 是调和函数, 证明 $v = ru_r$ 也是调和函数. 由此证明若 $\varphi(\theta)$ 满足 $\int_0^{2\pi} \varphi(\theta)\mathrm{d}\theta = 0$, 诺伊曼边值问题

$$\begin{cases} -\Delta u = 0, & 0 < r < a, \\ \left.\dfrac{\partial u}{\partial r}\right|_{r=R} = \varphi(\theta) \end{cases}$$

的解可表示为

$$u(r,\theta) = -\frac{R}{2\pi}\int_0^{2\pi} \varphi(a)\ln[R^2 + r^2 - 2Rr\cos(a-\theta)]\mathrm{d}a + C,$$

其中 C 为任意常数.

23. 求在半径为 a 的圆内的调和函数 u, 在圆周 c 取下列值:

(1) $u|_c = A\cos\theta$.

(2) $u|_c = A + B\sin\theta$.

24. 求扇形区域 $0 < r < a, 0 < \theta < \alpha$ 中调和方程狄利克雷边值问题

$$\begin{cases} -\Delta u = 0, & 0 < r < a, 0 < \theta < \alpha, \\ u(r,0) = u(r,\alpha) = 0, & 0 \leqslant r \leqslant a, \\ u(a,\theta) = f(\theta), & 0 \leqslant \theta \leqslant \alpha \end{cases}$$

的有界解.

25. 求解二维拉普拉斯方程狄利克雷边值问题

$$\begin{cases} -\Delta u = 0, & 1 < r < 2, 0 < \theta < \pi, \\ u|_{r=1} = \sin\theta, u|_{r=2} = 0, & 0 \leqslant \theta \leqslant \pi, \\ u|_{\theta=0} = u|_{\theta=\pi} = 0, & 1 \leqslant r \leqslant 2. \end{cases}$$

26. 求解二维拉普拉斯方程狄利克雷边值问题

$$\begin{cases} -\Delta u = 0, & 0 < x < 1, y > 0, \\ u|_{x=0} = u|_{x=1} = 0, & y \geqslant 0, \\ u|_{y=0} = x(1-x), & 0 \leqslant x \leqslant 1 \end{cases}$$

的有界解.

27. 设 $u \in C^2(\Omega)$, 如果对于 Ω 中的任一球面 S, 都成立

$$\int_S \frac{\partial u}{\partial \boldsymbol{n}}\mathrm{d}S = 0.$$

证明 u 是 Ω 中的调和函数.

28. 证明拉普拉斯方程第二边值问题

$$\begin{cases} -\Delta u = 0, & 0 < x < a, 0 < y < b, \\ u_x(0,y) = f_1(y), u_x(a,y) = f_2(y), & 0 \leqslant y \leqslant b, \\ u_y(x,0) = g_1(x), u_y(x,b) = g_2(x), & 0 \leqslant x \leqslant a \end{cases}$$

有解的必要条件是函数 $f_1(y), f_2(y), g_1(x), g_2(x)$ 满足相容性条件

$$\int_0^a [g_1(x) - g_2(x)]\mathrm{d}x + \int_0^b [f_1(y) - f_2(y)]\mathrm{d}y = 0.$$

29. 证明哈纳克不等式: 若函数 u 在三维球 $B_R(\mathbf{0})$ 内非负调和, 则对任意的 $\boldsymbol{x} \in B_R(\mathbf{0})$, 有

$$\frac{R(R-|\boldsymbol{x}|)}{(R+|\boldsymbol{x}|)^2}u(\mathbf{0}) \leqslant u(\boldsymbol{x}) \leqslant \frac{R(R+|\boldsymbol{x}|)}{(R-|\boldsymbol{x}|)^2}u(\mathbf{0}).$$

30. 证明定解问题

$$\begin{cases} -\Delta u = f(x,y), & (x,y) \in \mathbb{R}_+^2, \\ u|_{y=0} = \varphi(x), & x \in \mathbb{R} \end{cases}$$

属于 $C^2(\mathbb{R}_+^2) \cap C(\overline{\mathbb{R}_+^2})$ 的有界解是唯一的. (提示: 考虑辅助函数 $v(x,y) = \varepsilon\ln[x^2+(y+1)^2] \pm u(x,y)$.)

31. 设 $u \in C^2(\Omega) \cap C(\bar{\Omega})$ 是定解问题

$$\begin{cases} -\Delta u + c(\boldsymbol{x})u = f(\boldsymbol{x}), & \boldsymbol{x} \in \Omega, \\ u|_{\partial\Omega} = 0 \end{cases}$$

的一个解.

(1) 如果 $c(\boldsymbol{x}) \geqslant c_0 > 0$, 则有估计

$$\max_{\bar{\Omega}} |u(\boldsymbol{x})| \leqslant c_0^{-1}\sup_{\Omega}|f(\boldsymbol{x})|.$$

(2) 如果 $c(\boldsymbol{x}) \geqslant 0$ 且有界, 则有估计

$$\max_{\bar{\Omega}} |u(\boldsymbol{x})| \leqslant M\sup_{\Omega}|f(\boldsymbol{x})|,$$

其中 M 依赖于 $c(\boldsymbol{x})$ 的界与 Ω 的直径. (提示: 不妨设原点 $\mathbf{0} \in \Omega$, 并令 $u(\boldsymbol{x}) = (d^2 - |\boldsymbol{x}|^2 + 1)v(\boldsymbol{x})$, 然后考虑 $v(\boldsymbol{x})$ 满足的方程.)

(3) 如果 $c(\boldsymbol{x}) < 0$, 试举反例说明上述最大模估计一般不成立.

32. 记 $\mathbb{R}_+^2 = \{(x,y) : x \in \mathbb{R}, y > 0\}$, 证明定解问题
$$\begin{cases} -\Delta u = f(x,y), & (x,y) \in \mathbb{R}_+^2, \\ u(x,0) = \varphi(x), & x \in \mathbb{R} \end{cases}$$
属于 $C^2(\mathbb{R}_+^2) \cap C(\overline{\mathbb{R}_+^2})$ 的有界解是唯一的. (提示: 考虑辅助函数 $w(x,y) = \varepsilon \ln(x^2 + (y-1)^2) \pm u(x,y)$, 其中 ε 为任意正常数.)

33. 设有界域 $\Omega \subset \mathbb{R}$, $\varphi \in C(\partial\Omega)$, $u \in C^2(\Omega) \cap C(\bar{\Omega})$ 是定解问题
$$\begin{cases} -\Delta u = u^3(\boldsymbol{x}) - u(\boldsymbol{x}), & (\boldsymbol{x}) \in \Omega, \\ u(\boldsymbol{x}) = \varphi(\boldsymbol{x}), & \boldsymbol{x} \in \partial\Omega \end{cases}$$
的解. 证明: 若 $\max\limits_{\partial\Omega}|\varphi(\boldsymbol{x})| \leqslant 1$, 则 $\max\limits_{\bar{\Omega}}|u(\boldsymbol{x})| \leqslant 1$.

34. 设 $u \in C^2(\Omega) \cap C(\bar{\Omega})$ 是定解问题
$$\begin{cases} -\Delta u = (u^2 + u^4)(1-u), & \boldsymbol{x} \in \Omega, \\ u = 0, & \boldsymbol{x} \in \partial\Omega \end{cases}$$
的解. 试证明或者 $u \equiv 0$, 或者在 Ω 内 $0 < u(\boldsymbol{x}) < 1$. (提示: 令 $c(\boldsymbol{x}) = u^2 + u^4$.)

35. 设 $\Omega \subset \mathbb{R}^n$ 是一个有界开集, $u \in C^2(\Omega) \cap C^1(\bar{\Omega})$ 是定解问题
$$\begin{cases} -\Delta u + c(\boldsymbol{x})u^3 = 0, & \boldsymbol{x} \in \Omega, \\ \left(\dfrac{\partial u}{\partial \boldsymbol{n}} + \alpha(\boldsymbol{x})u\right)\bigg|_{\partial\Omega} = \varphi \end{cases}$$
的解, 其中 $c(\boldsymbol{x}) \geqslant 0, \alpha(\boldsymbol{x}) \geqslant \alpha_0 > 0$. 试证明
$$\max_{\bar{\Omega}}|u(\boldsymbol{x})| \leqslant \frac{1}{\alpha_0}\max_{\partial\Omega}|\varphi(\boldsymbol{x})|.$$

第 6 章 一阶偏微分方程

在这一章，我们将介绍一阶偏微分方程的特征．利用特征的概念，我们将一阶偏微分方程的求解转化为相应的特征常微分方程组的求解．本章也是我们学习偏微分方程的重要内容．

6.1 基本概念

一阶偏微分方程的一般形式可写为

$$F(\boldsymbol{x}, u, \mathrm{D}u) = 0, \tag{6.1}$$

其中 $\boldsymbol{x} = (x_1, x_2, \cdots, x_n)$ 是自变量，u 是未知函数．方程 (6.1) 的解在几何上可以看成为 $(\boldsymbol{x}, u)$ 空间中的一个曲面，这个曲面通常称为方程 (6.1) 的**积分曲面**．

一般的一阶半线性偏微分方程可以写为

$$\sum_{i=1}^{n} A_i(\boldsymbol{x}) \frac{\partial u}{\partial x_i} = f(\boldsymbol{x}, u), \tag{6.2}$$

其中 $A_1, A_2, \cdots, A_n, f$ 都是已知函数．若函数 f 关于 u 是线性的，方程 (6.2) 为线性方程；当 $f \equiv 0$ 时，则称方程 (6.2) 为一阶线性齐次偏微分方程．一阶拟线性偏微分方程可以写为

$$\sum_{i=1}^{n} A_i(\boldsymbol{x}, u) \frac{\partial u}{\partial x_i} = g(\boldsymbol{x}, u).$$

【例 6.1.1】 求一阶偏微分方程

$$\frac{\partial u}{\partial x} = x + y$$

的解．

解 显然，它的解是

$$u(x, y) = \frac{1}{2}x^2 + xy + \phi(y),$$

其中 $\phi(y)$ 是关于 y 的任意连续可微函数.

【例 6.1.2】 求一阶齐次线性偏微分方程

$$\frac{\partial u}{\partial t} + c\frac{\partial u}{\partial x} = 0$$

的解.

解 令 $u = f(\xi)$, 其中 $\xi = x - ct$, f 为任意可微函数, 则

$$\frac{\partial u}{\partial t} = \frac{\partial u}{\partial \xi}\frac{\partial \xi}{\partial t} = -cf'(\xi), \quad \frac{\partial u}{\partial x} = \frac{\partial u}{\partial \xi}\frac{\partial \xi}{\partial x} = f'(\xi),$$

代入上述方程, 可得 $u = f(x - ct)$ 为所求方程的解.

6.2 线性齐次偏微分方程

6.2.1 通解

含三个自变量的情形, 即一阶线性偏微分方程

$$P(x,y,z)\frac{\partial u}{\partial x} + Q(x,y,z)\frac{\partial u}{\partial y} + R(x,y,z)\frac{\partial u}{\partial z} = 0. \qquad (6.3)$$

的求解有明显的几何解释, 三维空间的一个连续向量场

$$\boldsymbol{F} = (P(x,y,z), Q(x,y,z), R(x,y,z))$$

为方程 (6.3) 的**特征方向**. 空间中的一条曲线, 参数形式为

$$x = x(t), y = y(t), z = z(t), \quad t \in I,$$

其中 I 为 $\mathbb{R}$ 或 $\mathbb{R}$ 中某个区间. 若曲线上每一点的切向量 $\boldsymbol{T}$ 与该点的向量场 $\boldsymbol{F}$ 共线, 则该曲线满足

$$\frac{\mathrm{d}x}{P(x,y,z)} = \frac{\mathrm{d}y}{Q(x,y,z)} = \frac{\mathrm{d}z}{R(x,y,z)}, \qquad (6.4)$$

即

$$\frac{\mathrm{d}x}{\mathrm{d}t} = P(x,y,z); \frac{\mathrm{d}y}{\mathrm{d}t} = Q(x,y,z); \frac{\mathrm{d}z}{\mathrm{d}t} = R(x,y,z).$$

称该曲线为向量场 F 的**特征曲线**. 由特征曲线组成的曲面称为**特征曲面**. 因此, 特征曲面上任一点处其法向量 N 与向量场的向量 F 正交, 即
$$N \cdot F = 0.$$
当特征曲面为隐函数形式 $u(x,y,z) = C$ 时, $N = \left(\dfrac{\partial u}{\partial x}, \dfrac{\partial u}{\partial y}, \dfrac{\partial u}{\partial z}\right)$, 则有
$$P\frac{\partial u}{\partial x} + Q\frac{\partial u}{\partial y} + R\frac{\partial u}{\partial z} = 0.$$

可以说一阶线性偏微分方程的解 (积分曲面) 是特征曲面, 特征曲面由特征曲线组成, 而寻找特征曲线的问题归结为求解常微分方程组 (6.4). 也就是说, 一阶线性偏微分方程的求解问题可以归结为求解常微分方程组的问题.

对于一阶齐次偏微分方程
$$\sum_{i=1}^{n} A_i(\boldsymbol{x}) \frac{\partial u}{\partial x_i} = 0, \tag{6.5}$$

其中 $A_1, A_2, \cdots, A_n$ 是自变量 $\boldsymbol{x}$ 的已知函数, 且在 $\boldsymbol{x}$ 空间的某个区域 D 内连续可微, 且不同时为零. 方程 (6.5) 对应的常微分方程组
$$\begin{cases} \dfrac{\mathrm{d}x_1}{\mathrm{d}t} = A_1(x_1, x_2, \cdots, x_n), \\ \dfrac{\mathrm{d}x_2}{\mathrm{d}t} = A_2(x_1, x_2, \cdots, x_n), \\ \vdots \\ \dfrac{\mathrm{d}x_n}{\mathrm{d}t} = A_n(x_1, x_2, \cdots, x_n), \end{cases} \tag{6.6}$$

或把它写成对称的形式
$$\frac{\mathrm{d}x_1}{A_1} = \frac{\mathrm{d}x_2}{A_2} = \cdots = \frac{\mathrm{d}x_n}{A_n}, \tag{6.7}$$

称方程组 (6.6) 或方程组 (6.7) 为偏微分方程 (6.5) 的**特征方程**, 它的每一组解 $x_i = x_i(t)$, $i = 1, 2, \cdots, n$, 在 $\boldsymbol{x}$ 空间中表示一条曲线 l, 称这条曲线为方程 (6.5) 的**特征曲线**. 方程 (6.5) 的求解问题与它的特征方程 (6.6) 或特征方程 (6.7) 有着密切的关系.

在区域 D 内连续可微且不恒等于常数的函数 $\phi(x_1, x_2, \cdots, x_n)$, 如果其中的变元 x_i ($i = 1, 2, \cdots, n$) 用方程组 (6.7) 的任一解

$x_i(t)$ ($i = 1, 2, \cdots, n$) 代替时，它就取常数值 (不同的解，常数值不同)，则称关系式 $\phi(x_1, x_2, \cdots, x_n) = C$ 为方程组 (6.7) 的**首次积分**，也就是特征曲面，这里 C 为可允许范围的任意常数.

微课视频：首次积分的例子

定理 6.2.1 $\phi(x_1, x_2, \cdots, x_n) = C$ 是方程组 (6.7) 的首次积分的充分必要条件是在域 D 内有

$$A_1 \frac{\partial \phi}{\partial x_1} + A_2 \frac{\partial \phi}{\partial x_2} + \cdots + A_n \frac{\partial \phi}{\partial x_n} = 0$$

成立.

因此，如果 $\phi(x_1, x_2, \cdots, x_n) = C$ 是方程 (6.5) 对应特征方程 (6.6) 或特征方程 (6.7) 的首次积分，则 $u = \phi(x_1, x_2, \cdots, x_n)$ 是方程 (6.5) 的解.

定理 6.2.2 方程 (6.5) 的通解形式为

$$u = \Phi(\phi_1, \phi_2, \cdots, \phi_{n-1}), \tag{6.8}$$

其中 Φ 是一个任意的含有 $n-1$ 个变量的连续可微函数，并且

$$\phi_1(x_1, x_2, \cdots, x_n) = C_1, \cdots, \phi_{n-1}(x_1, x_2, \cdots, x_n) = C_{n-1}$$

是常微分方程组 (6.6) 或常微分方程组 (6.7) 的 $n-1$ 个相互独立的首次积分.

证明 首先证明若 $\Phi(\phi_1, \phi_2, \cdots, \phi_{n-1}) = C$ (C 为任意常数) 是方程组 (6.7) 的首次积分，则式 (6.8) 为方程 (6.5) 的解. 事实上，

$$\begin{aligned}
& A_1 \frac{\partial \Phi}{\partial x_1} + A_2 \frac{\partial \Phi}{\partial x_2} + \cdots + A_n \frac{\partial \Phi}{\partial x_n} \\
& = A_1 \left(\sum_{k=1}^{n-1} \frac{\partial \Phi}{\partial \phi_k} \frac{\partial \phi_k}{\partial x_1} \right) + A_2 \left(\sum_{k=1}^{n-1} \frac{\partial \Phi}{\partial \phi_k} \frac{\partial \phi_k}{\partial x_2} \right) + \cdots + \\
& \quad A_n \left(\sum_{k=1}^{n-1} \frac{\partial \Phi}{\partial \phi_k} \frac{\partial \phi_k}{\partial x_n} \right) \\
& = \frac{\partial \Phi}{\partial \phi_1} \left(\sum_{k=1}^{n} A_k \frac{\partial \phi_1}{\partial x_k} \right) + \frac{\partial \Phi}{\partial \phi_2} \left(\sum_{k=1}^{n} A_k \frac{\partial \phi_2}{\partial x_k} \right) + \cdots +
\end{aligned}$$

$$\frac{\partial \Phi}{\partial \phi_{n-1}}\left(\sum_{k=1}^{n} A_k \frac{\partial \phi_{n-1}}{\partial x_k}\right).$$

由定理 6.2.1 可得 $A_1 \frac{\partial \phi_i}{\partial x_1} + A_2 \frac{\partial \phi_i}{\partial x_2} + \cdots + A_n \frac{\partial \phi_i}{\partial x_n} = 0$, $i = 1, 2, \cdots, n-1$, 因此

$$A_1 \frac{\partial \Phi}{\partial x_1} + A_2 \frac{\partial \Phi}{\partial x_2} + \cdots + A_n \frac{\partial \Phi}{\partial x_n} = 0.$$

其次证明式 (6.8) 是方程 (6.5) 的通解. 只需证明对于方程 (6.5) 的任一解 $u = \varphi(x_1, x_2, \cdots, x_n)$, 必定存在关系 $\tilde{\Phi}$, 使得 $\varphi = \tilde{\Phi}(\phi_1, \phi_2, \cdots, \phi_{n-1})$ 成立. 事实上,

$$\begin{cases} \sum_{i=1}^{n} A_i \frac{\partial \varphi}{\partial x_i} = 0, \\ \sum_{i=1}^{n} A_i \frac{\partial \phi_1}{\partial x_i} = 0, \\ \vdots \\ \sum_{i=1}^{n} A_i \frac{\partial \phi_{n-1}}{\partial x_i} = 0. \end{cases} \quad (6.9)$$

由于 $A_1, A_2, \cdots, A_n$ 在区域 D 内处处不同时为零, 由线性方程组的基本理论推知, 方程组 (6.9) 的雅可比 (Jacobi) 行列式

$$\frac{\partial(\varphi, \phi_1, \cdots, \phi_{n-1})}{\partial(x_1, x_2, \cdots, x_n)} = \begin{vmatrix} \frac{\partial \varphi}{\partial x_1} & \frac{\partial \varphi}{\partial x_2} & \cdots & \frac{\partial \varphi}{\partial x_n} \\ \frac{\partial \phi_1}{\partial x_1} & \frac{\partial \phi_1}{\partial x_2} & \cdots & \frac{\partial \phi_1}{\partial x_n} \\ \vdots & \vdots & & \vdots \\ \frac{\partial \phi_{n-1}}{\partial x_1} & \frac{\partial \phi_{n-1}}{\partial x_2} & \cdots & \frac{\partial \phi_{n-1}}{\partial x_n} \end{vmatrix} \equiv 0,$$

这就是说 $\varphi, \phi_1, \phi_2, \cdots, \phi_{n-1}$ 是函数相关的, 即它们之间存在着函数关系, 又已知 $\phi_1, \phi_2, \cdots, \phi_{n-1}$ 彼此独立, 因此 φ 可由 $\phi_1, \phi_2, \cdots, \phi_{n-1}$ 表示, 即 $\varphi = \tilde{\Phi}(\phi_1, \phi_2, \cdots, \phi_{n-1})$. ∎

注 6.2.1 定理 6.2.2 表明为了求一阶线性齐次偏微分方程 (6.5) 的通解, 我们仅需要求得它所对应的特征方程 (6.6) 或特征方程 (6.7) 的 $n-1$ 个相互独立的首次积分. 这样, 一阶线性齐次偏微分方程 (6.5) 的求解问题, 将化归为求一个一阶常微分方程组的首次积分问题.

【例 6.2.1】 求偏微分方程

$$y\frac{\partial z}{\partial x} - x\frac{\partial z}{\partial y} = 0$$

的通解.

解 特征方程为

$$\frac{\mathrm{d}x}{y} = \frac{\mathrm{d}y}{-x}.$$

不难求出它的首次积分为

$$\phi(x,y) = x^2 + y^2 = C.$$

因此, 方程的通解可表示为

$$z = \Phi(\phi) = \Phi(x^2 + y^2),$$

其中 Φ 是任意连续可微函数.

【例 6.2.2】 求偏微分方程

$$x_1\frac{\partial u}{\partial x_1} + x_2\frac{\partial u}{\partial x_2} + \cdots + x_n\frac{\partial u}{\partial x_n} = 0$$

的通解.

解 特征方程为

$$\frac{\mathrm{d}x_1}{x_1} = \frac{\mathrm{d}x_2}{x_2} = \cdots = \frac{\mathrm{d}x_n}{x_n},$$

设 $x_n \neq 0$, 于是可求出它的 $n-1$ 个彼此独立的首次积分

$$\frac{x_1}{x_n} = C_1, \frac{x_2}{x_n} = C_2, \cdots, \frac{x_{n-1}}{x_n} = C_{n-1},$$

所以方程的通解为

$$u = \Phi\left(\frac{x_1}{x_n}, \frac{x_2}{x_n}, \cdots, \frac{x_{n-1}}{x_n}\right),$$

其中 Φ 关于其变元连续可微.

【例 6.2.3】 求偏微分方程

$$yz\frac{\partial u}{\partial x} + zx\frac{\partial u}{\partial y} + xy\frac{\partial u}{\partial z} = 0$$

的通解.

解 特征方程为

$$\frac{\mathrm{d}x}{yz} = \frac{\mathrm{d}y}{zx} = \frac{\mathrm{d}z}{xy},$$

即

$$\frac{x\mathrm{d}x}{xyz} = \frac{y\mathrm{d}y}{xyz} = \frac{z\mathrm{d}z}{xyz},$$

进而得首次积分

$$x^2 - y^2 = C_1, \quad y^2 - z^2 = C_2,$$

显然, 这是两个独立的首次积分, 因此所求方程的通解为

$$u = \Phi\left(x^2 - y^2, y^2 - z^2\right),$$

其中 Φ 关于其变元连续可微.

6.2.2 初值问题

方程 (6.3) 的初值问题是指: 在点 (x_0, y_0, z_0) 的某个邻域 D 内, 求方程 (6.3) 满足初始条件

$$u|_{x=x_0} = f(y, z) \tag{6.10}$$

的解. 用几何的语言说, 就是求一阶偏微分方程 (6.3) 的通过某一特定曲线的积分曲面. 这里必须指出, 对于过某些曲线 (譬如特征曲线) 的初值问题的解是不确定的, 因为对一条特征曲线而言, 可以有无穷多个特征曲面经过它; 而对于另外一些特征曲线, 初值问题甚至没有解存在.

下面给出式 (6.3) 和式 (6.10) 联立的初值问题的求解过程. 方程 (6.3) 的特征方程为 (6.4). 设它的首次积分为 $\phi_1(x, y, z) = C_1, \phi_2(x, y, z) = C_2$, 则方程 (6.3) 的通解可写成

$$u = \Phi(\phi_1, \phi_2),$$

其中 Φ 是任意连续可微函数. 现在利用初始条件 (6.10) 将任意函数 Φ 确定下来. 为此, 令

$$\Phi(\phi_1, \phi_2)|_{x=x_0} = f(y, z), \tag{6.11}$$

若记 $\phi_1|_{x=x_0} = \xi$, $\phi_2|_{x=x_0} = \eta$, 则方程 (6.11) 可写成

$$\Phi(\xi, \eta) = f(y, z). \tag{6.12}$$

假定在 D 内由 $\phi_1|_{x=x_0} = \xi$, $\phi_2|_{x=x_0} = \eta$ 可以解出

$$y = \varphi_1(\xi, \eta), \ z = \varphi_2(\xi, \eta),$$

则式 (6.12) 可写成

$$\Phi(\xi, \eta) = f(\varphi_1(\xi, \eta), \varphi_2(\xi, \eta)),$$

这样, 任意函数 Φ 就被确定了, 即

$$\Phi(\phi_1, \phi_2) = f(\varphi_1(\phi_1, \phi_2), \varphi_2(\phi_1, \phi_2)),$$

从而初值问题的解就是

$$u = f(\varphi_1(\phi_1, \phi_2), \varphi_2(\phi_1, \phi_2)).$$

不难验证, 这个解满足方程 (6.3) 和初始条件 (6.10).

【例 6.2.4】 求初值问题

$$\begin{cases} y\dfrac{\partial z}{\partial x} - x\dfrac{\partial z}{\partial y} = 0, \\ z|_{x=0} = y^4 \end{cases}$$

的解.

解 特征方程为

$$\frac{\mathrm{d}x}{y} = \frac{\mathrm{d}y}{-x},$$

其首次积分为 $\phi = x^2 + y^2 = C$, 于是方程的通解为

$$z = \Phi(\phi).$$

记 $\phi|_{x=0} = y^2 = \xi$. 再根据初始条件, 令

$$\Phi(\phi)|_{x=0} = y^4,$$

因此
$$\Phi(\xi) = \xi^2,$$

也就是
$$\Phi(\phi) = \phi^2.$$

所以初值问题的解为
$$z = \phi^2 = (x^2 + y^2)^2.$$

【例 6.2.5】 求初值问题
$$\begin{cases} \sqrt{x}\dfrac{\partial u}{\partial x} + \sqrt{y}\dfrac{\partial u}{\partial y} + \sqrt{z}\dfrac{\partial u}{\partial z} = 0, \\ u|_{x=1} = y - z \end{cases}$$

的解.

解 特征方程为
$$\frac{\mathrm{d}x}{\sqrt{x}} = \frac{\mathrm{d}y}{\sqrt{y}} = \frac{\mathrm{d}z}{\sqrt{z}},$$

不难求出它的两个相互独立的首次积分为
$$\phi_1 = \sqrt{x} - \sqrt{y} = C_1,$$
$$\phi_2 = \sqrt{x} - \sqrt{z} = C_2.$$

于是方程的通解为
$$u = \Phi(\phi_1, \phi_2).$$

记 $\phi_1|_{x=1} = 1 - \sqrt{y} = \xi$, $\phi_2|_{x=1} = 1 - \sqrt{z} = \eta$, 由此解得 $y = (1-\xi)^2$, $z = (1-\eta)^2$. 再根据初始条件, 有
$$\Phi(\phi_1, \phi_2)|_{x=1} = y - z,$$

可得
$$\Phi(\xi, \eta) = (1-\xi)^2 - (1-\eta)^2,$$

也就是
$$\Phi(\phi_1, \phi_2) = (1-\phi_1)^2 - (1-\phi_2)^2.$$

所以初值问题的解为

$$u = (1-\phi_1)^2 - (1-\phi_2)^2$$
$$= y - z - 2(\sqrt{z} - \sqrt{y})(1 - \sqrt{x}).$$

6.3 拟线性偏微分方程

6.3.1 通解

一阶拟线性偏微分方程的一般形式为

$$\sum_{i=1}^{n} A_i(\boldsymbol{x}, u) \frac{\partial u}{\partial x_i} = f(\boldsymbol{x}, u), \tag{6.13}$$

其中 $A_1, A_2, \cdots, A_n$ 和 f 是关于变量 $\boldsymbol{x}$ 和 u 的已知函数, 在 $(\boldsymbol{x}, u)$ 空间的某个区域 D 内连续可微, 且 A_i 不同时为零. 若将方程 (6.13) 的解写成隐函数形式

$$v(\boldsymbol{x}, u) = 0, \tag{6.14}$$

我们来分析一下, 函数 v 必须满足什么关系.

设 $\dfrac{\partial v}{\partial u} \neq 0$, 将式 (6.14) 分别对 x_i ($i = 1, 2, \cdots, n$) 微分, 得到

$$\frac{\partial v}{\partial x_i} + \frac{\partial v}{\partial u} \frac{\partial u}{\partial x_i} = 0, \quad i = 1, 2, \cdots, n,$$

从而

$$\frac{\partial u}{\partial x_i} = -\frac{\dfrac{\partial v}{\partial x_i}}{\dfrac{\partial v}{\partial u}}, \quad i = 1, 2, \cdots, n. \tag{6.15}$$

利用上述关系式, 可把方程 (6.13) 变成关于未知函数 v 的线性齐次偏微分方程

$$\sum_{i=1}^{n} A_i(\boldsymbol{x}, u) \frac{\partial v}{\partial x_i} + f(\boldsymbol{x}, u) \frac{\partial v}{\partial u} = 0. \tag{6.16}$$

需要注意, 方程 (6.16) 只在曲面 $v(\boldsymbol{x}, u) = 0$ 上才是恒等式, 因此方程 (6.16) 和上一节讨论的线性齐次方程还是有区别的.

我们先用求解线性齐次方程的方法求出方程 (6.16) 的通解. 将 x, u 看作独立的自变量, 而 v 是未知函数, 则方程 (6.16) 对应的特征方程是

$$\frac{\mathrm{d}x_1}{A_1} = \frac{\mathrm{d}x_2}{A_2} = \cdots = \frac{\mathrm{d}x_n}{A_n} = \frac{\mathrm{d}u}{f}. \tag{6.17}$$

设上述方程的 n 个独立的首次积分为 $\phi_i(\boldsymbol{x}, u) = C_i$ ($i = 1, 2, \cdots, n$), 则方程 (6.16) 的通解可表示为 $v = \Phi(\phi_1, \phi_2, \cdots, \phi_n)$, 其中 Φ 是其变元的任意连续可微函数. 根据式 (6.14), 我们就得到拟线性偏微分方程 (6.16) 的隐式通解

$$\Phi(\phi_1, \phi_2, \cdots, \phi_n) = 0.$$

下面我们从理论上严格证明.

> **定理 6.3.1** 对于任意的连续可微函数 Φ, 若
>
> $$v = \Phi(\phi_1, \phi_2, \cdots, \phi_n)$$
>
> 是线性齐次方程 (6.16) 的通解, 则
>
> $$\Phi(\phi_1, \phi_2, \cdots, \phi_n) = 0 \tag{6.18}$$
>
> 是拟线性方程 (6.13) 的隐式通解, 其中 ϕ_i ($i = 1, 2, \cdots, n$) 是特征方程 (6.17) 的 n 个相互独立的首次积分.

证明 首先证明关系式 (6.18) 确定的隐函数 $u = u(\boldsymbol{x})$ (这意味着 $\Phi_u \ne 0$) 是方程 (6.13) 的解. 因为函数 v 满足方程 (6.16), 根据式 (6.15), 只要用 $-\dfrac{\partial v}{\partial u}(\ne 0)$ 除方程 (6.16) 两端, 就得到

$$\sum_{i=1}^{n} A_i(\boldsymbol{x}, u(\boldsymbol{x})) \frac{\partial u}{\partial x_i} = f(\boldsymbol{x}, u(\boldsymbol{x})),$$

所以 $u = u(\boldsymbol{x})$ 是拟线性方程 (6.13) 的解.

下面证明拟线性方程 (6.13) 的任意一个解 $u = g(\boldsymbol{x})$ 都可以表示成关系式 (6.18) 的形式. 记

$$\psi_i(\boldsymbol{x}) = \phi_i(\boldsymbol{x}, g(\boldsymbol{x})), \qquad i = 1, 2, \cdots, n.$$

现在我们证明 $\psi_i (i = 1, 2, \cdots, n)$ 是函数相关的, 即存在某个函数 Φ 使得

$$\Phi(\psi_1(\boldsymbol{x}), \psi_2(\boldsymbol{x}), \cdots, \psi_n(\boldsymbol{x})) \equiv 0,$$

这表明 $u = g(\boldsymbol{x})$ 可由隐式 (6.18) 表示.

由于
$$\frac{\partial \psi_j}{\partial x_i} = \frac{\partial \phi_j}{\partial x_i} + \frac{\partial \phi_j}{\partial u}\frac{\partial u}{\partial x_i}, \qquad i, j = 1, 2, \cdots, n.$$

当 $u = g(\boldsymbol{x})$ 是方程 (6.13) 的解时, 由于 $\phi_1, \phi_2, \cdots, \phi_n$ 是式 (6.17) 的首次积分, 所以对任意 j 有

$$\sum_{i=1}^{n} A_i \frac{\partial \psi_j}{\partial x_i} = \sum_{i=1}^{n} A_i \frac{\partial \phi_j}{\partial x_i} + \left(\sum_{i=1}^{n} A_i \frac{\partial g}{\partial x_i}\right)\frac{\partial \phi_j}{\partial u}$$
$$= \sum_{i=1}^{n} A_i \frac{\partial \phi_j}{\partial x_i} + f \frac{\partial \phi_j}{\partial u} = 0,$$

即
$$\sum_{i=1}^{n} A_i \frac{\partial \psi_j}{\partial x_i} = 0, \quad j = 1, 2, \cdots, n,$$

于是得到方程组
$$\begin{cases} A_1 \dfrac{\partial \psi_1}{\partial x_1} + A_2 \dfrac{\partial \psi_1}{\partial x_2} + \cdots + A_n \dfrac{\partial \psi_1}{\partial x_n} = 0, \\ A_1 \dfrac{\partial \psi_2}{\partial x_1} + A_2 \dfrac{\partial \psi_2}{\partial x_2} + \cdots + A_n \dfrac{\partial \psi_2}{\partial x_n} = 0, \\ \qquad\qquad\qquad\qquad \vdots \\ A_1 \dfrac{\partial \psi_n}{\partial x_1} + A_2 \dfrac{\partial \psi_n}{\partial x_2} + \cdots + A_n \dfrac{\partial \psi_n}{\partial x_n} = 0, \end{cases}$$

因为 $A_1, A_2, \cdots, A_n$ 不全为零, 所以它们的雅可比行列式

$$\frac{\mathrm{D}(\psi_1, \psi_2, \cdots, \psi_n)}{\mathrm{D}(x_1, x_2, \cdots, x_n)} \equiv 0,$$

这就证明了 $\psi_1, \psi_2, \cdots, \psi_n$ 是函数相关的. ∎

一阶拟线性偏微分方程 (6.13) 的通解结构还可表述为如下定理.

定理 6.3.2 设 $\phi_i(\boldsymbol{x}, u) = C_i (i = 1, 2, \cdots, n)$ 是常微分方程组 (6.17) 的 n 个彼此独立的首次积分, 则式 (6.18) 为拟线性方程 (6.13) 的通解.

方程组 (6.17) 称为拟线性方程 (6.13) 的**特征方程**.

【例 6.3.1】 求线性非齐次方程

$$y\frac{\partial z}{\partial x} - x\frac{\partial z}{\partial y} = x^2 - y^2$$

的解.

解 特征方程为

$$\frac{\mathrm{d}x}{y} = \frac{\mathrm{d}y}{-x} = \frac{\mathrm{d}z}{x^2 - y^2},$$

不难求出它的两个相互独立的首次积分为

$$\phi_1 = x^2 + y^2 = C_1,$$
$$\phi_2 = xy + z = C_2.$$

于是方程的通解为

$$\varPhi(x^2 + y^2, xy + z) = 0.$$

其中 $\varPhi$ 是其变量的任意连续可微函数.

【例 6.3.2】 求无黏伯格斯方程

$$\frac{\partial u}{\partial t} + u\frac{\partial u}{\partial x} = 0$$

的通解.

解 特征方程为

$$\frac{\mathrm{d}t}{1} = \frac{\mathrm{d}x}{u} = \frac{\mathrm{d}u}{0},$$

方程组的最后一项意味着 $u = C_1$ 是一个首次积分. 为了求另外一个首次积分, 可将 $u = C_1$ 代入上述方程, 特征方程可简化为 $\mathrm{d}x - C_1 \mathrm{d}t = 0$, 然后积分可得 $x - C_1 t = C_2$. 这样可得到两个独立的首次积分

$$\phi_1 = u = C_1,$$
$$\phi_2 = x - tu = C_2.$$

于是方程的通解为

$$\varPhi(u, x - tu) = 0.$$

其中 $\varPhi$ 是其变量的任意连续可微函数.

6.3.2 初值问题

关于拟线性方程的初值问题，我们仅讨论未知函数含两个自变量的情形:

$$\begin{cases} P(x,y,u)\dfrac{\partial u}{\partial x} + Q(x,y,u)\dfrac{\partial u}{\partial y} = R(x,y,u), & (6.19) \\ u|_{x=x_0} = f(y), & (6.20) \end{cases}$$

其中 $f(y)$ 是已知的连续可微函数. 式 (6.19) 和式 (6.20) 联立的初值问题的几何意义是: 在 (x,y,u) 空间找出一个积分曲面 S, 使它通过已给曲线 $\Gamma: x=x_0, u=f(y)$. 它的求解过程就是把所有与曲线 Γ 相交的特征曲线组成一个积分曲面 S.

定理 6.3.3 若方程 (6.19) 的特征曲线 l 上的某点 $M_0(x_0, y_0, u_0)$ 落在它的积分曲面 S 上, 则 $l \subset S$. 此外, 所有特征曲线组成的光滑曲面 G 一定是积分曲面.

证明 由常微分方程解的存在唯一性可知, 通过 $M_0(x_0, y_0, u_0)$ 点有且仅有一条特征曲线 l. 设 $\phi_1(x,y,u) = C_1$, $\phi_2(x,y,u) = C_2$ 是方程 (6.19) 的特征方程

$$\frac{\mathrm{d}x}{P} = \frac{\mathrm{d}y}{Q} = \frac{\mathrm{d}u}{R} \tag{6.21}$$

的两个独立的首次积分, 则 l 是 $\phi_1(x,y,u) = C_1(M_0)$ 和 $\phi_2(x,y,u) = C_2(M_0)$ 的交线, 这里

$$C_1(M_0) = \phi_1(x_0, y_0, u_0), \quad C_2(M_0) = \phi_2(x_0, y_0, u_0).$$

另一方面, 方程 (6.19) 的通解可以表示为

$$\Phi(\phi_1, \phi_2) = 0.$$

由于 $M_0(x_0, y_0, u_0) \in S$, 所以

$$\Phi(\phi_1(x_0, y_0, u_0), \phi_2(x_0, y_0, u_0)) = 0.$$

于是在整个特征曲线 l 上, 有

$$\Phi(\phi_1(x,y,u), \phi_2(x,y,u)) = \Phi(C_1(M_0), C_2(M_0))$$
$$= \Phi(\phi_1(x_0, y_0, u_0), \phi_2(x_0, y_0, u_0)) = 0,$$

这正好说明特征曲线 l 完全位于积分曲面 S 上.

进一步证明所有特征曲线组成的光滑曲面 G 是方程 (6.19) 的积分曲面. 设光滑曲面 G 的表达式为

$$u = V(x, y).$$

由方程 (6.21) 知, 特征曲线上每一点 $M(x, y, u)$ 的切向量为

$$(P(x, y, u), Q(x, y, u), R(x, y, u)),$$

曲面 G 在 $M(x, y, u)$ 点的法向量为

$$\left(\frac{\partial V}{\partial x}, \frac{\partial V}{\partial y}, -1 \right),$$

因为在 $M(x, y, u)$ 点的切向量与法向量是相互垂直的, 所以两者的数量积等于零, 即

$$P \frac{\partial V}{\partial x} + Q \frac{\partial V}{\partial y} - R = 0,$$

由点 $M(x, y, u)$ 的任意性, 上式正好说明 $u = V(x, y)$ 是方程 (6.19) 的一个解, 故曲面 G 是方程 (6.19) 的积分曲面. ■

推论 6.3.1 任何积分曲面 S 均是特征曲线的并.

下面, 我们给出式 (6.19) 和式 (6.20) 联立的初值问题的具体求解方法——**特征线法**. 已知 $\phi_1(x, y, u) = C_1$, $\phi_2(x, y, u) = C_2$ 是方程组 (6.21) 的两个独立的首次积分, 对于方程 (6.19) 的通解 $\Phi(\phi_1, \phi_2) = 0$, 我们利用初始条件 $u|_{x=x_0} = f(y)$ 来确定通解中的任意函数 Φ. 为此, 令

$$\phi_1(x_0, y, f(y)) = C_1, \quad \phi_2(x_0, y, f(y)) = C_2,$$

然后消去 y, 得到参数 C_1 和 C_2 的关系式

$$\Phi(C_1, C_2) = 0,$$

它是式 (6.19) 和式 (6.20) 联立的初值问题的积分曲面. 由于满足初始条件的所有特征曲线应满足上述关系, 就可确定任意函数 Φ, 于是式 (6.19) 和式 (6.20) 联立的初值问题的隐式解可写为

$$\Phi(\phi_1, \phi_2) = 0.$$

如果上式中能解出函数 u, 就得到初值问题的显式解.

【例 6.3.3】 求初值问题

$$\begin{cases} (y-u)\dfrac{\partial u}{\partial x} + (u-x)\dfrac{\partial u}{\partial y} = x-y, \\ u|_{xy=1} = 0 \end{cases}$$

的解.

解 由特征方程

$$\frac{\mathrm{d}x}{y-u} = \frac{\mathrm{d}y}{u-x} = \frac{\mathrm{d}u}{x-y}$$

得到两个独立的首次积分

$$x+y+u = C_1, \quad x^2+y^2+u^2 = C_2.$$

我们要选择通过已给曲线: $xy=1, u=0$ 的特征曲线族, 在该曲线上有 v

$$x + \frac{1}{x} = C_1, \quad x^2 + \frac{1}{x^2} = C_2,$$

因此有

$$C_1^2 = C_2 + 2,$$

即 $C_1^2 - C_2 - 2 = 0$, 故所求积分曲面的隐式解为

$$(x+y+u)^2 - (x^2+y^2+u^2) - 2 = 0,$$

或写成显式形式为

$$u = \frac{1-xy}{x+y}.$$

【例 6.3.4】 求初值问题

$$\begin{cases} x\dfrac{\partial u}{\partial x} + 2y\dfrac{\partial u}{\partial y} + 3z\dfrac{\partial u}{\partial z} = 4u, \\ u|_{y=1} = x+z \end{cases}$$

的解.

解 由特征方程

$$\frac{\mathrm{d}x}{x} = \frac{\mathrm{d}y}{2y} = \frac{\mathrm{d}z}{3z} = \frac{\mathrm{d}u}{4u}$$

得到三个相互独立的首次积分

$$\phi_1 = \frac{x^2}{y} = C_1, \quad \phi_2 = \frac{z^2}{y^3} = C_2, \quad \phi_3 = \frac{u}{y^2} = C_3,$$

所以方程的通解为

$$\Phi(\phi_1, \phi_2, \phi_3) = 0.$$

我们要确定任意函数 Φ, 令

$$\phi_1(x, 1, z, x+z) = x^2 = C_1,$$
$$\phi_2(x, 1, z, x+z) = z^2 = C_2,$$
$$\phi_3(x, 1, z, x+z) = x+z = C_3,$$

消去 x, z 得

$$\sqrt{C_1} + \sqrt{C_2} = C_3,$$

即

$$\sqrt{\phi_1} + \sqrt{\phi_2} = \phi_3,$$

这样就可确定任意函数 Φ 为

$$\Phi(\phi_1, \phi_2, \phi_3) = \phi_3 - \sqrt{\phi_1} - \sqrt{\phi_2},$$

故所求积分曲面的隐式解为

$$\frac{u}{y^2} - \frac{x}{\sqrt{y}} - \frac{z}{\sqrt{y^3}} = 0,$$

写成显式形式为

$$u = xy^{\frac{3}{2}} + zy^{\frac{1}{2}}.$$

【例 6.3.5】 求方程

$$\frac{\partial z}{\partial x} - \frac{\partial z}{\partial y} = 1$$

通过曲线 $x_0 = s, y_0 = s^2, z_0 = s^3$ 的积分曲面, s 为参数.

解 引入新参数 t, 特征方程组为

$$\frac{\mathrm{d}x}{\mathrm{d}t} = 1, \quad \frac{\mathrm{d}y}{\mathrm{d}t} = -1, \quad \frac{\mathrm{d}z}{\mathrm{d}t} = 1,$$

此方程组满足条件

$$x(t_0) = s, y(t_0) = s^2, z(t_0) = s^3$$

的解, 就是经过给定曲线的特征曲线, 因此有

$$x = t + s, \quad y = -t + s^2, \quad z = t + s^3,$$

这里取 $t_0 = 0$, 因此上述曲线族的全体就是所求的积分曲面.

【例 6.3.6】 求所有在 $\mathbb{R}^2$ 中, 使得

$$u_x(x, y) < u_y(x, y), \quad \forall (x, y) \in \mathbb{R}^2$$

的有界调和函数 $u(x, y)$.

解 如果 $u(x, y)$ 是 $\mathbb{R}^2$ 中的调和函数, 那么它的导数同样是调和函数, 所以 $v = u_x - u_y$ 是在整个平面上的调和函数. 根据刘维尔定理 5.5.3, 有

$$u_x - u_y = C.$$

此线性非齐次一阶偏微分方程的特征方程为

$$\mathrm{d}x = -\mathrm{d}y = \frac{\mathrm{d}u}{C}.$$

方程组有两个独立的首次积分

$$x + y = C_1, \quad u - Cx = C_2,$$

即有显式形式的解 $u(x, y) = Cx + \varphi(x + y)$, 其中 φ 是任意调和函数. 于是,

$$0 = \varphi_{xx} + \varphi_{yy} = 2\varphi'',$$

而这表明 $\varphi(x+y) = K_1(x+y) + K_2$, 则 $u(x, y) = M_1 x + M_2 y + M_3$. 因为 $u_x < u_y$, 所以 $M_1 < M_2$.

习题六

1. 求下列偏微分方程的特征曲线.
   (1) $xu_x + 2yu_y + 3zu_z = 0$.
   (2) $\sqrt{x_1}u_{x_1} + \sqrt{x_2}u_{x_2} + \cdots + \sqrt{x_n}u_{x_n} = 0$.
   (3) $x_1u_{x_1} + x_2u_{x_2} + \cdots + x_nu_{x_n} = 0$.

2. 求下列线性偏微分方程的通解.
   (1) $u_x + u_y + u_z = 0$.
   (2) $(x - y^3)u_x + yu_y = 0$.
   (3) $xzu_x + yzu_y - (x^2 + y^2)u_z = 0$.
   (4) $yu_x + \left(xy^{\frac{1}{2}} - xy^2\right)u_y + yzu_z = 0$.
   (5) $\sqrt{x_1}u_{x_1} + \sqrt{x_2}u_{x_2} + \cdots + \sqrt{x_n}u_{x_n} = 0$.
   (6) $(y + z)u_x + (z + x)u_y + (x + y)u_z = 0$.

3. 求下列拟线性偏微分方程的通解.
   (1) $zz_x - yz_y = 0$.
   (2) $z_x + z_y = 2z$.
   (3) $xz_y = z$.
   (4) $(xy^3 - 2x^4)u_x + (2y^4 - x^3y)u_y = 9u(x^3 - y^3)$.

4. 求解下列初值问题.
   (1) $\begin{cases} u_x - 2xu_y = 0, \\ u|_{x=1} = y^2. \end{cases}$
   (2) $\begin{cases} (x^2 - y^2)u_x + 2xyu_y = 0, \\ u|_{x=0} = 1 + \sqrt{y}. \end{cases}$
   (3) $\begin{cases} (y + z)u_x + (z + x)u_y + (x + y)u_z = 0, \\ u|_{z=0} = x^3. \end{cases}$
   (4) $\begin{cases} (x^2 + y^2)u_x + 2xyu_y = 0, \\ u|_{x=2y} = y^2. \end{cases}$

5. 求解下列初值问题.
   (1) $\begin{cases} u_y + uu_x = 0, \\ u|_{y=0} = \varphi(x). \end{cases}$
   (2) $\begin{cases} u_x + u_y = u, \\ u|_{y=0} = \cos x. \end{cases}$
   (3) $\begin{cases} xu_y - yu_x = u, \\ u|_{y=0} = h(x). \end{cases}$
   (4) $\begin{cases} x^2u_x + y^2u_y = u^2, \\ u(x,y)|_{y=2x} = 1. \end{cases}$
   (5) $\begin{cases} 2u_t - u_x + xu = 0, \\ u|_{t=0} = 2xe^{x^2/2}. \end{cases}$
   (6) $\begin{cases} u_t + (1 + x^2)u_x - u = 0, \\ u|_{t=0} = \arctan x. \end{cases}$
   (7) $\begin{cases} xu_x + yu_y + u_z = u, \\ u(x,y,0) = h(x,y). \end{cases}$
   (8) $\begin{cases} \sum_{k=1}^{n} x_k \frac{\partial u}{\partial x_k} = 3u, \\ u(x_1, \cdots, x_{n-1}, 1) = h(x_1, \cdots, x_{n-1}). \end{cases}$

6. 求解 $(x^2 + y^2)u_x + 2xyu_y = xu$, 其中 $u = u(x, y)$ 过曲线 $x = a, y^2 + u^2 = a^2$.

7. 证明偏微分方程 $a(x, y)u_x + b(x, y)u_y = 0$ 的特征曲线都是平面曲线.

8. 证明拟线性偏微分方程

$$u_t + a(u)u_x = 0$$

满足初始条件 $u(x, 0) = h(x)$ 的解 $u(x, t)$ 由

$$u(x, t) = h(x - a(u(x, t))t)$$

隐式地确定.

部分习题答案与提示

习题一

1. (1) 一阶线性. (2) 二阶线性. (3) 二阶拟线性. (4) 二阶拟线性. (5) 四阶半线性. (6) 二阶完全非线性.

2. (1) $u = f(x)e^y + g(y)$, 其中 $f(x), g(y)$ 为任意连续可微函数.

    (2) $u = \dfrac{f(x)}{y} + x^2 + g(y)$, 其中 $f(x), g(y)$ 为任意连续可微函数.

    (3) $u = f(x)\sin y + g(x)\cos y$, 其中 $f(x), g(y)$ 为任意连续可微函数.

3. 直接验证.

4. 直接验证.

5. 直接验证.

6. $u = f(y-x), u = f(y - \tfrac{x}{4})$.

7. 直接验证.

8. 函数 $f(\eta)$ 满足的方程为 $\dfrac{1}{2}f'' + \eta f' + f = 0$, 解得 $f(\eta) = ce^{\eta^2}$, 所以 $u(x,t) = c\dfrac{1}{\sqrt{t}}e^{\left(\frac{x}{2a\sqrt{t}}\right)^2}$.

9. 直接验证.

10. 直接验证.

11. 直接验证.

12. 直接验证.

13. $\begin{cases} u_{tt} - a^2 u_{xx} = 0, & 0 < x < l, t > 0, \\ u|_{x=0} = 0,\ u|_{x=l} = 0, & t \geqslant 0, \\ u|_{t=0} = \begin{cases} \dfrac{n_0 h}{l}x, & 0 \leqslant x \leqslant \dfrac{l}{n_0}, \\ \dfrac{hn_0}{l(n_0-1)}(l-x), & \dfrac{l}{n_0} < x \leqslant l, \end{cases} \\ u_t|_{t=0} = 0, & 0 \leqslant x \leqslant l. \end{cases}$

14. $\rho u_{tt} = Tu_{xx} - Ru_t, 0 < x < l, t > 0$, 其中 ρ 表示细弦密度, T 表示张力.

15. $\begin{cases} u_{tt} - a^2 u_{xx} = 0, & 0 < x < l, t > 0, \\ u|_{x=0} = 0, u_x|_{x=l} = 0, & t \geq 0, \\ u|_{t=0} = \dfrac{h}{l}x, u_t|_{t=0} = 0, & 0 \leq x \leq l. \end{cases}$

16. $\begin{cases} u_t - a^2 u_{xx} = 0, & 0 < x < l, t > 0, \\ u_x|_{x=0} = -\dfrac{q_1}{k}, u_x|_{x=l} = \dfrac{q_2}{k}, & t > 0, \\ u|_{t=0} = \dfrac{x(x-l)}{2}, & 0 < x < l, \end{cases}$ 其中 k 表示导热系数.

17. $\begin{cases} u_t - a^2(u_{xx} + u_{yy} + u_{zz}) = 0, & (x,y,z) \in \Omega, t > 0, \\ \left(k\dfrac{\partial u}{\partial n} + hu\right)\bigg|_{\partial\Omega} = 37h, & t > 0, \\ u|_{t=0} = 100, & 0 < x < l. \end{cases}$

18. (1) $\begin{cases} u_t - a^2 u_{xx} = f_0(x,t), & 0 < x < l, t > 0, \\ u_x|_{x=0} = 0, u|_{x=l} = u_0, & t > 0, \\ u|_{t=0} = \varphi(x), & 0 < x < l. \end{cases}$

(2) $\begin{cases} u_t - a^2 u_{xx} = f_0(x,t), & 0 < x < l, t > 0, \\ u|_{x=0} = \mu(t), (ku_x + \alpha u)|_{x=l} = \alpha\theta(t), & t > 0, \\ u|_{t=0} = \varphi(x), & 0 < x < l, \end{cases}$

其中 α 表示热交换系数.

19. 当 $n \to \infty$ 时, $u(x,t)$ 在无穷远处是振荡的. 而 $n \to \infty$ 时, 初值问题变为

$$\begin{cases} u_t - u_{xx} = 0, & x \in \mathbb{R}, t > 0, \\ u|_{t=0} = 0, & x \in \mathbb{R}, \end{cases}$$

该问题只有平凡解 $u(x,t) = 0$, 所以该初值问题不连续依赖于初始条件, 从而是不适定的.

习题二

1. (1) $x = c_1, y = c_2$.

(2) $y^2 - x^2 = c_1, y^2 + x^2 = c_2$.

(3) $y/x = c_1, xy = c_2$.

(4) $yx^{-2} = c$.

2. (1) 因为 $\Delta = -y^2 x^3$. 当 $x < 0, y \neq 0$ 时, 方程是双曲型偏微分方程; 当 $x = 0$ 或 $y = 0$ 时, 方程是抛物型偏微分方程; 当 $x > 0, y \neq 0$ 时, 方程是椭圆型偏微分方程.

(2) 因为 $\Delta = -(x+y)$, 当 $(x+y) < 0$ 时, 方程是双曲型偏微分方程; 当 $x+y = 0$ 时, 方程是抛物型偏微分方程; 当 $x+y > 0$ 时, 方程是椭圆型偏微分方程.

(3) 因为 $\Delta = -(x^2+y)$. 当 $x^2+y < 0$ 时, 方程是双曲型偏微分方程; 当 $x^2+y = 0$ 时, 方程是抛物型偏微分方程; 当 $x^2+y > 0$ 时, 方程是椭圆型偏微分方程.

(4) 因为 $\Delta = -x$. 当 $x < 0$ 时, 方程是双曲型偏微分方程; 当 $x = 0$ 时, 方程是抛物型偏微分方程; 当 $x > 0$ 时, 方程是椭圆型偏微分方程.

3. (1) 作自变量变换: $\xi = y - x, \eta = -\sqrt{2}x$, 标准形为
$$u_{\xi\xi} + u_{\eta\eta} = \frac{3}{2}u_\xi + \frac{5\sqrt{2}}{2}u_\eta - \frac{1}{2}u.$$

(2) 作自变量变换: $\xi = y + 2x, \eta = y$, 标准形为
$$4u_{\eta\eta} = \sin \eta.$$

(3) 作自变量变换: $\xi = y - x, \eta = y - \dfrac{x}{4}$, 标准形为
$$u_{\xi\eta} = \frac{1}{3}u_\eta \quad 或 \quad u_{ss} - u_{tt} = \frac{1}{3}(u_s - u_t).$$

(4) $y = 0$ 时已是标准形; $y \neq 0$ 时, 作自变量变换: $\xi = \dfrac{y^2}{2} + e^x, \eta = \dfrac{y^2}{2} - e^x$, 标准形为
$$u_{\xi\eta} = \frac{u_\xi - u_\eta}{2(\xi - \eta)} + \frac{u_\xi - u_\eta}{2(\xi^2 - \eta^2)} - \frac{u_\xi + u_\eta}{4(\xi + \eta)}.$$

(5) 作自变量变换: $\xi = xy, \eta = \dfrac{x^3}{y}$, 标准形为
$$u_{\xi\eta} + \frac{1}{4\eta}u_\xi - \frac{1}{\xi}u_\eta + u = 0.$$

(6) 作自变量变换: $\xi = y\sin x, \eta = y$, 标准形为
$$u_{\eta\eta} - \frac{2\xi}{\eta^2}u_\xi = 0.$$

4. (1) 特征值 4 为单根, 1 为二重根, 所以方程是椭圆型的. 作变换
$$\begin{pmatrix} y_1 \\ y_2 \\ y_3 \end{pmatrix} = \begin{pmatrix} -\dfrac{1}{\sqrt{2}} & \dfrac{1}{\sqrt{2}} & 0 \\ -\dfrac{1}{\sqrt{6}} & -\dfrac{1}{\sqrt{6}} & \dfrac{2}{\sqrt{6}} \\ \dfrac{1}{2\sqrt{3}} & \dfrac{1}{2\sqrt{3}} & \dfrac{1}{2\sqrt{3}} \end{pmatrix} \begin{pmatrix} x \\ y \\ z \end{pmatrix},$$
可将原方程化为标准形
$$u_{x_1 x_1} + u_{x_2 x_2} + u_{x_3 x_3} = 0.$$

(2) 方程对应的特征二次形为 $Q(\boldsymbol{\xi}) = \xi_1^2 + 2\xi_1\xi_2 + 2\xi_2^2 + 4\xi_2\xi_3 + 5\xi_3^2 = (\xi_1 + \xi_2)^2 + (\xi_2 + 2\xi_3)^2 + \xi_3^2$. 若令

$$\begin{cases} \beta_1 = \xi_1 + \xi_2, \\ \beta_2 = \xi_2 + 2\xi_3, \\ \beta_3 = \xi_3, \end{cases}$$

就可以将上述二次型化为标准形 $D = \beta_1^2 + \beta_2^2 + \beta_3^2$. 因此, 该方程为椭圆型. 进一步, 作自变量变换

$$\begin{pmatrix} y_1 \\ y_2 \\ y_3 \end{pmatrix} = \begin{pmatrix} 1 & 0 & 0 \\ -1 & 1 & 0 \\ 2 & -2 & 1 \end{pmatrix} \begin{pmatrix} x \\ y \\ z \end{pmatrix},$$

可将原方程化为标准形

$$u_{y_1 y_1} + u_{y_2 y_2} + u_{y_3 y_3} + 3u_{y_1} - 2u_{y_2} + 4u_{y_3} = 0.$$

(3) 特征值为 $0, 4, 9$, 所以方程是抛物型的. 作变换

$$\begin{pmatrix} y_1 \\ y_2 \\ y_3 \end{pmatrix} = \begin{pmatrix} -\dfrac{1}{\sqrt{6}} & \dfrac{1}{\sqrt{6}} & \dfrac{2}{\sqrt{6}} \\ \dfrac{1}{2\sqrt{2}} & \dfrac{1}{2\sqrt{2}} & 0 \\ \dfrac{1}{3\sqrt{3}} & -\dfrac{1}{3\sqrt{3}} & \dfrac{1}{3\sqrt{3}} \end{pmatrix} \begin{pmatrix} x \\ y \\ z \end{pmatrix},$$

把原方程化为标准形

$$u_{y_2 y_2} + u_{y_3 y_3} = 0.$$

(4) 方程对应的特征二次型为 $Q(\boldsymbol{\xi}) = 4\xi_1^2 - 4\xi_1\xi_2 - 2\xi_2\xi_3 = (2\xi_1 - \xi_2)^2 - (\xi_2 + \xi_3)^2 + \xi_3^2$. 若令

$$\begin{cases} \beta_1 = 2\xi_1 - \xi_2, \\ \beta_2 = \xi_2 + \xi_3, \\ \beta_3 = \xi_3, \end{cases}$$

就可以将上述二次型化为标准形 $D = \beta_1^2 - \beta_2^2 + \beta_3^2$. 因此, 该方程为双曲型. 作变换

$$\begin{pmatrix} y_1 \\ y_2 \\ y_3 \end{pmatrix} = \begin{pmatrix} \dfrac{1}{2} & 0 & 0 \\ \dfrac{1}{2} & 1 & 0 \\ -\dfrac{1}{2} & -1 & 1 \end{pmatrix} \begin{pmatrix} x \\ y \\ z \end{pmatrix},$$

把原方程化为标准形
$$u_{y_1y_1} - u_{y_2y_2} + u_{y_3y_3} + u_{y_2} = 0.$$

(5) 该方程为双曲型, 作变换
$$\begin{pmatrix} y_1 \\ y_2 \\ y_3 \end{pmatrix} = \begin{pmatrix} 1 & 1 & 0 \\ -1 & 1 & 0 \\ -1 & 0 & -1 \end{pmatrix} \begin{pmatrix} x \\ y \\ z \end{pmatrix},$$

把原方程化为标准形
$$u_{y_1y_1} - u_{y_2y_2} + u_{y_3y_3} + 2u_{y_1} = 0.$$

(6) 特征值 $\dfrac{n+1}{2}$ 为单根, $\dfrac{1}{2}$ 为 $n-1$ 重根. 因此, 该方程是椭圆型的, 其标准形为
$$\Delta u = u_{x_1x_1} + u_{x_2x_2} + \cdots + u_{x_nx_n}.$$

5. (1) $u = F(y-x) + G(y-2x)$.

(2) $u = F(x+y) + G(2x+y)$.

(3) $u = \dfrac{8}{3}\left(y - \dfrac{x}{4}\right) + \mathrm{e}^{\frac{y-x}{3}} F\left(y - \dfrac{x}{4}\right) + G(y-x)$.

(4) $u = F(y-3x) + G(y - \dfrac{1}{3}x)$.

(5) $u = F(x+y) + G(y)$.

(6) $u = yF(xy) + G(xy)$.

6. 因为 $\Delta = y^2(x^2 + x + \lambda)$. 当 $y = 0$ 时, 方程是抛物型偏微分方程; 当 $y \neq 0$ 时, 记 $\Delta' = 1 - 4\lambda$.

当 $\lambda > \dfrac{1}{4}$ 时, $\Delta' < 0$, $x^2 + x + \lambda > 0$, $\Delta > 0$, 方程是双曲型的;

当 $\lambda = \dfrac{1}{4}$, $\Delta' = 0$, $x^2 + x + \lambda \geqslant 0$, $x = -\dfrac{1}{2}$ 时, $\Delta = 0$, $x \neq -\dfrac{1}{2}$ 时, $\Delta > 0$, 方程是退化双曲型的;

当 $\lambda < \dfrac{1}{4}$, $\Delta' > 0$, $x \in \left(-\infty, \dfrac{-1-\sqrt{1-4\lambda}}{2}\right) \cup \left(\dfrac{-1+\sqrt{1-4\lambda}}{2}, \infty\right)$ 时, $x^2 + x + \lambda > 0$, $\Delta > 0$, 方程是双曲型的; $x = \dfrac{-1 \pm \sqrt{1-4\lambda}}{2}$ 时, $x^2 + x + \lambda = 0$, $\Delta = 0$, 方程是抛物型的; $x \in \left(\dfrac{-1-\sqrt{1-4\lambda}}{2}, \dfrac{-1+\sqrt{1-4\lambda}}{2}\right)$ 时, $x^2 + x + \lambda < 0$, $\Delta < 0$, 方程是椭圆型的.

7. 直接验证.

8. $v(x,t) = (1-x)^2 u(x,t)$.

9. $u = f\left(2 + \dfrac{y}{2} - \dfrac{x^2}{4}\right) + g\left(\dfrac{y}{2} + \dfrac{x^2}{4}\right) - g(2)$.

习题三

1. 一阶方程初值问题的解为
$$u(x,t) = \int_0^t w(x,t;\tau)\mathrm{d}\tau,$$
其中 $w(x,t;\tau)$ 满足初值问题
$$\begin{cases} w_t + w_x = 0, & x \in \mathbb{R}, t > \tau, \\ w(x,t;\tau)|_{t=\tau} = f(x,\tau), & x \in \mathbb{R}. \end{cases}$$

证明: 对 $u(x,t) = \int_0^t w(x,t;\tau)\mathrm{d}\tau$ 求导, 得
$$u_t + u_x = w(x,t;t) + \int_0^t w_t(x,t;\tau)\mathrm{d}\tau + \int_0^t w_x(x,t;\tau)\mathrm{d}\tau$$
$$= f(x,t) + \int_0^t (w_t(x,t;\tau) + w_x(x,t;\tau))\,\mathrm{d}\tau$$
$$= f(x,t),$$

初始条件
$$u(x,0) = \int_0^0 w(x,0;\tau)\mathrm{d}\tau = 0.$$

所以 u 是一阶方程初值问题的解.

2. 取 $\delta \leqslant \dfrac{\varepsilon}{1+T}$.
3. 根据达朗贝尔公式直接验证.
4. 当且仅当 $\psi(x) = -a\varphi'(x)$ 时, 一维齐次波动方程初值问题的解仅由右行波组成.
5. (1) $u = 1 + x^2 + t^2 + \sin x \sin t$.
   (2) $u = \dfrac{1}{2a}[\arctan(x+at) - \arctan(x-at)]$.
   (3) $u = 3t + \dfrac{1}{2}xt^2$.
   (4) $u = x^2 + t^2 + a^2t^2 + \dfrac{1}{a}\cos x \sin at$.
   (5) $u = \dfrac{t}{a^2}\cos x - \dfrac{1}{a^3}\cos x \sin at$.
   (6) $u = 5 + x^2 t + \dfrac{1}{3}a^2 t^3 + \dfrac{1}{2a^2}(\mathrm{e}^{x+at} + \mathrm{e}^{x-at} - 2\mathrm{e}^x)$.
6. (1) $u = xy + \dfrac{3}{4}\sin\left(x - \dfrac{y}{3}\right) + \dfrac{1}{4}\sin(x+y)$.
   (2) $u = xt\mathrm{e}^{-t}$.
   (3) $u = \dfrac{1}{3}x^2y^2 + \dfrac{2}{3}\dfrac{x^2}{y} - x + xy$.

(4) $u = y^3 - x$.

7. 依赖区间 $-1 \leqslant x \leqslant 3$, 落在点 $(0,0)$ 的影响区域内, $[1,4]$ 的决定区域为 $t+1 \leqslant x \leqslant 4-t$.

8. 方程的通解为 $u(x,t) = F(x-t) + G(x+t)$. 由初始条件, 得

$$F((1-a)x) + G((1+a)x) = \varphi(x), -F'((1-a)x) + G'((1+a)x) = \psi(x),$$

解得

$$\begin{cases} F(y) = \dfrac{1-a^2}{2}\left(\dfrac{1}{1+a}\varphi\left(\dfrac{y}{1-a}\right) - \int_0^{\frac{y}{1-a}} \psi(z)\mathrm{d}z - C\right), \\ G(y) = \dfrac{1-a^2}{2}\left(\dfrac{1}{1-a}\varphi\left(\dfrac{y}{1+a}\right) + \int_0^{\frac{y}{1+a}} \psi(z)\mathrm{d}z + C\right), \end{cases}$$

因此

$$u(x,t) = \dfrac{1-a^2}{2}\left(\dfrac{1}{1+a}\varphi\left(\dfrac{x-t}{1-a}\right) + \dfrac{1}{1-a}\varphi\left(\dfrac{x+t}{1+a}\right) + \int_{\frac{x-t}{1-a}}^{\frac{x+t}{1+a}} \psi(z)\mathrm{d}z\right),$$

由解的表达式可以给出区间 $[0,1]$ 的决定区域为

$$\{(x,t) | 0 \leqslant x-t \leqslant 1-a, 0 \leqslant x+t \leqslant 1+a\}.$$

9. 方程的通解为 $u(x,t) = F(x-at) + G(x+at)$. 由初始条件, 得 $F(0) + G(2x) = \varphi(x)$, $F(2x) + G(0) = \psi(x)$. 解得

$$\begin{cases} F(y) = \psi\left(\dfrac{y}{2}\right) - G(0), \\ G(y) = \varphi\left(\dfrac{y}{2}\right) - F(0). \end{cases}$$

因此

$$u(x,t) = \varphi\left(\dfrac{x+at}{2}\right) + \psi\left(\dfrac{x-at}{2}\right) - F(0) - G(0).$$

又当 $y = 0$ 时, 有

$$F(0) + G(0) = \dfrac{1}{2}(\varphi(0) + \psi(0)).$$

因此, 原定解问题的解为

$$u(x,t) = \varphi\left(\dfrac{x+at}{2}\right) + \psi\left(\dfrac{x-at}{2}\right) - \dfrac{\varphi(0) + \psi(0)}{2}.$$

此定解条件的决定区域为

$$\{(x,t)|0 \leqslant x+at \leqslant 2b, -2c \leqslant x-at \leqslant 0\}.$$

10. 方程的通解为 $u(x,t) = F(x-t) + G(x+t)$. 由初始条件, 得 $F(-t) + G(t) = \varphi(t)$, $F(0) + G(2t) = \psi(t)$. 则

$$\begin{cases} G(t) = \psi\left(\dfrac{t}{2}\right) - F(0), \\ F(t) = \varphi(-t) - \psi\left(-\dfrac{t}{2}\right) + F(0). \end{cases}$$

因此, 定解问题的解为

$$u(x,t) = \varphi(t-x) - \psi\left(\dfrac{t-x}{2}\right) + \psi\left(\dfrac{x+t}{2}\right).$$

根据题设, 决定区域为

$$\{(x,t)|0 \leqslant t-x \leqslant a, 0 \leqslant t+x \leqslant 2a\}.$$

11. 方程的通解为 $u(x,t) = F(x-t) + G(x+t)$. 由初值条件, 得 $F(0) + G(2t) = \varphi(t)$, $F'(-t) + G'(t) = \psi(t)$. 则

$$\begin{cases} G(t) = \varphi\left(\dfrac{t}{2}\right) - F(0), \\ F(t) = \varphi\left(-\dfrac{t}{2}\right) + \displaystyle\int_0^t \psi(-s)\,\mathrm{d}s + C. \end{cases}$$

当 $t = 0$ 时, 有 $G(0) + F(0) = \varphi(0)$, $F(0) = \varphi(0) + C$, 所以 $C = -G(0)$. 因此, 定解问题的解为

$$u(x,t) = \varphi\left(\dfrac{t-x}{2}\right) + \varphi\left(\dfrac{t+x}{2}\right) - \int_0^{t-x} \psi(s)\,\mathrm{d}s - \psi(0).$$

根据题设, 决定区域为

$$\{(x,t)|0 \leqslant t-x \leqslant a, 0 \leqslant t+x \leqslant 2a\}.$$

12. $\varphi(x), \psi(x) \in C^2[0, +\infty)$, $g(t) \in C^2[0, +\infty)$, 满足的相容性条件为

$$g(0) = \varphi(0), g'(0) = \psi(0), g''(0) = a^2\varphi''(0).$$

13. $\{(x,t)|x \geqslant 0, t > 0, x+at \leqslant 1\}$.

14. (1) $u = \begin{cases} 2x + x^2 t + \dfrac{1}{3}a^2 t^3, & x \geqslant at, \\ 2x + xat^2 + \dfrac{1}{3a}x^3, & 0 \leqslant x < at. \end{cases}$

(2) $u = \begin{cases} \dfrac{1}{2a}\displaystyle\int_0^t d\tau \int_{x-a(t-\tau)}^{x+a(t-\tau)} f(z,\tau)dz, & x \geqslant at, \\ \dfrac{1}{2a}\left[\displaystyle\int_0^{t-\frac{x}{a}} d\tau \int_{a(t-\tau)-x}^{x+a(t-\tau)} f(z,\tau)dz + \right. \\ \left. \displaystyle\int_{t-\frac{x}{a}}^t d\tau \int_{x-a(t-\tau)}^{x+a(t-\tau)} f(z,\tau)dz\right], & 0 \leqslant x < at. \end{cases}$

(3) $u = \begin{cases} \dfrac{1}{2}\left(e^{-(x+t)^2} + e^{-(x-t)^2}\right), & x \geqslant t, \\ \dfrac{1}{2}\left(e^{-(x+t)^2} - e^{-(x-t)^2}\right) + \cos(\sqrt{2}(x-t)), \\ 0 \leqslant x < t. \end{cases}$

(4) $u = \begin{cases} x^2 + 2t^2, & x \geqslant t, \\ 2xt + t^2, & 0 \leqslant x < t. \end{cases}$

15. (1) $u = x^3 + y^2 z + 3a^2 t^2 x + a^2 t^2 z$.

(2) $u = \dfrac{1}{2}(f(x-at) + f(x+at) + g(y-at) + g(y+at)) + \dfrac{1}{2a}\left(\displaystyle\int_{y-at}^{y+at} \varphi(\eta)d\eta + \int_{z-at}^{z+at} \psi(\eta)d\eta\right)$.

(3) $u = yz + zxt$.

(4) 令 $r = \sqrt{x^2 + y^2 + z^2}$, 则
$$u = \frac{(r+at)\varphi(r+at) + (r-at)\varphi(|r-at|)}{2r} + \frac{1}{2\sqrt{3}a}\int_{x+y+z-\sqrt{3}at}^{x+y+z+\sqrt{3}at} \psi(\theta)d\theta.$$

(5) $u = 2t^2 + (2x^2 - y^2)$.

(6) $u = \dfrac{1}{2\pi a}\displaystyle\int_0^{at}\int_0^{2\pi} \dfrac{\psi(\sqrt{r^2 + \rho^2 + 2r\rho\cos\theta})}{\sqrt{a^2t^2 - \rho^2}} \rho\,d\theta d\rho$.

16. (1) $u = y^2 + a^2 t^2 + z^2 t + \dfrac{a^2}{3}t^3 + \dfrac{1}{12}x^2 t^4 + \dfrac{a^2}{180}t^6$.

(2) $u = (x^2 + y^2 + z^2)(e^t - t - 1) + a^2[6(e^t - 1) - t^3 - 3t^2 - 6t]$.

(3) $u = x + 2y + \dfrac{1}{2a\sqrt{5}}(e^{x+2y+\sqrt{5}at} - e^{x+2y-\sqrt{5}at}) + \dfrac{1}{10a^2}\left(e^{x+2y+\sqrt{5}at} + e^{x+2y-\sqrt{5}at} - 2e^{x+2y}\right)$.

(4) $u(x,y,t) = (x^2+y^2)(e^t - t - 1) + 4a^2 e^t - \dfrac{2}{3}a^2(t^3 + 3t^2 + 6t + 6)$.

17. 利用泊松公式 (3.32). 由于 φ, ψ 足够光滑且具有紧支集, 则存在 $M > 0, R$, 对任意 $z \in B_R(\mathbf{0})$ 有 $|\varphi(\boldsymbol{x})| \leqslant M, |\psi(\boldsymbol{x})| \leqslant M, |\nabla\varphi(\boldsymbol{x})| \leqslant M$.

$$u(\boldsymbol{x}, t) \leqslant \frac{1}{4\pi}\left(\frac{\partial}{\partial t}\int_{\partial B_1(\boldsymbol{x})} t\varphi(\boldsymbol{x} + at\boldsymbol{\eta})d_1 S + \right.$$

$$t\int_{\partial B_1(\boldsymbol{x})}\psi(\boldsymbol{x}+at\boldsymbol{\eta})\mathrm{d}_1 S\bigg)$$

$$=\frac{1}{4\pi}\bigg(\int_{\partial B_1(\boldsymbol{x})}\varphi(\boldsymbol{x}+at\boldsymbol{\eta})\mathrm{d}_1 S+\int_{\partial B_1(\boldsymbol{x})}\nabla\varphi\cdot\boldsymbol{\eta}\mathrm{d}_1 S+$$

$$\int_{\partial B_1(\boldsymbol{x})}\psi(\boldsymbol{x}+at\boldsymbol{\eta})\mathrm{d}_1 S\bigg).$$

所以

$$u\leqslant\frac{1}{4\pi a^2 t^2}\bigg(\int_{\partial B_{at}(\boldsymbol{x})\cap B_R(\boldsymbol{0})}M+atM+tM\mathrm{d}S\bigg)$$

$$\leqslant\frac{R^2 M}{a^2 t^2}(1+at+t).$$

18. 直接利用三维波动方程的泊松公式的球坐标形式, 得

$$u(x_1,t)=\frac{1}{4\pi}\frac{\partial}{\partial t}\int_0^{2\pi}\int_0^{\pi}t\varphi(x_1+at\cos\theta)\sin\theta\mathrm{d}\theta\mathrm{d}\phi+$$

$$\frac{1}{4\pi}\int_0^{2\pi}\int_0^{\pi}t\psi(x_1+at\cos\theta)\sin\theta\mathrm{d}\theta\mathrm{d}\phi$$

$$=\frac{1}{2}\frac{\partial}{\partial t}\int_0^{\pi}\varphi(x_1+at\cos\theta)t\sin\theta\mathrm{d}\theta+$$

$$\frac{1}{2}\int_0^{\pi}\psi(x_1+at\cos\theta)t\sin\theta\mathrm{d}\theta$$

$$=\frac{1}{2a}\frac{\partial}{\partial t}\int_{x_1-at}^{x_1+at}\varphi(z)\mathrm{d}z+\frac{1}{2a}\int_{x_1-at}^{x_1+at}\psi(z)\mathrm{d}z$$

$$=\frac{1}{2}[\varphi(x_1+at)+\varphi(x_1-at)]+\frac{1}{2a}\int_{x_1-at}^{x_1+at}\psi(z)\mathrm{d}z.$$

19. (1) $u=\cos at\sin x+\dfrac{1}{a}\sum_{k=0}^{\infty}\dfrac{8}{(2k+1)^4\pi}\sin((2k+1)at)\sin((2k+1)x)$.

(2) $u=\cos\dfrac{a\pi t}{l}\cos\dfrac{\pi x}{l}$.

(3) $u=\dfrac{l^2}{a^2\pi^2}\bigg(1-\cos\dfrac{a\pi t}{l}\bigg)\sin\dfrac{\pi x}{l}$.

(4) $u=\sum_{n=1}^{\infty}\dfrac{2}{a^2 n^3\pi^3}(-1)^{n+1}(1-\cos(an\pi t))\sin(n\pi x)$.

(5) $u=\mathrm{e}^{-t}(A_1+B_1 t)\sin x+\sum_{n=2}^{\infty}\mathrm{e}^{-t}(A_n\cos\sqrt{n^2-1}\,t+B_n\sin\sqrt{n^2-1}\,t)\sin nx$, 其中

$$\begin{cases}A_n=\dfrac{2}{\pi}\int_0^{\pi}\varphi(x)\sin nx\mathrm{d}x, n=1,2,3,\cdots,\\ B_1=\dfrac{2}{\pi}\int_0^{\pi}[\varphi(x)+\psi(x)]\sin x\mathrm{d}x,\\ B_n=\dfrac{2}{\pi\sqrt{n^2-1}}\int_0^{\pi}[\varphi(x)+\psi(x)]\sin nx\mathrm{d}x, n=2,3,\cdots.\end{cases}$$

(6) $u = \sum\limits_{n=1}^{\infty} \dfrac{4}{n^3\pi^3}((-1)^n - 1)\cos\sqrt{4+a^2n^2\pi^2}\,t \sin n\pi x$.

(7) $u = \sum\limits_{n=1}^{\infty} \dfrac{4}{\pi n^4}(1-(-1)^n)(n\cos nt + \sin nt)\mathrm{e}^{-t}\sin nx$.

(8) $u = \sum\limits_{n=1}^{\infty} \dfrac{2l^2}{xn^2\pi^2}(-1)^{n+1}\sin\dfrac{n\pi t}{l}\sin\dfrac{n\pi x}{l}$.

20. 直接计算 $z'(t), z''(t)$ 并代入方程.

21. 设 $u(x,y,t) = T(t)U(x,y)$, 代入方程和边界条件得

$$T'' + \lambda T = 0, t > 0,$$

$$\begin{cases} U_{xx} + U_{yy} + \lambda U = 0, & 0 < x < 1, 0 < y < 1, \\ U(0,y) = U(1,y) = 0, & 0 \leqslant y \leqslant 1, \\ U_y(x,0) = U_y(x,1) = 0, & 0 \leqslant x \leqslant 1. \end{cases}$$

对第二个边值问题继续分离变量, 令 $U(x,y) = X(x)Y(y)$, 代入方程, 得

$$\begin{cases} X'' + \alpha X = 0, & 0 < x < 1, \\ X(0) = X(1) = 0, \end{cases}$$

$$\begin{cases} Y'' + \beta Y = 0, & 0 < y < 1, \\ Y'(0) = Y'(1) = 0, \end{cases}$$

其中 $\alpha + \beta = \lambda$, 求出上述问题的特征值和特征函数, 再求出函数 $T(t)$, 根据初始条件决定相应的系数.

22. 易证 $\dfrac{\mathrm{d}E(t)}{\mathrm{d}t} = 0$, 即 $E(t)$ 恒等于常数, 且

$$E(3) = E(0) = \int_0^1 \left[u_t^2(x,0) + 4u_x^2(x,0)\right]\mathrm{d}x.$$

由初始条件得

$$E(3) = \int_0^1 \left[(30x(1-x))^2 + 4(4\pi\cos\pi x)^2\right]\mathrm{d}x$$
$$= 30 + 32\pi^2.$$

23. (1) 直接求导, 利用散度定理、方程及边界条件得

$$\dfrac{\mathrm{d}E(t)}{\mathrm{d}t} = \int_\Omega u_t u_{tt} + a^2(u_x u_{xt} + u_y u_{yt} + u_z u_{zt})\mathrm{d}x\mathrm{d}y\mathrm{d}z$$
$$= \int_\Omega u_t(u_{tt} - a^2\Delta u) + a^2[(u_x u_t)_x + (u_y u_t)_y + $$

$$(u_zu_t)_z]\mathrm{d}x\mathrm{d}y\mathrm{d}z$$
$$= \int_\Omega -\alpha u_t^2 \mathrm{d}x\mathrm{d}y\mathrm{d}z + a^2 \int_{\partial\Omega} u_t \frac{\partial u}{\partial n} \mathrm{d}S \leqslant 0.$$

所以能量积分关于时间单调不增.

  (2) 只要证明 $\varphi(x,y,z) = \psi(x,y,z) = 0$ 时, 方程只有零解.

24. 类似上题.

25. 利用能量积分

$$E(t) = \frac{1}{2}\int_0^l (u_t^2 + a^2 u_x^2)\mathrm{d}x + \frac{1}{2}a^2\sigma u^2(l,t).$$

26. 证明略.

27. 证明略.

28. 证明略.

习题四

1. 根据 $\widehat{f}(\lambda)$ 的表达形式证明.

2. (1) $\dfrac{1-\lambda\mathrm{i}}{\sqrt{2\pi}(1+\lambda^2)}$.

  (2) $-\sqrt{\dfrac{2}{\pi}}\dfrac{2a\mathrm{i}\lambda}{(a^2+\lambda^2)^2}$.

  (3) $\sqrt{\dfrac{2}{\pi}}\left(\dfrac{2\sin a\lambda}{\lambda^3} - \dfrac{a^2\sin a\lambda}{\lambda} - \dfrac{2a\cos a\lambda}{\lambda^2}\right)$.

  (4) $\dfrac{1}{\sqrt{2a}}\mathrm{e}^{-\frac{(\lambda-b)^2}{4a}+c}$.

  (5) $\sqrt{\dfrac{2}{\pi}}\dfrac{2a^3 - 6a\lambda^2}{(a^2+\lambda^2)^3}$.

  (6) $\dfrac{1}{\sqrt{2\pi}}\left(\dfrac{1}{1+(\lambda-1)^2} + \dfrac{1}{1+(\lambda+1)^2}\right)$.

  (7) $\sqrt{\dfrac{\pi}{2}}\dfrac{\mathrm{e}^{-a|\lambda|}}{a}$.

  (8) $-\mathrm{i}\operatorname{sgn}\lambda\sqrt{\dfrac{\pi}{2}}\mathrm{e}^{-a|\lambda|}$.

3. (1) $\dfrac{1}{\sqrt{2a^2t}}\mathrm{e}^{-\frac{x^2}{4a^2t}}$.

  (2) $\dfrac{1}{\sqrt{2a^2t}}\mathrm{e}^{-\frac{(x+bt)^2}{4a^2t}+ct}$.

  (3) $\sqrt{\dfrac{2}{\pi}}\dfrac{t}{x^2+t^2}$.

4. 由于 $\hat{f}(\lambda) = \sqrt{\dfrac{2}{\pi}} \dfrac{\beta}{\beta^2 + \lambda^2}$, 所以

$$e^{-\beta|x|} = \frac{1}{\sqrt{2\pi}} \int_{-\infty}^{+\infty} \sqrt{\frac{2}{\pi}} \frac{\beta}{\beta^2 + \lambda^2} e^{i\lambda x} d\lambda$$

$$= \frac{\beta}{\pi} \int_{-\infty}^{+\infty} \frac{\cos \lambda x + i \sin \lambda x}{\beta^2 + \lambda^2} d\lambda$$

$$= \frac{2\beta}{\pi} \int_{0}^{+\infty} \frac{\cos \lambda x}{\beta^2 + \lambda^2} d\lambda.$$

5. 根据傅里叶变换定义证明.

6. $(f * g)(x) = \begin{cases} \dfrac{1}{2} e^x \left(1 + e^{-\pi/2}\right), & x > \dfrac{\pi}{2}, \\ \dfrac{1}{2}(e^x + \sin x - \cos x), & 0 \leqslant x \leqslant \dfrac{\pi}{2}, \\ 0, & x < 0. \end{cases}$

7. (1) $u = \dfrac{e^{ct}}{2a\sqrt{\pi t}} \int_{-\infty}^{+\infty} \varphi(y) e^{-\frac{(bt+x-y)^2}{4a^2 t}} dy +$
$\int_0^t \int_{-\infty}^{+\infty} \dfrac{e^{c(t-\tau)} f(y,\tau)}{2a\sqrt{\pi(t-\tau)}} e^{-\frac{(b(t-\tau)+x-y)^2}{4a^2(t-\tau)}} dy.$

(2) $u = \varphi\left(x - \dfrac{1}{2} t^2\right).$

(3) $u = \dfrac{y}{\pi} \int_{-\infty}^{+\infty} \dfrac{\varphi(z)}{y^2 + (x-z)^2} dz.$

(4) $u = \dfrac{1}{2\sqrt{\pi i t}} \int_{-\infty}^{+\infty} e^{\frac{i(x-y)^2}{4t}} \varphi(y) dy.$

8. 直接验证.

9. (1) $u = e^{-a^2 t} \cos x.$

(2) $u = \dfrac{1}{2}\left(e^{a^2 t - x}\left(1 + \mathrm{erf}\left(\dfrac{x}{2a\sqrt{t}} - a\sqrt{t}\right)\right) + e^{a^2 t + x}\left(1 - \mathrm{erf}\left(\dfrac{x}{2a\sqrt{t}} + a\sqrt{t}\right)\right)\right).$

(3) $u = x^2 + 1 + 2a^2 t.$

10. 设 $\varphi(x)$ 连续且在 $(-b, b)$ 的外部恒为零, b 是正常数. 直接利用热传导方程解的表达式, 得

$$u(x,t) = \frac{1}{2a\sqrt{\pi t}} \int_{\mathbb{R}} \exp\left(-\frac{(x-z)^2}{4a^2 t}\right) \varphi(z) dz$$

$$= \frac{1}{2a\sqrt{\pi t}} \int_{-b}^{b} \exp\left(-\frac{(x-z)^2}{4a^2 t}\right) \varphi(z) dz.$$

因为 $\varphi(x) \in C(\mathbb{R})$ 且在区间 $(-b, b)$ 的外部恒为零, 故 $\varphi(-b) = \varphi(b) = 0$, 并且在闭区间

$[-b, b]$ 上有界，不妨假设 $|\varphi(x)| \leqslant M$. 从而
$$|u(x,t)| \leqslant \frac{M}{2a\sqrt{\pi t}} \int_{-b}^{b} \exp\left(-\frac{(x-z)^2}{4a^2 t}\right) \mathrm{d}z \leqslant \frac{Mb}{a\sqrt{\pi t}},$$
因此 $\lim\limits_{t \to \infty} u(x,t) = 0$ 关于 x 一致成立.

11. 直接验证.

12. $u(x,t) = -\dfrac{a^2}{b} \ln \left(\dfrac{1}{2a\sqrt{\pi t}} \int_{-\infty}^{+\infty} \mathrm{e}^{-\frac{(x-y)^2}{4a^2 t} - \frac{b\varphi(y)}{a^2}} \mathrm{d}y \right).$

13. $u = \dfrac{\int_{-\infty}^{+\infty} (x-y) \mathrm{e}^{-\frac{(x-y)^2}{4a^2 t} - \frac{\psi(y)}{2a^2}} \mathrm{d}y}{t \int_{-\infty}^{+\infty} \mathrm{e}^{-\frac{(x-y)^2}{4a^2 t} - \frac{\psi(y)}{2a^2}} \mathrm{d}y},$ 其中 $\psi(x) = \int_{-\infty}^{x} \varphi(y) \mathrm{d}y.$

14. $u = 1 + 6xt + x^3.$

15. $u = \int_0^t \int_0^{+\infty} \dfrac{f(z,\tau)}{2a\sqrt{\pi(t-\tau)}} \left[\mathrm{e}^{-\frac{(x-z)^2}{4a^2(t-\tau)}} + \mathrm{e}^{-\frac{(x+z)^2}{4a^2(t-\tau)}} \right] \mathrm{d}z \mathrm{d}\tau.$

16. (1) $u = \mathrm{e}^{-\left(\frac{\pi a}{2}\right)^2 t} \cos \dfrac{\pi}{2} x + \mathrm{e}^{-(\pi a)^2 t} \cos \pi x.$

(2) $u = \sum\limits_{n=1}^{\infty} \dfrac{4l^2}{(n\pi)^3} (1 - (-1)^n) \mathrm{e}^{-\left(\frac{n\pi a}{l}\right)^2 t} \sin \dfrac{n\pi}{l} x.$

(3) $u = 5 \mathrm{e}^{-\left(\frac{3\pi a}{2l}\right)^2 t} \cos \dfrac{3\pi x}{2l}.$

(4) $u = \mathrm{e}^{(1-a^2)t} \sin x.$

(5) $u = \mathrm{e}^{-4a^2 t} \cos 2x + \dfrac{1}{a^2} \left(1 - \mathrm{e}^{-a^2 t}\right) \cos x.$

(6) $u = \dfrac{2l^2}{\pi^3 a^2} \sum\limits_{n=1}^{\infty} \dfrac{(-1)^{n+1}}{n^3} \mathrm{e}^{-\left(\frac{n\pi a}{l}\right)^2 t} \sin \dfrac{n\pi x}{l} + \dfrac{xt}{l} + \dfrac{x(x^2 - l^2)}{6a^2 l}.$

17. 与定理 4.4.1 证明类似.

18. 反证法.

19. 根据上题直接证明.

20. 由于 $w = \mathrm{e}^{-t} u$ 满足的热方程 $w_t - \Delta w = 0$, 利用极值原理可证.

21. 令 $w(x,t) = u(x,t) - v(x,t) - \varepsilon t (\varepsilon > 0)$. 如果 $w(x,t)$ 在内部点 $(x_0, t_0) \in Q$ 达到最大, 则 $w_t(x_0, t_0) \geqslant 0, w_{xx}(x_0, t_0) \leqslant 0, w_x(x_0, t_0) = u_x(x_0, t_0) - v_x(x_0, t_0) = 0$, 由此导出矛盾. 因此在 Q 上, $u(x,t) \leqslant v(x,t) + \varepsilon t$, 令 $\varepsilon \to 0$.

22. 令 $w(x,t) = u(x,t) - v(x,t)$, 则 $\mathcal{L} w = w_t - w_{xx} + c(x,t) w = 0$, 其中 $c(x,t) = u^2 + uv + v^2 \geqslant 0$. 因此 $w(x,t)$ 在抛物边界达到最大值.

23. 考虑 $v(x,t) = u_t(x,t)$ 满足的定解问题, 再利用定理 4.4.2.

24. 由极值原理得 $u^\mu(x,t) \geqslant 0$, 从而 $u^\lambda(0,t) = u^\mu(0,t), u^\lambda(\lambda, t) = 0 \leqslant u^\mu(\mu, t)$, 再利用比较原理可得证.

25. 证明略.

26. (1) 利用极值原理可得 $u(x,t)$ 的最大值、最小值在抛物边界上达到, 然后对边界分情况讨论.

(2) 考虑函数 $v(x,t) = u_{h_2}(x,t) - u_{h_1}(x,t)$, $0 < h_1 < h_2$, 则 v 满足定解问题

$$\begin{cases} v_t - v_{xx} = 0, & (x,t) \in Q, \\ [-v_x + h_1 v]|_{x=0} = (h_2-h_1)(u_0-vu_{h_2}) \geqslant 0, v|_{x=l}=0, & 0 \leqslant t \leqslant T, \\ v|_{t=0} = 0, & 0 \leqslant x \leqslant l, \end{cases}$$

再由极值原理可得.

27. $u_t^2 - u_t u_{xx} = u_t^2 + \dfrac{1}{2}(u_x^2)_t - (u_t u_x)_x = f(x,t)u_t$

方程两端在 $[0,l] \times [0,t]$ 上积分, 得

$$\dfrac{1}{2}\int_0^l u_x^2(x,t)\mathrm{d}x - \dfrac{1}{2}\int_0^l \varphi'(x)^2 n\mathrm{d}x + \int_0^t\int_0^l u_t^2 \mathrm{d}x\mathrm{d}t$$
$$\leqslant \int_0^t\int_0^l f(x,t)u_t(x,t)\mathrm{d}x\mathrm{d}t$$
$$\leqslant \dfrac{1}{2}\int_0^t\int_0^l f^2(x,t)\mathrm{d}x\mathrm{d}t + \dfrac{1}{2}\int_0^t\int_0^l u_t^2 \mathrm{d}x\mathrm{d}t,$$

简化上式, 对 $t \in [0,T]$ 取上确界即可.

习题五

1. 直接证明.
2. 直接证明.
3. 直接证明.
4. 直接证明.
5. 直接证明.
6. 直接证明.
7. 类似定理 5.2.1 的证明.
8. 求 $\dfrac{1}{2\pi r}\displaystyle\int_{\partial B_r(x)} u(y)\mathrm{d}s$ 对 r 的导数, 并求 $r \to 0$ 时的极限或利用二维基本积分公式.
9. $u(\boldsymbol{x}) = \dfrac{1}{|\boldsymbol{x}-\boldsymbol{x}_0|}$ 为单位球内调和函数, 所以 $u(\boldsymbol{0}) = \dfrac{1}{4\pi}\displaystyle\int_\Gamma \dfrac{1}{|\boldsymbol{x}-\boldsymbol{x}_0|}\mathrm{d}S = \dfrac{1}{|\boldsymbol{x}_0|}$, 则 $\displaystyle\int_\Gamma \dfrac{1}{|\boldsymbol{x}-\boldsymbol{x}_0|}\mathrm{d}S = 4\pi\dfrac{1}{|\boldsymbol{x}_0|}$.

10. (1) $u(\boldsymbol{0}) = \dfrac{1}{\pi R^2}\displaystyle\int_\Omega u(\boldsymbol{x})\mathrm{d}\boldsymbol{x}$, 由柯西不等式有

$$|u(\boldsymbol{0})| \leqslant \dfrac{1}{\pi R^2}\int_\Omega |u(\boldsymbol{x})|\mathrm{d}\boldsymbol{x}$$

$$\leqslant \frac{1}{\pi R^2}\left(\int_\Omega u^2 \mathrm{d}\boldsymbol{x} \cdot \int_\Omega 1^2 \mathrm{d}\boldsymbol{x}\right)^{\frac{1}{2}} = \frac{1}{R}\left(\frac{M}{\pi}\right)^{\frac{1}{2}}.$$

(2) $|u(\boldsymbol{x})| = \dfrac{1}{\pi(R-|\boldsymbol{x}|)^2}\displaystyle\int_{B_{R-|\boldsymbol{x}|}(\boldsymbol{x})} u(\boldsymbol{y})\mathrm{d}\boldsymbol{y}$，由柯西不等式有

$$|u(\boldsymbol{x})| \leqslant \frac{1}{\pi(R-|\boldsymbol{x}|)^2}\int_{B_{R-|\boldsymbol{x}|}(\boldsymbol{x})} |u(\boldsymbol{y})|\,\mathrm{d}\boldsymbol{y}$$

$$\leqslant \frac{1}{\pi(R-|\boldsymbol{x}|)^2}\left(\int_{B_{R-|\boldsymbol{x}|}(\boldsymbol{x})} u^2 \mathrm{d}\boldsymbol{y} \cdot \int_{B_{R-|\boldsymbol{x}|}(\boldsymbol{x})} 1^2 \mathrm{d}\boldsymbol{y}\right)^{\frac{1}{2}}$$

$$\leqslant \frac{1}{R-|\boldsymbol{x}|}\left(\frac{M}{\pi}\right)^{\frac{1}{2}}.$$

11. 由球面平均值有

$$u(\mathbf{0}) = \frac{1}{2\pi R}\int_{\partial\Omega} u(\boldsymbol{x})\mathrm{d}\boldsymbol{x} = \frac{1}{2\pi R}\int_0^{2\pi} \sin\theta\mathrm{d}\theta = 0,$$

由强极值原理，有 u 在 $\bar{\Omega}$ 的最大值和最小值在边界取到，因此最大值为 1，最小值为 -1。

12. 与推论 5.2.3 的证明类似。

13. 直接推导。

14. $u(r) = \dfrac{1}{r}(c_1 \mathrm{e}^r + c_2 \mathrm{e}^{-r})$。

15. $\displaystyle\int_\Omega u\mathrm{d}x = \int_\Omega \frac{c_1 \mathrm{e}^r + c_2 \mathrm{e}^r}{r}\mathrm{d}\boldsymbol{x} + \int_{\partial\Omega} \frac{\partial u}{\partial \boldsymbol{n}}\mathrm{d}s - \int_\Omega f\mathrm{d}\boldsymbol{x}$。

16. 直接验证。

17. (1) $u = \dfrac{1}{\pi}\left(\arctan\dfrac{b-x}{y} - \arctan\dfrac{a-x}{y}\right)$。

(2) $u = \dfrac{1+y}{x^2 + (1+y^2)^2}$。

18. (1) 直接验证。

(2) 在球坐标变换下 $z = r\cos\theta$，当 $r = 1$ 时，$z = \cos\theta$，则 $3\cos 2\theta + 1 = 6z^2 - 2$，再利用 (1) 的结论可得解为 $u(x,y,z) = 4z^2 - 2x^2 - 2y^2$。

19. 与球域镜像法类似。

20. $G(\boldsymbol{x},\boldsymbol{y}) = \dfrac{1}{2\pi}\ln\dfrac{|\boldsymbol{x}||\boldsymbol{x}^* - \boldsymbol{y}|}{|\boldsymbol{x}-\boldsymbol{y}|}$，$\boldsymbol{x}^* = \dfrac{\boldsymbol{x}}{|\boldsymbol{x}|^2}$。

21. 直接验证。

22. 直接验证。

23. (1) $u(r,\theta) = \dfrac{A}{a}r\cos\theta$。

(2) $u(r,\theta) = B + \dfrac{A}{a}r\cos\theta$。

24. $u(r,\theta) = \sum_{n=1}^{\infty} A_n \left(\frac{r}{a}\right)^{\frac{n\pi}{\alpha}} \sin\frac{n\pi\theta}{\alpha},$

$A_n = \frac{2}{\alpha} \int_0^{\alpha} f(\theta) \sin\frac{n\pi\theta}{\alpha} \mathrm{d}\theta.$

25. $u(r,\theta) = \left(-\frac{1}{3}r + \frac{4}{3r}\right)\sin\theta.$

26. $u = \sum_{n=1}^{\infty} \frac{2}{n^3\pi^3}(1-(-1)^n)\mathrm{e}^{-n\pi y}\sin n\pi x.$

27. 利用格林公式.

28. 利用性质 5.2.1.

29. r 表示球面 $\partial B_R(\mathbf{0})$ 上点 $\boldsymbol{y}$ 到 $\boldsymbol{x}$ 的距离, 显然 $R > |\boldsymbol{x}|$, 于是

$$R - |\boldsymbol{x}| \leqslant r \leqslant R + |\boldsymbol{x}|,$$

从而推得

$$\frac{1}{4\pi R}\frac{R-|\boldsymbol{x}|}{(R+|\boldsymbol{x}|)^2} \leqslant \frac{1}{4\pi R}\frac{R^2-|\boldsymbol{x}|^2}{r^3} \leqslant \frac{1}{4\pi R}\frac{R+|\boldsymbol{x}|}{(R-|\boldsymbol{x}|)^2}.$$

根据三维球上泊松公式, 有

$$\frac{R(R-|\boldsymbol{x}|)}{(R+|\boldsymbol{x}|)^2}\frac{1}{4\pi R^2}\int_{\partial B_R(\mathbf{0})} u(\boldsymbol{y})\mathrm{d}S_{\boldsymbol{y}} \leqslant u(\boldsymbol{x})$$

$$\leqslant \frac{R(R+|\boldsymbol{x}|)}{(R-|\boldsymbol{x}|)^2}\frac{1}{4\pi R^2}\int_{\partial B_R(\mathbf{0})} u(\boldsymbol{y})\mathrm{d}S_{\boldsymbol{y}}.$$

再应用平均值公式, 即可得到

$$\frac{R(R-|\boldsymbol{x}|)}{(R+|\boldsymbol{x}|)^2}u(\mathbf{0}) \leqslant u(\boldsymbol{x}) \leqslant \frac{R(R+|\boldsymbol{x}|)}{(R-|\boldsymbol{x}|)^2}u(\mathbf{0}).$$

30. 只需证明齐次边值问题的有界解必为零解.

31. (1) 不妨设 u 在 $\boldsymbol{x}_0 \in \Omega$ 达到最大值, 比较两端符号.

(2) 不妨设原点 $\mathbf{0} \in \Omega$, 并令 $u(\boldsymbol{x}) = w(\boldsymbol{x})v(\boldsymbol{x}) = (d^2 - |\boldsymbol{x}|^2 + 1)v(\boldsymbol{x})$, 然后考虑 $v(\boldsymbol{x})$ 满足的方程, 利用 (1) 的证明方法可得 $v(\boldsymbol{x})$ 的最大模估计, 从而得到 $u(\boldsymbol{x})$ 的最大模估计.

(3) 取 $c = -1$, $f(\boldsymbol{x}) \equiv 0$, 在特殊区域上构造非零解.

32. 只需证明齐次边值问题的有界解必为零解. 首先在 B_R^+ 上考虑辅助函数, $w(x,y) = \varepsilon \ln(x^2 + (y-1)^2) \pm u(x,y)$, 其中 ε 为任意正常数, R 为足够大的正数. 然后令 $R \to +\infty$, 再令 $\varepsilon \to 0$.

33. 令 $f(u) = u - u^3 = u(1-u^2)$. 若存在 $\boldsymbol{x}_0 \in \Omega$, 使得 $u(\boldsymbol{x}_0) = \max\limits_{\bar{\Omega}} u > 1$ 或 $u(\boldsymbol{x}_0) = \max\limits_{\bar{\Omega}} u < -1$, 则可从方程导出矛盾.

34. 证明与上题类似.

35. 分别考虑 u 的最大值和最小值在 Ω 内部或者边界达到.

习题六

1. (1) $\dfrac{x^2}{y} = c_1, \dfrac{x^3}{z} = c_2$ 或 $x = c_1 e^t, y = c_2 e^{2t}, z = c_3 e^{3t}$.

   (2) $\sqrt{x_2} - \sqrt{x_1} = c_2, \sqrt{x_3} - \sqrt{x_1} = c_3, \cdots, \sqrt{x_n} - \sqrt{x_1} = c_n$ 或 $\sqrt{x_1} - t = c_1, \sqrt{x_2} - t = c_2, \cdots, \sqrt{x_n} - t = c_n$.

   (3) $\dfrac{x_2}{x_1} = c_2, \dfrac{x_3}{x_1} = c_3, \cdots, \dfrac{x_n}{x_1} = c_n$ 或 $x_1 = c_1 e^t, x_2 = c_2 e^t, \cdots, x_n = c_n e^t$.

2. (1) $u = \Phi(x - y, x - z)$.

   (2) $u = \Phi\left(\dfrac{x}{y} + \dfrac{1}{2}y^2\right)$.

   (3) $u = \Phi\left(\dfrac{y}{x}, x^2 + y^2 + z^2\right)$.

   (4) $u = \Phi\left(\dfrac{e^x}{z}, \dfrac{x^2}{2} - \dfrac{2}{3}y^{\frac{3}{2}} + \ln y\right)$.

   (5) $u = \Phi(\sqrt{x_2} - \sqrt{x_1}, \sqrt{x_3} - \sqrt{x_1}, \cdots, \sqrt{x_n} - \sqrt{x_1})$.

   (6) $u = \Phi\left((x+y+z)(x-y)^2, \dfrac{x-y}{x-z}\right)$.

3. (1) $\Phi\left(z, y e^{x/z}\right) = 0$.

   (2) $\Phi\left(x - y, z e^{-2y}\right) = 0$.

   (3) $\Phi\left(x, z e^{-y/x}\right) = 0$.

   (4) $\Phi\left(u(xy)^3, \dfrac{x}{y^2} + \dfrac{y}{x^2}\right) = 0$.

4. (1) $u = (x^2 + y - 1)^2$.

   (2) $u = 1 + \sqrt{\dfrac{y^2 + x^2}{y}}$.

   (3) $u = \left[\dfrac{(y-z)^3(x+y+z)}{2z - x - y}\right]^{\frac{2}{3}}$.

   (4) $u = \left(\dfrac{x^2 - y^2}{3y}\right)^2$.

5. (1) $u = \varphi(x - uy)$.

   (2) $u = e^y \cos(x - y)$.

   (3) $u = h\left(\sqrt{x^2 + y^2}\right) e^{\arctan(y/x)}$.

   (4) $u = \dfrac{xy}{xy + 2x - y}$.

   (5) $u = (2x + t) e^{x^2/2}$.

   (6) $u = (\arctan x - t) e^t$.

   (7) $u = e^z h(x e^{-z}, y e^{-z})$.

   (8) $u = x_n^3 h\left(\dfrac{x_1}{x_n}, \cdots, \dfrac{x_{n-1}}{x_n}\right)$.

6. $u^2 = x^2 - y^2$.

7. 由特征方程 $\dfrac{\mathrm{d}x}{a(x,y)} = \dfrac{\mathrm{d}y}{b(x,y)}$, 有 $\dfrac{\mathrm{d}y}{\mathrm{d}x} = \dfrac{a(x,y)}{b(x,y)}$, 可解得 y 是关于 x 的函数, 它的解是平面曲线, 所以偏微分方程的特征曲线都是平面曲线.

8. 由特征方程 $\dfrac{\mathrm{d}t}{1} = \dfrac{\mathrm{d}x}{a(u)} = \dfrac{\mathrm{d}u}{0}$, 得通解为 $\varPhi(u, a(u)t - x) = 0$. 由初始条件 $u(x,0) = h(x)$, 得 $h(x) = c_1$, $-x = c_2$, 所以 $c_1 = h(-c_2)$, 因此隐式解为 $u(x,t) = h(x - a(u(x,t))t)$.

参 考 文 献

[1] 陈祖墀. 偏微分方程 [M]. 4 版. 北京: 高等教育出版社, 2018.

[2] 朱长江, 邓引斌. 偏微分方程教程 [M]. 北京: 科学出版社, 2005.

[3] 朱长江, 阮立志. 偏微分方程简明教程 [M]. 北京: 高等教育出版社, 2015.

[4] 王明新. 数学物理方程 [M]. 2 版. 北京: 清华大学出版社, 2009.

[5] 吴小庆. 数学物理方程及其应用 [M]. 北京: 科学出版社, 2008.

[6] 周蜀林. 偏微分方程 [M]. 北京: 北京大学出版社, 2005.

[7] 谷超豪, 李大潜, 陈恕行, 等. 数学物理方程 [M]. 2 版. 北京: 高等教育出版社, 2002.

[8] 姜礼尚, 陈亚浙, 刘西垣, 等. 数学物理方程讲义 [M]. 3 版. 北京: 高等教育出版社, 2013.

[9] 保继光, 李海刚. 偏微分方程基础 [M]. 北京: 高等教育出版社, 2018.

[10] 欧维义. 数学物理方程 [M]. 修订版. 长春: 吉林大学出版社, 1997.

[11] 孔德兴. 偏微分方程 [M]. 北京: 高等教育出版社, 2010.

[12] LAWRENCE C E. Partial differential equations[M]. Providence: American Mathematical Society, 1998.

[13] HAN Q, LIN F. Elliptic partial differential equations[M]. Providence: American Mathematical Society, 2000.